建 筑 设 备

编 著　邵景玲　李祥城　杨月英
　　　　冯学军　宋代敏　刘国丹
主 审　管锡珺

图书在版编目（CIP）数据

建筑设备/邵景玲等编著. —北京：中国建材工业出版社，2012.8（2019.9 重印）

ISBN 978-7-5160-0188-2

Ⅰ.①建… Ⅱ.①邵… Ⅲ.①房屋建筑设备-高等学校-教材 Ⅳ.①TU8

中国版本图书馆 CIP 数据核字（2012）第 134329 号

内 容 简 介

本书根据高等工科院校建筑设备课程教学基本要求编写而成，采用先介绍基本原理，再以规范作为应用依据的编写思路，注重基本理论和工程应用。

全书内容包括绪论、建筑给水系统、建筑排水系统、建筑消防工程、通风工程、建筑供暖工程、空气调节工程、建筑供配电系统、电气照明工程和建筑弱电系统等。为了便于学生学习与教师教学，每章设有学习目标和要求、学习重点和难点，各章附有思考题和习题。

本书可作为普通高等院校本科、高等职业教育及成人教育土木工程专业、建筑学专业、工程管理专业、工程造价专业、建筑工程技术专业、工程监理等专业的教材，也可供有关工程技术人员参考。

建筑设备

编著 邵景玲 李祥城 杨月英 冯学军 宋代敏 刘国丹

主审 管锡珺

出版发行 中国建材工业出版社

地　　址：北京市海淀区三里河路 1 号

邮　　编：100044

经　　销：全国各地新华书店

印　　刷：北京雁林吉兆印刷有限公司

开　　本：787mm×1092mm　1/16

印　　张：16.25

字　　数：414 千字

版　　次：2012 年 8 月第 1 版

印　　次：2019 年 9 月第 5 次

定　　价：43.00 元

本社网址：www.jccbs.com.cn　　责任编辑邮箱：jiancai186@sohu.com

本书如出现印装质量问题，由我社发行部负责调换。联系电话：（010）88386906

前　言

　　《建筑设备》是土木建筑类专业一门重要的专业技术课。本教材是在参考多所院校"建筑设备"和"建筑设备工程"教材编写的基础上，本着简明实用的原则编写而成。

　　本书主要内容包括建筑给排水、暖通空调和建筑电气三部分。

　　本书的主要特点：

　　1. 图文并茂。建筑设备是一门与人们的实际生产和生活密切相关而又直观性很强的学科，有许多内容可谓是"百闻不如一见"。本书文字表述通俗、简洁、全面，并配以大量的图表，以增加内容的直观性。

　　2. 简明实用。删除了工程实际中应用甚少的内容，增加了建筑设备工程的新技术、新知识，以学生为本，注重实用。

　　3. 紧密联系工程实际。原理、计算与工程应用联系紧密，便于读者理解和掌握有关的学习内容。

　　本书可供普通高等教育本科、高等职业教育及成人教育土木工程专业、建筑学专业、工程管理专业、工程造价专业、建筑工程技术专业、工程监理等专业的学生使用，也可作为有关工程技术人员培训及参考使用。本书由青岛理工大学邵景玲、青岛理工大学（临沂校区）李祥城、青岛理工大学杨月英、青岛理工大学冯学军、青岛威立雅水务运营有限公司宋代敏、青岛理工大学刘国丹编著，由管锡珺教授主审。参加本书编写的还有田玉静、梁士民、刘崧、崔常桂等。

　　在本书的编写过程中吸纳了许多同仁的宝贵意见和建议，在此表示衷心地感谢。

　　书中如有不妥之处，恳请读者不吝指教。

编者

2012 年 8 月

China Building Materials Press

我们提供

图书出版、图书广告宣传、企业/个人定向出版、设计业务、企业内刊等外包、代选代购图书、团体用书、会议、培训，其他深度合作等优质高效服务。

编 辑 部
010-88386119

出版咨询
010-68343948

市场销售
010-68001605

门市销售
010-88386906

邮箱：jccbs-zbs@163.com　　网址：www.jccbs.com

发展出版传媒　　服务经济建设

传播科技进步　　满足社会需求

（版权专有，盗版必究。未经出版者预先书面许可，不得以任何方式复制或抄袭本书的任何部分。举报电话：010-68343948）

目　录

绪　　论

学习目标和要求

　　了解建筑设备涵盖的基本内容与基本功能；

　　了解建筑设备的课程类型与学习目标；

　　掌握本课程的学习方法。

学习重点和难点

　　掌握本课程的学习方法。

0.1　建筑设备涵盖的内容与基本功能

0.1.1　建筑设备涵盖的基本内容

　　建筑设备是现代建筑必要的组成部分，是为建筑物的使用者提供生活和工作服务的各种设施和设备系统的总称。包括为满足人们对建筑在生产和生活上的使用需要，在建筑内设置的给水、排水、通风、供热、空调、供电、照明、消防、通信、电视等设备系统。按照专业习惯，我们把"建筑设备"分为建筑给排水、暖通空调和建筑电气三部分内容。

　　1. 建筑给排水系统

　　（1）建筑给水系统

　　通常分为生活、生产和消防三类。

　　1）生活给水系统。为民用、公共建筑和工业企业建筑内的饮用、烹调、盥洗、洗涤、沐浴等生活方面用水所设的给水系统。

　　2）生产给水系统。为工业企业生产方面用水所设的给水系统。通常用于生产设备的冷却、原料和产品的洗涤、锅炉用水及某些工业的原料用水等。

　　3）消防给水系统。为建筑物扑救火灾而设置的给水系统。主要是供层数较高的民用建筑、大型公共建筑及某些车间的消防系统的消防设备用水。

　　（2）建筑排水系统

　　根据排水的来源不同，通常分为生活排水系统、工业废水排水系统、雨水排水系统三类。

　　1）生活排水系统。排除民用住宅建筑、公共建筑以及工业企业生活间的生活废水。

　　2）工业废水排水系统。排除工矿、企业生产过程中所产生废水、污水。

　　3）雨水排水系统。接纳、排除屋面的雨雪水。

　　2. 暖通空调系统

　　1）通风系统。通常指房屋内部的通风设备，包括通风机、风道、排气口及一些净化除尘设备等。

　　2）建筑供暖系统。包括热水供暖和蒸汽供暖两种。主要由热源、供暖管道、散热设备三部分组成。

3）空调系统。大型商业大厦、办公写字楼常用中央空调系统，小型商店或居住公寓通常采用柜式或分体式空调机。

3. 建筑电气系统

1）建筑供配电系统。指接受电源输送的电能，将其引入建筑内，并进行检测、计量、变压等，然后向用电户和用电设备分配电能，满足用电户的用电设备对电压、电流和电源质量要求的系统。由变配电所或配电箱、供电线路、用电设备三部分组成。

2）电气照明系统。由照明和电气两套系统组成。照明系统指光能的产生、传播、分配和消耗吸收的系统；电气系统是指电能的输送、分配、控制和消耗使用的系统，由电源、导线、控制及保护设备（开关、熔断器）和用电设备组成。

3）建筑弱电系统。建筑物中的信息系统有许多子系统，电话通信系统、有线广播和扩声系统、有线电视系统、计算机网络系统、呼叫系统、公共显示系统等，都属于"弱电系统"。

0.1.2 建筑设备的基本功能

1）为建筑创造适当的室内环境，如创造温、湿度环境和空气环境的暖通空调设备及创造声、光环境的电气设备等。

2）为建筑使用者提供工作和生活的方便条件，如给排水系统、通信系统、广播系统等。

3）增强建筑自身以及人员、设备的安全性，如消防系统、事故照明等。

4）提高建筑的综合控制性能，如自动空调系统、自动灭火系统等。

0.2 课程类型与学习任务

建筑设备是一门综合性技术应用课程。建筑物不仅为人们提供挡风避雨的场所，还要求满足人们在建筑内方便、舒适、安全地生活、工作、生产的需要。为此在建筑内必须增设相应的设施，来满足这些需求。这些设施所涉及的技术学科，都是建筑设备所讨论的内容。建筑设备是现代化建筑不可缺少的组成部分。

学习本课程的目的，除了了解建筑设备各专业在现代建筑中的应用外，还应了解各类设施在施工及运行过程中的基本要求，为现代建筑的设计、建造、管理各环节中各工种的相互协调配合奠定科学基础。

本课程包括三部分内容：给水排水工程、供暖通风与空气调节、建筑电气及供配电。本课程的主要任务在于：第一，了解建筑设备的基本内容，了解它的系统及其在建筑物中布设的特点和要求，为建筑结构、建筑设备和建筑工程技术专业之间的设计协调与施工配合奠定基础；第二，掌握建筑设备采用的材料和设备选型的原则方法、设备特点，使学生在实际工作中能根据工程性质及业主的要求，具备设备选型的决策、咨询能力。

0.3 课程的学习方法

建筑设备涉及的专业很多，而各专业、各系统之间又互不相关。不论是基本理论知识还是专业内容都差别很大。如何学习掌握建筑设备的内容，也是一个需要关注的问题。建筑设备虽然涉及内容众多，但仍然可以找出一些共性。

在建筑设备中，我们可以看到很多的系统，如给水系统、排水系统、供暖系统、电气系统等。每一个系统大致由源、管线、设备三部分组成。

1）源。如水泵房、锅炉房、空调机房、变配电所等，学习中应着重了解源的类型及特点、布置。

2）管线。如给水管、风管、电力线、电话线等，学习中应着重了解管线的布置形式、敷设方式及管径的估算等。

3）设备。如卫生器具、散热器、灯具等，学习中应着重了解设备类型、选用标准及设备的布置。

因此，虽然建筑设备各专业内容繁杂，但只要掌握好方法，学习中首先建立起一个抽象的框架，即一个完整的、独立的，由源、管线、设备三部分组成的系统之后，在每个专项系统的学习中，掌握各自特点，这样就比较容易掌握建筑设备的知识。

【思考题与习题】

1. 建筑设备涵盖的主要内容有哪些？
2. 建筑设备的学习方法是什么？

第1章　建筑给水系统

学习目标和要求

了解建筑给水系统的组成、给水方式以及水力计算；

掌握建筑给水系统的常用管材及附件、设备的基本知识；

掌握建筑给水管道及设备的布置及敷设。

学习重点与难点

掌握建筑给水系统的常用管材及附件、设备的基本知识；

掌握建筑给水管道及设备的布置及敷设。

1.1　建筑给水系统概述

建筑给水系统是把水从城市给水管网或自备水源安全可靠、经济合理地输送到设置在建筑内的生活、生产和消防设备的用水点，并且满足用水点对水量、水压和水质等方面的要求的系统。

1.1.1　建筑给水系统分类

按照不同用途和水质、水压要求，常将给水管网分成不同的体系进行供水。常用的建筑给水系统主要有生活给水系统、生产给水系统和消防给水系统。

1. 生活给水系统

生活给水系统主要是为人们的日常生活提供饮用、洗涤、沐浴及冲洗等用水的系统。由于生活用水涉及饮用，要求生活给水水质要满足饮用水标准。

2. 生产给水系统

生产给水系统是为产品的生产加工过程供水的系统。由于各种生产工艺的不同，生产给水系统种类繁多，主要包括生产设备的冷却、原料和产品的洗涤、锅炉用水和某些工业的原料用水等。生产用水对水质、水量、水压以及安全方面的要求应当根据生产性质和要求确定。

3. 消防给水系统

消防给水系统是向建筑内部以水作为灭火剂的消防设施供水的系统。其中包括消火栓给水系统和自动喷水灭火系统。消防给水对水质没有特殊要求，但必须保证足够的水量和水压。

在一幢建筑物中，以上三种给水系统是否一定单独设置，通常根据用水对象对水质、水量、水压的具体要求，通过技术经济比较，确定采用独立设置的给水系统或共用给水系统。共用给水系统有生产、生活共用给水系统，生活、消防共用给水系统，生活、生产、消防共用给水系统等。其中共用方式包括共用贮水池、共用水箱、共用水泵或共用管路系统等。

1.1.2　建筑给水系统的组成

建筑给水系统通常由以下几个基本部分组成，如图1-1所示。

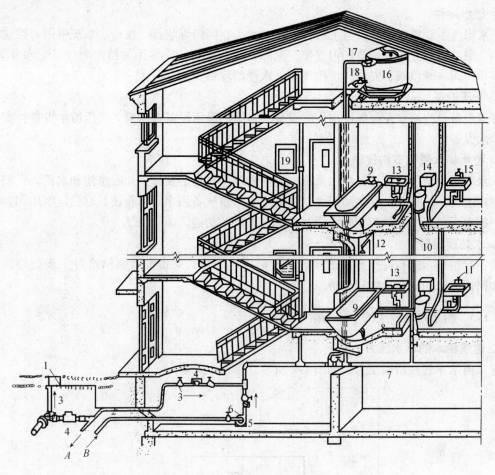

图 1-1　建筑给水系统

1—阀门井；2—引入管；3—闸阀；4—水表；5—水泵；6—止回阀；7—干管；8—支管；
9—浴盆；10—立管；11—水龙头；12—沐浴器；13—洗脸盆；14—大便器；15—洗涤盆；
16—水箱；17—进水管；18—出水管；19—消火栓；A—入贮水池；B—来自贮水池

1. 引入管

引入管是连接室外给水管网和建筑物给水管道的管段。

对于一个小区（如工厂、学校、居住小区等）来说，引入管是指由市政供水管道接口至小区给水管网的管段，而将住宅内生活给水管道进入住户至水表的管段称为进户管。

2. 水表节点

水表节点是指安装在引入管上的水表及其前后设置的阀门和泄水装置的总称。水表用于计量建筑物的用水量。阀门用于在维修或拆换水表时关断水管。泄水装置用于检修时放空管网。为了保证水表计量准确，翼轮式水表与阀门间应有 8～10 倍水表直径的直管段，以保证水表前水流平稳。

3. 给水管道

给水管道是指建筑内部给水水平干管、立管、支管等组成的管道系统。用来把引入管引入建筑物内的水输送和分配到各个用水点。

4. 给水附件

给水附件是设置在给水管道上的各种配水龙头、阀门等装置，在给水系统中用来控制流量大小、限制流动方向、调节压力变化、保障系统正常运行。常用的给水附件有配水龙头、闸阀、止回阀、减压阀、安全阀、排气阀、水锤消除器等。

5. 升压设备

升压设备是为给水系统提供水压的设备。常用的升压设备有水泵、气压给水设备，变频调速给水设备等。

6. 贮水和水量调节构筑物

贮水和水量调节构筑物是给水系统中贮存和调节水量的装置，如贮水池和水箱。它们在系统中用于调节流量、贮存生活用水、消防用水和事故备用水，水箱还具有稳定水压和容纳管道中的水因热胀冷缩体积发生变化时的膨胀水量的功能。

7. 水处理设备

指在对给水水质有特殊要求的生产、生活用水场合，对市政管网给水进一步处理的设备，如锅炉给水的软化水处理设备。

1.1.3 给水系统所需的水压与给水方式

1. 建筑给水的供水压力

建筑内给水管网所需压力，如图 1-2 所示，可按下式确定。

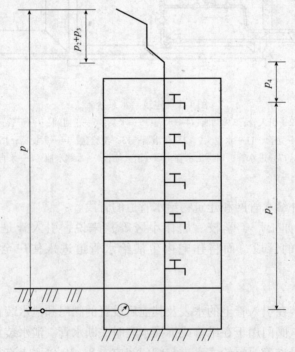

图 1-2　建筑给水所需水压图示

$$p = p_1 + \Sigma h + p_4 \tag{1-1}$$

式中　p——建筑供水所需水头（mH_2O）；

　　p_1——室外供水管与建筑内最不利配水点的高差（mH_2O）；

　　Σh——由供水起点到最不利点管道中的总水头损失 p_2 及水表水头损失 p_3（mH_2O）；

　　p_4——最不利的用水点要求的工作水头（mH_2O）。

对于居住建筑的生活给水系统，在进行方案的初步设计时，可根据建筑层数估算自室外地面算起系统所需要的水压。一般 1 层建筑为 $10mH_2O$；2 层建筑为 $12mH_2O$；3 层或 3 层以上建筑，每增加 1 层增加 $4mH_2O$。

2. 给水方式的选择

给水方式的选择应当根据用户对水质、水压和水量的要求，室外管网所能提供的水质、水量和水压情况，卫生器具、消防设备等用水点在建筑物内的分布，用户对供水安全可靠性的要求，经技术经济比较后确定。

建筑物内最常见的给水方式有以下几种：

（1）直接给水方式

直接给水方式是在建筑物内部只设置与室外供水管网直接相连的给水管道，利用室外管网的压力直接向室内用水设备供水的系统。如图 1-3 所示，是最简单、经济的给水方式。

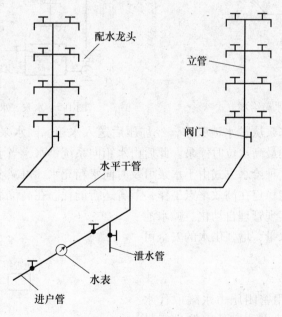

图 1-3　直接给水方式

直接给水方式适用于室外管网的水量和水压在一天内的任何时间都能保证室内用户用水要求的地区。直接给水方式的优点是给水系统简单，投资少，安装维修方便，可充分利用室外管网水压，节省运行能耗。缺点是给水系统没有贮备水量，当室外管网停水时，室内系统会立即断水。

（2）单设水箱给水方式

当室外管网压力在一天内的大部分时间能满足要求，仅在用水高峰时刻，由于用水量的增加，室外管网的水压降低而不能保证建筑物上部楼层用水时，可采用单设屋顶水箱的给水

7

方式，如图1-4所示。在室外给水管网水压升高时（一般在夜间）向水箱充水；室外管网压力不足时（一般在白天）由水箱供水。

一般建筑物内水箱容积不大于20m³，故单设水箱方式仅在日用水量不大的建筑物中采用。为了防止水箱中的水回流至室外管网，在引入管上要设置止回阀。

（3）水泵、水箱联合给水方式

当室外给水管网的水压经常性不足、室内用水不均匀、室外管网不允许水泵直接吸水，而建筑物允许设置水箱时，可采用图1-5所示的水泵、水箱联合给水方式。

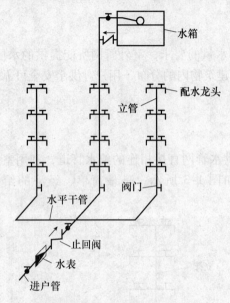

图1-4　单设水箱给水方式

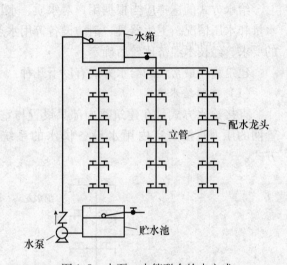

图1-5　水泵、水箱联合给水方式

这种给水方式，水泵从贮水池吸水，经加压后送入水箱。因水泵供水量大于系统用水量，水箱水位上升，到最高水位时停泵。此后由水箱向系统供水，当水箱水位下降到最低水位时水泵重新启动。这种给水方式由于水泵可及时向水箱充水，可减小水箱容积。同时，在水箱的调节下，水泵能稳定在高效率点工作，节省运行能耗。在高位水箱上采用水位继电器控制水泵启动，易于实现管理自动化。贮水池和水箱能够贮备一定水量，增强供水的安全可靠性。

（4）气压罐给水方式

这种给水方式是用密闭压力水罐取代水泵、水箱联合给水方式中的高位水箱进行供水，如图1-6所示。

水泵从贮水池吸水，送入给水管网的同时，多余的水进入气压水罐，将罐内的气体压缩。当罐内压力上升到最大工作压力时，水泵

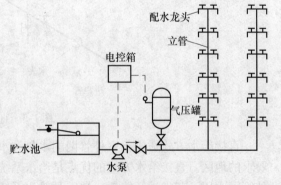

图1-6　气压罐给水方式

停止工作。此后，利用罐内气体的压力将水送给配水点。罐内压力随着水量的减少逐渐下降，当下降到最小工作压力时，水泵重新启动供水。

这种给水方式适用于室外管网的水压经常性不足，不宜设置高位水箱的建筑，如地震区

的建筑、高度有限制的飞机场附近的建筑等场所。它的优点是设备可设在建筑物的任何高度上，便于隐蔽，安装方便，水质不易受污染，投资省，建设周期短，便于实现自动化等。缺点是给水压力波动较大，运行能耗大。

（5）变频调速水泵给水方式

如果室外管网压力在一天内的大部分时间不能满足室内给水要求，且室内用水量较大又较均匀时，可单设水泵供水。此时由于出水量均匀，水泵工作稳定，电能消耗比较少，这种给水方式适用于生产车间给水；对于用水量较大、用水不均匀性比较突出的建筑物，当用水量减少时，由于管路阻力损失随流量减少而减少，水泵仍然恒速运行会造成能源的浪费。为了减少水泵的运行电耗，可采用图 1-7 所示的变频调速水泵供水。

变频调速水泵的工作原理是：当给水系统中流量发生变化时，扬程也随之发生变化，压力传感器不断地向微机控制器输入水泵出水管压力的信号，当测得的压力值大于设计给水量对应的压力值时，微机控制器向变频调速器发出降低电流频率的信号，使水泵转速降低，水泵出水量减少，水泵出水管压力下降；反之亦然。

当室外市政给水管网允许水泵直接吸水时，水泵可直接从室外市政给水管网吸水，但水泵吸水时，室外给水管网的压力不得低于 l00kPa。当不允许水泵直接从室外市政给水管网吸水时，必须设置贮水池。

（6）分区给水方式

在多层建筑物中，当室外给水管网的压力只能满足建筑物下面几层供水要求时，为了充分利用室外管网水压，可将建筑物供水系统划分为上、下两区，如图 1-8 所示。下区用城市管网压力直接供水，上区由升压、贮水设备供水。可将两区的 1 根或几根立管相互连通，在连接处装设阀门，以便在下区进水管发生故障或室外给水管网水压不足时，打开阀门由高区水箱向低区用户供水。这种给水方式特别适用于建筑物低层设有洗衣房、浴室、大型餐厅等用水量大的场所。

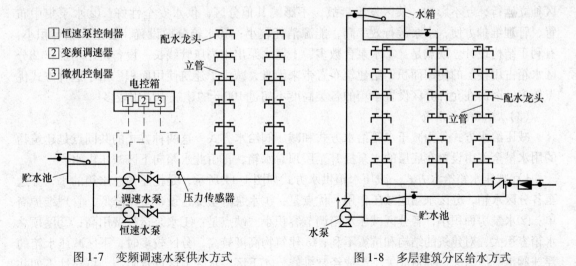

图 1-7　变频调速水泵供水方式　　　　图 1-8　多层建筑分区给水方式

1.1.4　高层建筑给水

目前人们将 10 层与 10 层以上的居住建筑以及高度超过 24m 的公共建筑列为高层建筑的范围。

1. 高层建筑给水特点

对于建筑高度较大的高层建筑，如果只采用一个区供水，建筑下部楼层管道的静水压力会很大，会产生以下不利情况：①必须采用高压管材、零件及配水器材，使设备、材料费用增加；②容易产生水锤及水锤噪声，配水龙头、阀门等附件易被磨损，使用寿命缩短；③低层水龙头的流出水头过大，使水流形成射流喷溅，影响使用；④维修管理费用和水泵运转电费增加。

为了降低下部管道中的静水压力，消除或减轻不利因素，当建筑物达到一定高度时，给水系统需进行竖向分区，在建筑物的垂直方向分为若干个区域进行供水。每区的高度应根据每区最低层处用水设备允许的静水压力而定，一般住宅、旅馆、医院宜为 $30 \sim 35mH_2O$；办公楼因卫生器具较以上建筑少，且使用不频繁，故卫生器具配水装置处的净水压力可略高些，宜为 $35 \sim 45mH_2O$。通常每个分区负担的楼层数为 $10 \sim 12$ 层。

2. 高层建筑的给水方式

高层建筑的分区给水方式可分为串联给水方式、并联给水方式和减压给水方式。设计时应根据工程的实际情况，按照供水安全可靠、技术先进、经济合理的原则进行选择。

（1）串联给水方式

高层建筑的串联给水方式，如图 1-9 所示。各分区均设有水泵和水箱，上区的水泵从下区的水箱中抽水。这种给水方式的优点是各区水泵扬程和流量按照本区的需要设计，使用效率高，能源消耗小，且水泵压力均衡，扬程较小，水锤影响小。此外，不需要设高压水泵和高压管道，设备和管道较简单，投资较省。缺点是：①水泵分散布置，水泵、水箱要占用建筑面积；②水泵设在楼层中，消声、减振要求高；③水泵分散，维护管理不便；④若下区发生事故，上区的供水受影响，供水可靠性差。

（2）并联给水方式

并联给水方式，如图 1-10 所示，是在各区设置独立的水箱和水泵，水泵集中设置在建筑物底层或地下室，各区水泵独立地向各自分区的水箱供水。这种供水方式的优点是：①各区独立运行，互不影响，某区发生事故，不影响其他分区，供水安全性好；②水泵集中布置，管理维护方便，水泵运行效率高，能源消耗较小；③水箱分散设置，各区水箱容积小，有利于结构设计。缺点是：①水泵台数多，上区水泵出水高压管线长，设备费用增加；②分区水箱占用楼层的使用面积，给建筑布置带来困难，减少了建筑使用面积。由于这种方式优点较多，因而在允许分区设置水箱的各类高度不超过 100m 的建筑中应用较多。

（3）减压给水方式

减压给水方式分为减压水箱给水方式和减压阀给水方式。这两种方式的共同点是建筑物的用水量全部由设置在底层的水泵提升至屋顶总水箱，再由此水箱向下区减压供水。

1）减压水箱给水方式。减压水箱供水方式如图 1-11 所示，是把屋顶总水箱的水，分送至各分区水箱，分区水箱起减压作用。优点是：①水泵数量少，设备费用降低，管理维护简单；②水泵房面积小，各分区减压水箱调节容积小。缺点是：①水泵运行费用高；②屋顶总水箱容积大，对建筑的结构和抗震不利；③建筑物高度较高、分区较多时，下区减压水箱的浮球阀承受压力大，会造成关不严或经常维修；④下区供水受上区供水限制，可靠性不如并联供水方式。

2）减压阀供水方式。减压阀供水方式，如图 1-12 所示。其工作原理与减压水箱供水方式相同，不同之处在于以减压阀来代替减压水箱。其优点是减压阀不占用楼层面积，可使建筑面积发挥最大的经济效益。缺点是水泵运行费较高。

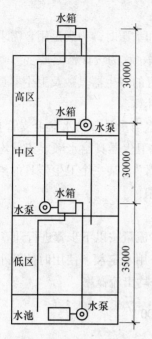

图 1-9　串联给水方式

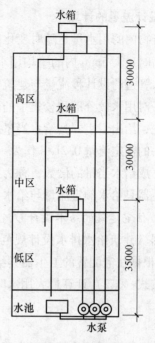

图 1-10　并联给水方式

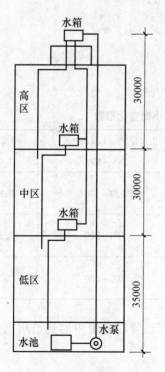

图 1-11　减压水箱给水方式

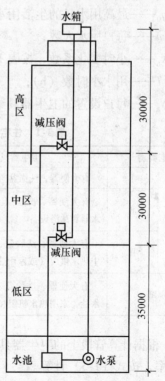

图 1-12　减压阀给水方式

1.1.5　建筑给水系统的水力计算

建筑给水系统的水力计算的目的是求定各管段设计秒流量后，正确求定各管段的管径、水头损失，计算建筑给水系统所需的水压，进而确定给水方式。

1. 设计流量的计算

建筑物内的用水量是随时变化的，确定管道的管径和水压时，为满足用户需求应采用最高日最高时最大5min内的平均用水流量 q_g 作为设计依据，称为设计秒流量。

给水管道的设计秒流量与建筑物的性质、人数、配置的卫生器具数及卫生器具的使用概率有关，对用水较分散和较集中的两类不同建筑应分别计算。

首先，给出卫生器具给水当量的概念。卫生器具给水当量是以污水盆上支管直径15mm的水龙头的额定流量0.2L/s作为一个"当量"值。其他卫生器具给水额定流量均以此为基准，折算成给水当量的倍数，称为卫生器具"给水当量数"。某一个卫生器具的给水当量数是该卫生器具给水额定流量与给水当量（0.2L/s）的比值。

（1）住宅建筑的给水设计秒流量的计算

根据《建筑给水排水设计规范》，住宅建筑的设计秒流量按以下步骤进行计算：

1）根据住宅配置的卫生器具给水当量、使用人数、用水定额、使用时数及小时变化系数等，按式（1-2）计算最大用水时卫生器具给水当量平均出流概率。

$$U_0 = \frac{q_0 m K_h}{0.2 N_g T \times 3600} \times 100\% \tag{1-2}$$

式中　U_0——生活给水管道最大用水时卫生器具给水当量平均出流概率,%；

　　　q_0——最高用水日的生活用水定额，按表1-1取用；

　　　m——每户用水人数；

　　　K_h——小时变化系数，按表1-1取用；

　　　T——用水小时数（h）；

　　　N_g——每户设置的卫生器具给水当量数。

表1-1　住宅最高日生活用水定额及小时变化系数

住宅类别		卫生器具设置标准	用水定额 [L/（人·d）]	小时变化系数 K_h
普通住宅	I	有大便器、洗涤盆	85~150	3.0~2.5
	II	有大便器、洗脸盆、洗涤盆、洗衣机、热水器和沐浴设备	130~300	2.8~2.3
	III	有大便器、洗脸盆、洗涤盆、洗衣机、集中热水供应（或家用热水机组）和沐浴设备	180~320	2.5~2.0
别墅		有大便器、洗脸盆、洗涤盆、洗衣机、洒水栓，家用热水机组和沐浴设备	200~350	2.3~1.8

2）根据计算管段上的卫生器具给水当量总数，计算该管段的卫生器具给水当量的同时出流概率，按式（1-3）计算。

$$U = \frac{1 + \alpha_c (N_g - 1)^{0.49}}{\sqrt{N_g}} \times 100\% \tag{1-3}$$

式中　U——计算管段的卫生器具给水当量同时出流概率（%）；

　　　α_c——对应于不同 U_0 的系数，按表1-2取用；

　　　N_g——计算管段的卫生器具给水当量总数。

表 1-2 $U_0 \sim \alpha_c$ 值对应表

$U_0\%$	α_c	$U_0\%$	α_c	$U_0\%$	α_c
1.0	0.0323	3.0	0.01939	5.0	0.03715
1.5	0.00697	3.5	0.02374	6.0	0.04629
2.0	0.01097	4.0	0.02816	7.0	0.05555
2.5	0.01512	4.5	0.03263	8.0	0.06489

两条或两条以上具有不同最大用水时卫生器具给水当量平均出流概率的给水支管，应分别计算各支管的平均出流概率，再进行加权计算，求出干管的平均出流概率。

3）计算管段的设计秒流量。

$$q_g = 0.2UN_g \qquad (1-4)$$

式中　q_g——计算管段的设计秒流量（L/s）。

（2）分散型公共建筑的给水设计秒流量的计算

集体宿舍、旅馆、医院、幼儿园、办公楼、商场、学校、客运站、公共卫生间等建筑，用水时间长，用水设备使用不集中，卫生器具的同时出流率随卫生器具数量的增加而减少，设计秒流量可按式（1-5）计算。

$$q_g = 0.2\alpha \sqrt{N_g} \qquad (1-5)$$

式中　q_g——计算管段的设计秒流量（L/s）；

　　　α——根据建筑物性质确定的系数，见表 1-3；

　　　N_g——计算管段的卫生器具给水当量总数。

表 1-3　根据建筑物用途而定的系数 α 值

建筑物名称	幼儿园、托儿所、养老院	门诊楼、诊疗所	办公楼、商场	学校	医院、疗养院、休养所	集体宿舍、旅馆、招待所、宾馆	客运站、会展中心、公共厕所
α	1.2	1.4	1.5	1.8	2.0	2.5	3.0

当计算值小于该管段上 1 个最大卫生器具给水额定流量时，应采用 1 个最大的卫生器具给水额定流量作为设计秒流量；如果计算值大于该管段上按卫生器具给水额定流量累加所得流量，应采用卫生器具给水额定流量累加所得的流量值。

（3）密集型公共建筑和工业企业卫生间的给水设计秒流量的计算

公共浴室、洗衣房、公共食堂、实验室、影剧院、体育场及工业企业卫生间等建筑，用水时间集中，用水设备使用集中，设计秒流量按式（1-6）计算。

$$q_g = \sum q_0 n_0 b_0 \qquad (1-6)$$

式中　q_g——计算管段的设计秒流量（L/s）；

　　　q_0——同类型一个卫生器具给水额定流量；

　　　n_0——同类型卫生器具数；

　　　b_0——卫生器具的同时给水百分数，可查《建筑给水排水设计规范》。

2. 给水管道的水力计算

（1）确定管径

根据计算得出的各管段设计流量，初步选定管道设计流速，按式（1-7）计算管道直径。

$$d = \sqrt{\frac{4q_g}{\pi v}} \tag{1-7}$$

式中　d——计算管段直径（mm）；

　　　q_g——计算管段的设计秒流量（L/s）；

　　　v——计算管段的设计流速（m/s）。

管内流速可以采用下列经验值：

d_j15～20mm，$v \leqslant 1.0$m/s；d_j25～40mm，$v \leqslant 1.2$m/s；

d_j50～70mm，$v \leqslant 1.5$m/s；$d_j \geqslant 80$mm，$v \leqslant 1.8$m/s；

对于消火栓给水管道 $v < 2.5$m/s，自动喷洒灭火系统给水管 $v < 2.5$m/s；

生产和生活合用给水管 $v < 2.0$m/s。

（2）确定各管段水头损失

$$\sum h_w = \sum h_f + \sum h_j \tag{1-8}$$

式中　h_f——沿程水头损失，$h_f = il$；

　　　i——单位长度管道的沿程水头损失（mH$_2$O/m），可根据管径和流量在水力计算表上查得；

　　　l——计算管段长（m）；

　　　h_j——局部水头损失，按沿程水头损失的百分比估算（mH$_2$O）：①生活给水管网为25%～30%；②生产给水管网，生活、消防共用给水管网，生活、生产、消防共用给水管网均为20%；③消火栓系统消防给水管网为10%；④生产、消防共用给水管网为5%。

（3）校核供水水压

要求室外供水水压满足下式要求：

$$H_0 \geqslant H + H_L + H_f \tag{1-9}$$

式中　H_0——室外供水管网上从地面算起的水压（mH$_2$O）；

　　　H——建筑内最不利用水设备距地面的高度（mH$_2$O）；

　　　H_L——从供水起点到最不利用水点的总水头损失（mH$_2$O）；

　　　H_f——最不利点用水设备所需要的工作水头（mH$_2$O）。

如果不能满足上式要求，则应根据供水水压相差的大小或通过调整管径、降低水头损失或采用增压的办法解决。

1.2　建筑给水系统的管道材料及附件

1.2.1　常用给水管材

建筑给水管种类繁多，根据材质的不同大体可分为金属管、塑料管、复合管三大类。其中的聚乙烯管、聚丙烯管、铝塑复合管是目前建筑给水推荐使用的管材。

1. 金属管

金属管主要有镀锌钢管、不锈钢管、铜管等。

（1）镀锌钢管

镀锌钢管曾经是我国生活饮用水使用的主要管材，由于其内壁易生锈，滋生细菌、微生物等有害杂质，使自来水在输送途中造成"二次污染"。根据国家有关规定：镀锌钢管已被定为淘汰产品，从 2000 年 6 月 1 日起，在城镇新建住宅生活给水系统中禁止使用镀锌钢管。目前镀锌钢管主要用于消防给水系统。镀锌钢管的优点是强度高、抗振性能好；管道可采用焊接、螺纹连接、法兰连接或卡箍连接。

（2）不锈钢管

不锈钢管具有机械强度高、坚固、韧性好、耐腐蚀性好、热膨胀系数低、卫生性能好、外表美观、安装维护方便、经久耐用等优点，适用于建筑给水特别是管道直饮水及热水系统。管道可采用焊接、螺纹连接、卡压式、卡套式等多种连接方式。

（3）铜管

铜管包括拉制铜管、挤制铜管、拉制黄铜管、挤制黄铜管，是传统的给水管材。铜管具有耐温、延展性好、承压能力强、化学性质稳定、线性膨胀系数小等优点。铜管公称压力为 2.0MPa，冷、热水均适用，但是价格较高。铜管可采用螺纹连接、焊接及法兰连接。

2. 塑料管

塑料管包括硬聚氯乙烯管（UPVC）、聚乙烯管（PE）、交联聚乙烯（PEX）、聚丙烯管（PP）、聚丁烯管（PB）、丙烯腈-丁二烯-苯乙烯管（ABS）等。

（1）硬聚氯乙烯管（UPVC）

聚氯乙烯管材的使用温度为 5~45℃，不适用于热水输送，常见规格为 DN15~DN400，公称压力为 0.6~1.0MPa。优点是耐腐蚀性好、抗衰老性强、粘接方便、价格低、产品规格全、质地坚硬。缺点是维修困难、无韧性，环境温度低于 5℃ 时脆化，高于 45℃ 时软化，长期使用，会有 UPVC 单体和添加剂渗出。该管材为早期替代镀锌钢管的管材，现在已经不推广使用。硬聚氯乙烯管可采用承插粘接，也可采用橡胶密封圈柔性连接、螺纹或法兰连接。

（2）聚乙烯管（PE）

聚乙烯管包括高密度聚乙烯管（HDPE）和低密度聚乙烯管（LDPE）。聚乙烯管的特点是重量轻、韧性好、耐腐蚀、耐低温性能好、运输及施工方便、具有良好的柔性和抗蠕变性能，在建筑给水中得到广泛应用。目前，国内产品的规格在 DN16~DN160 之间，最大可达 DN400。聚乙烯管道的连接可采用电熔、热熔、橡胶圈柔性连接，工程上主要采用熔接。

（3）交联聚乙烯管（PEX）

交联聚乙烯是通过化学方法，使普通聚乙烯的线性分子结构改性成三维交联网状结构。交联聚乙烯管具有强度高、韧性好、抗老化（使用寿命达 50 年以上）、温度适应范围广（-70~110℃）、无毒、不滋生细菌、安装维修方便、价格适中等优点。目前国内产品常用规格在 DN10~DN32 之间，少量达 DN63，缺少大直径的管道，主要用于室内热水供应系统。管径≤25mm 的管道与管件采用卡套式连接，管径≥32mm 的管道与管件采用卡箍式连接。

（4）聚丙烯管（PP）

普通聚丙烯材质的缺点是耐低温性能差，在 5℃ 以下因脆性太大而难以正常使用。通过共聚合的方式可以使聚丙烯性能得到改善。改进性能的聚丙烯管有三种：均聚聚丙烯（PP-H，一型）管、嵌段共聚聚丙烯（PP-B，二型）管、无规共聚聚丙烯（PP-R，三型）管。由于 PP-B、PP-R 的适用范围涵盖了 PP-H，故 PP-H 逐步退出了管材市场。PP-B、PP-R 的物理特性基本相似，应用范围基本相同。

PP-R 管的优点是强度高、韧性好、无毒、温度适应范围较广（5~95℃）、耐腐蚀、抗老化、保温效果好、沿程阻力小、施工安装方便。目前国内产品规格在 DN20~DN110 之间，不仅可用于冷、热水系统，且可用于纯净饮用水系统。管道之间采用热熔连接，管道与金属管件可以通过带金属嵌件的聚丙烯管件，用丝扣或法兰连接。

（5）聚丁烯管（PB）

聚丁烯管是用高分子树脂制成的高密度塑料管，管材质软、耐磨、耐热、抗冻、无毒无害、耐久性好、重量轻、施工安装简单，公称压力可达 1.6MPa，能在 -20 ~ 95℃条件下安全使用，适用于冷、热水系统。聚丁烯管与管件的连接有三种方式：铜接头夹紧式连接、热熔式插接、电熔合连接。

（6）丙烯腈-丁二烯-苯乙烯管（ABS）

ABS 管材是丙烯腈、丁二烯、苯乙烯的三元共聚物，丙烯腈提供了良好的耐蚀性、表面硬度；丁二烯作为一种橡胶体提供了韧性；苯乙烯提供了优良的加工性能。三种组合的联合作用使 ABS 管强度大、韧性高，能承受冲击。ABS 管材的工作压力可达到 1.0MPa，冷水管常用规格为 DN15 ~ DN50，使用温度为 -40 ~ 60℃；热水管规格不全，使用温度 -40 ~ 95℃。管材连接方式为粘接。

3. 复合管

复合管包括铝塑复合管、涂塑钢管、钢塑复合管等。

（1）铝塑复合管（PE-AL-PE 或 PEX-AL-PEX）

铝塑复合管是通过挤出成型工艺制造的新型复合管材，它由聚乙烯（或交联聚乙烯）层-胶粘剂层-铝层-胶粘剂层-聚乙烯层（或交联聚乙烯）五层结构构成。它既保持了聚乙烯管和铝管的优点，又避免了各自的缺点。可以弯曲，弯曲半径等于 5 倍直径；耐温差性能强，使用温度范围 -100 ~ 110℃；耐高压，工作压力可以达 1.0MPa 以上。管件连接主要是夹紧式铜接头，可用于室内冷、热水系统，目前的规格在 DN14 ~ DN32 之间。

（2）钢塑复合管

钢塑复合管是在钢管内壁衬涂一定厚度的塑料层复合而成，依据复合管基材的不同，可分为衬塑复合管和涂塑复合管两种。衬塑钢管是在传统的输水钢管内插入一根薄壁的 PVC 管，使两者紧密结合，就成了 PVC 衬塑钢管；涂塑钢管是以普通碳素钢管为基材，将高分子 PE 粉末融熔后均匀地涂敷在钢管内壁，经塑化后，形成光滑、致密的塑料涂层。

钢塑复合管兼备了金属管材强度高、耐高压、能承受较强的外来冲击力和塑料管材的耐腐蚀性、不结垢、导热系数低、流体阻力小等优点。钢塑复合管可采用沟槽、法兰或螺纹连接的方式，同原有的镀锌管系统完全相容，应用方便，但需在工厂预制，不宜在施工现场切割。

4. 给水管材的选择

选用给水管材时，首先应了解各类管材的特性指标，如耐温耐压能力、线性膨胀系数、抗冲击能力、热传导系数及保温性能、管径范围、卫生性能等，然后根据建筑装饰标准、输送水的温度及水质要求、使用场合、敷设方式等进行技术经济比较后确定。主要原则是：安全可靠、卫生环保、经济合理、水力条件好、便于施工维护。建筑给水推荐使用的管材主要是聚乙烯管、聚丙烯管、铝塑复合管。

埋地给水管道采用的管材，应具有耐腐蚀和能承受相应地面荷载的能力。可采用塑料给水管、有衬里的铸铁给水管、经可靠防腐处理的钢管。室内的给水管道，应选用耐腐蚀和安装连接方便可靠的管材，可采用塑料给水管、塑料和金属复合管、铜管、不锈钢管及经可靠防腐处理的钢管。

16

1.2.2 管道附件

给水管道附件是安装在管道及设备上的具有启闭或调节功能、保障系统正常运行的装置，分为控制附件、配水附件与其他附件三类。

1. 控制附件

控制附件是用于调节水量、水压，关断水流，控制水流方向、水位的各式阀门。控制附件应符合性能稳定、操作方便、便于自动控制、精度高等要求。常用的阀门类型有以下几种，如图 1-13 所示。

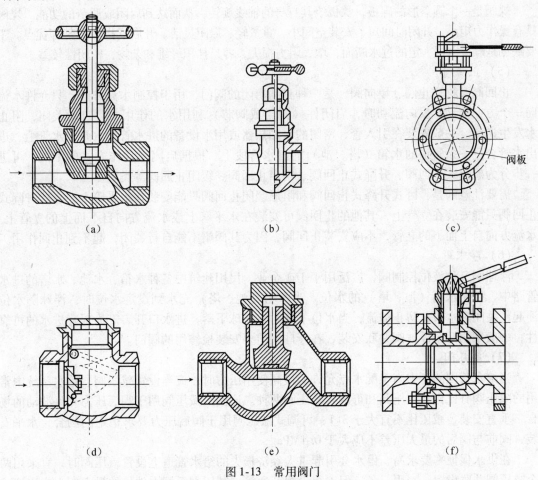

图 1-13　常用阀门
（a）截止阀；（b）闸阀；（c）蝶阀；（d）旋启式止回阀；（e）升降式止回阀；（f）浮球阀

（1）闸阀

闸阀内闸板与水流方向垂直，利用闸板的升降来控制闸门的启闭，闸阀只能全开和全关，不能调节和节流。闸阀具有流体阻力小、开关需要的外力较小、介质的流向不受限制等优点，一般用于 DN >50mm 的管路。在要求水流阻力小的部位（如水泵吸水管上）宜采用闸阀。但是外形尺寸和开启高度都较大、安装需要的空间较大、水中杂质落入阀座后容易造成阀门关闭不严、易产生漏水。

（2）截止阀

截止阀是应用最为广泛的一种阀门，用于关闭水流但不能调节流量。阀瓣由阀杆带动，沿

17

阀座（密封面）轴线做升降运动。截止阀具有开启高度小、关闭严密、在开闭过程中密封面的摩擦力比闸阀小、耐磨等优点；但截止阀的阻力损失较大，由于开关力矩较大，结构长度较大，一般用于 DN≤50mm 的给水管道。在水流需要双向流动的管段上不得使用截止阀。

（3）球阀

球阀是利用一个中间开孔的球体阀芯，靠旋转球体来控制阀门的，它只能全开或全关，不能调节流量，常用于管径小的给水管道，适用于安装空间小的场所。球阀具有流体阻力小、结构简单、体积小、重量轻、开闭迅速等优点；缺点是容易产生水击。

（4）蝶阀

蝶阀是一个圆盘形的碟板，蝶板绕其自身的轴线旋转，从而达到启闭或调节的功能。蝶阀具有操作力矩小、开闭时间短、安装空间小、重量轻、启闭灵活、开启度指示清楚等优点。主要缺点是蝶板占据一定的过水断面，增大阻力损失，容易挂积纤维和杂物，密闭性较差。

（5）止回阀

止回阀又称逆止阀、单向阀，是一种自动启闭的阀门，用于控制水流方向，只允许水流向一个方向流动；反向流动时，启闭件（阀瓣或阀芯）利用水的作用力，自动关闭，阻止水发生逆流。一般安装在引入管、密闭的水加热器或用水设备的进水管、水泵出水管上、进出水管合用一条管道的水箱（塔、池）的出水管段上。根据启闭件动作方式的不同，可进一步分为旋启式止回阀、升降式止回阀、消声止回阀、缓闭止回阀等类型。

需要注意的是：卧式升降式止回阀和阻尼缓闭止回阀只能安装在水平管上，立式升降式止回阀只能安装在立管上，其他的止回阀可安装在水平管上或水流方向自下而上的立管上。水流方向自上而下的立管，不应安装止回阀，因为其阀瓣不能自行关闭，起不到止回作用。

（6）浮球阀

浮球阀又称液位控制阀，广泛用于工矿企业、民用建筑中各种水箱、水池、水塔的进水管路中，控制水箱（池、塔）的水位。当水箱（池、塔）充水到设定水位时，浮球随水位浮起，关闭进水口，防止溢流；当水位下降时，浮球下落，进水口开启。为保障进水的可靠性，一般采用两个浮球阀并联安装，在浮球阀前要安装检修用的阀门。

（7）减压阀

当给水管网的压力高于配水点允许的最高使用压力时，应当设置减压阀，给水系统中常用的减压阀有比例式减压阀和可调式减压阀两种。比例式减压阀用于阀后压力允许波动的场合，垂直安装，减压比不宜大于 3:1；可调式减压阀用于阀后压力要求稳定的场合，水平安装，阀前与阀后的最大压差不应大于 0.4MPa。

在供水保证率要求高、停水会引起重大经济损失的给水管道上设置减压阀时，宜采用两个减压阀并联设置，一用一备，但不得设置旁通管。减压阀后配水件处的最大压力应当按减压阀失效情况下进行校核，其压力不应大于配水件产品标准规定的试验压力。在减压阀的前面宜设置管道过滤器。

（8）泄压阀

泄压阀与水泵配套使用，主要安装在供水系统中的泄水旁路上，可保证供水系统的水压不超过主阀上导阀的设定值，确保供水管路、阀门及其他设备的安全。如果给水管网存在短时超压现象，且短时超压会引起使用不安全时，应设置泄压阀。泄压阀的泄流量大，应将连接管道排入非生活用水水池，当直接排放时，应有消能措施。

（9）安全阀

安全阀是保证系统和设备安全运行的阀门，用来防止系统内压力超过预定的安全值。它是利用介质本身的力量排出额定数量的流体，不需借助任何外力，当压力恢复正常后，阀门自动关闭并阻止介质继续流出。安全阀的泄流量很小，主要用于释放压力容器室因温度升高引起的超压。

2. 配水附件

配水附件是安装在各种用水器具上用来调节和分配水流的各式水龙头（或阀件），是使用最频繁的管道附件。产品应符合节水、耐用、开关灵便、美观等要求。常用的水龙头类型有以下几种，如图 1-14。

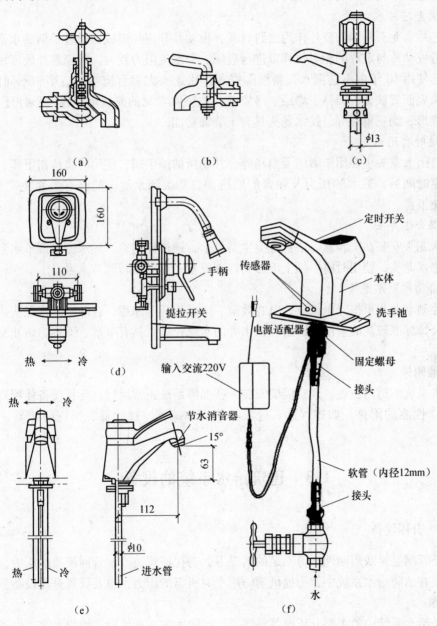

图 1-14　常用水笼头

（a）旋启式水龙头；（b）旋塞式水龙头；（c）陶瓷芯片水龙头；
（d）延时自闭式水龙头；（e）混合水龙头；（f）感应式水龙头

（1）旋启式水龙头

旋启式水龙头普遍用于洗涤盆、污水盆、盥洗槽等卫生器具的配水，由于密封橡胶垫磨损容易造成滴、漏现象，我国已经限期禁用普通旋启式水龙头，以陶瓷芯片水龙头取代。

（2）旋塞式水龙头

旋塞式水龙头安装在压力不大的给水系统上。手柄旋转 90° 即完全开启，可在短时间内获得较大流量；由于启闭迅速，容易产生水击，一般设在浴池、洗衣房、开水间等压力不大的给水设备上。水流直线流动，阻力较小。

（3）陶瓷芯片水龙头

陶瓷芯片水龙头采用陶瓷片作为密封材料，由动片和定片组成，通过手柄的水平旋转或上下提压造成动片与定片的相对位移以进行启闭。但水流阻力较大。陶瓷芯片硬度极高，优质陶瓷阀芯使用 10 年也不会漏水。新型陶瓷芯片水龙头大多有流畅的造型和不同的颜色，有的水龙头表面镀钛金、镀铬、烤漆、烤瓷等；造型除常见的流线形、鸭舌形外还有球形、细长的圆锥形、倒三角形等，使水龙头具有了装饰功能。

（4）延时自闭水龙头

延时自闭水龙头主要用于酒店及商场等公共场所的洗手间，使用时将按钮下压，每次开启持续一定时间后，靠水的压力及弹簧的增压而自动关闭水流，能够有效避免"长流水"现象，避免浪费。

（5）混合水龙头

混合水龙头安装在洗脸盆、浴盆等卫生器具上，通过控制冷、热水流量调节水温，作用相当于两个水龙头，使用时将手柄上下移动控制流量，左右偏转调节水温。

（6）自动控制水龙头

自动控制水龙头根据光电效应、电容效应、电磁感应等原理，自动控制水龙头启闭，常用于建筑装饰标准较高的盥洗、沐浴、饮水等的水流控制，具有节水、卫生、防止交叉感染的功能。

3. 其他附件

在给水系统的适当位置，经常需要安装一些保障系统正常运行，延长设备使用寿命或改善系统工作性能的附件。如排气阀、橡胶接头、伸缩器、过滤器、倒流防止器、水锤消除器。

1.3　建筑给水系统的设备

1.3.1　升压设备

在室外管网经常或周期性压力不足的情况下，为保证建筑给水管网所需的压力，需设置升压设备。在消防给水系统中，为提供消防用水时所需的压力，也要设置升压设备。

1. 水泵

水泵是给水系统中的主要升压设备，除了直接给水方式和单设水箱给水方式以外，其他给水方式都需要使用水泵。建筑给水系统中使用的水泵主要有离心式水泵、管道泵、自吸泵、潜水泵。其中应用最多的是离心式水泵，分为单级单吸卧式、单级双吸卧式、多级卧式、多级立式等类型。单吸式水泵流量较小，适用于用水量小的给水系统；双吸式水泵流量较大，适用于用水量大的给水系统。单级泵扬程较低，一般用于低层或多层建筑；多级泵扬程较高，通常用于高层建筑。立式泵占地面积较小，适用于泵房面积较小的场合；卧式泵占地面积较大，多用于泵房面积较大的场合。

（1）离心式水泵

离心式水泵构造如图 1-15 所示，其特点是结构简单、体积小、效率高、流量和扬程在一定范围内可调。

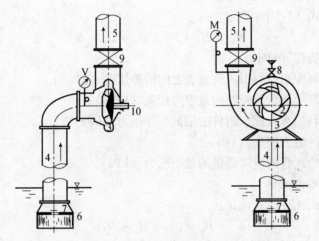

图 1-15　离心式水泵构造示意图

1—叶轮；2—叶片；3—泵壳；4—吸水管；5—压水管；6—拦污栅；
7—底阀；8—加水漏斗；9—阀门；10—泵轴；M—压力计；V—真空计

离心式水泵的工作方式有"吸入式"和"灌入式"两种。吸水池水面低于水泵轴的方式称为"吸入式"；吸水池水面高于水泵轴的方式称为"灌入式"。为了便于在水泵启动和运行中采用自动控制，通常采用"灌入式"工作方式。这时，泵壳和吸水管处于充满水的状态。当叶轮高速转动时，在离心力的作用下，叶片槽道（两叶片间的过水通道）中的水从叶轮中心被甩向泵壳，使水获得动能与压能。由于泵壳的断面是逐渐扩大的，所以水进入泵壳后流速逐渐减小，部分动能转化为压能，使水泵出口处的水具有较高的压力，流入压水管。在水被甩走的同时，水泵进口处形成负压，在大气压力的作用下，将吸水池中的水通过吸水管压向水泵进口。由于电动机带动叶轮连续回转，因此，离心泵是均匀连续地供水，即不断地将水压送到用水点或高位水箱。

（2）管道泵

管道泵一般为小口径泵，进出口直径相同，并位于同一中心线上，可以像阀门一样安装于管路之中，灵活方便，不必设置基础，紧凑美观，占地面积小。带防护罩的管道泵可设置在室外。

（3）自吸泵

自吸泵除了在安装或维修后的第一次启动时需要灌水外，以后再次启动均不需要灌水，适用于从地下贮水池吸水、不宜降低泵房地面标高而且水泵机组频繁启动的场合。

（4）潜水泵

潜水泵不需灌水，启动快，运行噪声小，不需设置泵房，但维修不方便。

2. 水泵的选择

水泵选择的主要依据是给水系统所需要的水量和水压。选择的原则是在满足给水系统所需的水压与水量条件下，水泵的工作点位于水泵特性曲线的高效率段。考虑到运转过程中，水泵磨损会使水泵的效率降低，通常使所选水泵的流量和扬程有 10% ~15% 的安全系数。

当建筑物内给水系统不设置高位水箱时，水泵的流量按照设计秒流量确定。在建筑物内设置有高位水箱调节生活给水的场合，水泵的流量应当大于或等于最大小时用水量。水泵的扬程应当满足最不利用水点所需的水压，具体分两种情况。

（1）水泵直接由室外管网吸水

水泵的扬程由式（1-10）确定。

$$H_b = H_1 + H_2 + H_3 + H_4 - H_0 \qquad (1-10)$$

式中　H_b——水泵扬程（kPa）；

　　　H_1——最不利配水点与引入管起点之间的静压差（kPa）；

　　　H_2——设计流量下计算管路的总阻力损失（kPa）；

　　　H_3——最不利用水点配水附件的最低工作压力（kPa）；

　　　H_4——水表的阻力损失（kPa）；

　　　H_0——室外给水管网所能提供的最小压力（kPa）。

（2）水泵从贮水池吸水

水泵的扬程按式（1-11）确定。

$$H_b = H_1 + H_2 + H_3 \qquad (1-11)$$

式中 H_1 是最不利配水点与贮水池最低工作水位之间的静压差（kPa），其他各项的意义与式（1-10）中的相同。

3. 气压给水设备

气压给水设备是利用密闭压力罐内的压缩空气，将罐中的水送到管网中的各配水点的升压装置。其作用相当于高位水箱或水塔，可以调节和贮存水量，并保持所需的压力。适用于工业给水，城镇住宅小区、多层、高层建筑给水，农村给水及军事设施、铁路、码头、施工现场、消防供水，热水供暖系统补给水等。由于气压给水设备系统中，供水压力是借罐内的压缩空气维持，罐内的安装高度可以不受限制，因而在不宜设置水塔和高位水箱的场所（如隐蔽的国防工程、地震区的建筑物、建筑艺术要求较高和消防要求较高的建筑物中）都可采用。

气压给水设备的优点是灵活性大，便于搬迁和隐蔽，建设速度快、投资低，运行可靠，维护管理方便；气压水罐是密闭装置，水质不易被污染；可集中置于室内，便于防冻结；气压水罐有利于抗振和消除管道中的水锤和噪声。

气压给水设备的缺点是调节水量小，供水水压变化较大，供水安全性差，停电或自动控制失灵时，断水的概率较大；耗电大，水泵启动频繁，启动电流大；水泵耗用钢材较多，变压的供水压力变化幅度较大，不适用于用水量大和要求水压稳定的用水对象，因而使用受到一定的限制。

（1）变压式给水装置

在没有稳定压力要求的供水系统中，常采用变压式给水装置。变压式气压给水设备常用在中小型给水系统中。

1）单罐式变压式气压给水设备。常用的一种变压式给水设施，如图 1-16 所示。罐内空气的起始压力高于管网所需的设计压力时，水在压缩空气的作用下，被送至管网。随着气压水罐内的水量的减少，水位下降，空气体积膨胀，压力减小。当压力减小到最小工作压力时，水泵便在压力继电器的作用下启动，将水压入罐内，同时供入管网。罐内空气又被压缩，使压力上升。当压力上升到设计最大工作压力时，水泵又在压力继电器作用下停止工作，如此反复。

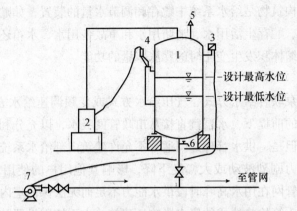

图 1-16 单罐式变压式气压给水设备
1—气压水罐；2—空压机；3—压力继电器；4—水位继电器；5—安全阀；6—泄水龙头；7—水泵

2）隔膜式气压给水设备。一种新型气压给水设备，如图 1-17 所示。气压罐内装有橡胶（或塑料）隔膜，将罐体分成气室和水室两部分。这种装置由于气水不直接接触，杜绝了气体的溶解和逸出，可以一次充气，长期使用。由于不必另外设置补气设备，使系统得到简化，节省投资，扩大了气压给水设备的使用范围。

（2）定压式气压装置

在用户要求水压稳定时，可在变压式气压给水装置的供水管上安装压力调节阀，使阀后的水压在要求范围之内，即为定压式气压给水装置。另外还可以通过增设压缩空气罐来实现供水水压稳定的目的，称为双罐定压式气压装置，如图 1-18 所示。当水罐出水时，气罐向水罐中有控制地补气，在补气管上设自动恒压阀，以保持恒压。这时水泵的启闭不能以压力高低来控制而是以设定的水位来控制。而当水泵向水罐内进水时，水罐内的压缩空气会因超出需要量而压力过高，因此必须设排气阀。

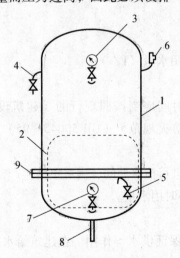

图 1-17 隔膜式气压给水设备
1—罐体；2—橡胶隔膜；3—电接点压力表；
4—充气管；5—放气管；6—安全阀；
7—压力表；8—进、出水管；9—法兰

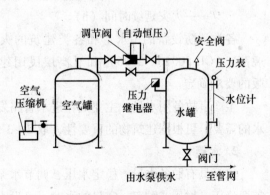

图 1-18 双罐定压式气压装置

1.3.2 贮水和水量调节设置

贮水和水量调节构筑物是给水系统中贮存和调节水量的装置，如贮水池和水箱。它们在系统中用于调节流量、贮存生活用水、消防用水和事故备用水，水箱还具有稳定水压和容纳管道中的水因热胀冷缩体积发生变化时的膨胀水量的功能。

1. 贮水池

对于采用水箱水泵联合给水方式、气压给水方式或变频调速给水方式的建筑给水系统，在水量能够得到保证的前提下，水泵宜直接从市政管网吸水，以充分利用市政管网的水压减小给水的运行能耗。但是，供水管理部门通常不允许建筑内部给水系统的水泵直接从市政管网吸水，以免管网压力剧烈波动或大幅度下降，影响其他用户的使用。为了提高供水可靠性，避免出现因市政管网在用水高峰时段供水能力不足而无法保证室内给水要求的情况，并减少因市政管网或引入管检修造成的停水影响，建筑给水系统需设置贮水池。

贮水池的有效容积与水源的供水能力和用水量变化情况以及用水可靠性要求有关，包括调节水量、消防贮备水量和生产事故备用水量三部分，用式（1-12）计算：

$$V = (Q_b - Q_g)T_b + V_s + V_f \tag{1-12}$$

式中　V——贮水池的有效容积（m^3）；

　　　Q_b——水泵出水量（m^3/h）；

　　　Q_g——水源供水能力（水池进水量）（m^3/h）；

　　　T_b——水泵最长连续运行时间（h）；

　　　V_s——生产事故备用水量（m^3）；

　　　V_f——消防贮备水量（m^3），用式（1-12）确定。

$$V_f = 3.6Q_1 + 3.6(Q_2 + Q_3 - Q_4)T \tag{1-13}$$

式中　Q_1——自动喷水灭火系统消防用水量（L/s）；

　　　Q_2——室内消火栓系统消防用水量（L/s）；

　　　Q_3——室外消火栓系统消防用水量（L/s）；

　　　Q_4——发生火灾时，室外管网能够保证的消防用水量（L/s）；

　　　T——火灾延续时间（h）。

各类消防设备的用水量和各类建筑的火灾延续时间应当按照现行的《建筑设计防火规范》（GB 50016—2006）和《高层民用建筑设计防火规范》（GB 50045—95）2005年版的要求确定。

生产事故备用水量，主要是在进水管路发生故障进行检修期间，满足室内生产、生活用水的需要，可根据建筑物的重要性，取2~3倍最大小时用水量。

2. 水箱

水箱具有贮备水量、稳定水压、调节水泵工作、保证供水等作用。在建筑给水系统中，需要稳压、增压或贮存一定量的水时，可设水箱。

水箱一般用钢板、钢筋混凝土或玻璃钢制作，也有用不锈钢制作的。水箱有圆形和矩形两种，其中矩形水箱比较容易加工，应用较多。

（1）水箱装置的组成

水箱装置主要由进水管、出水管、溢流管、泄水管、水位信号装置及通气管等组成，如图 1-19 所示。

1）进水管。进水管就是向水箱进水的管子。

当水箱利用管网压力进水时，为防止溢流，进水管上应装设两个或两个以上浮球阀或水位控制阀，为了检修的需要，在每个阀前应设置阀门。进水管距水箱上缘应有 200mm 的距离。每个浮球阀的规格，一般为直径不大于 50mm，在每个浮球阀前的引水管上设置一个闸阀。

当水箱利用水泵压力进水，并采用水箱液位自动控制水泵启闭时，在进水管上可不装设浮球阀和水位控制阀。

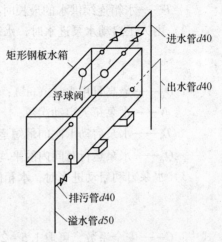

图 1-19　水箱装置示意图

2）出水管。出水管就是将水箱里的水送到建筑给水管网中去的管子。可由水箱侧壁接出，其管口下缘至水箱内底面的距离应不小于 50mm，以防止沉淀物流入配水管网。

3）溢流管。溢流管用来控制水箱的最高水位。溢流管口底应在水箱允许最高水位以上 20mm，管径应比进水管大 1～2 号。若溢流管设在水箱底以下时可与进水管管径相同。

溢流管上不允许装设阀门，也不能与排水系统直接连接，以防水质被污染。溢流管一般接到建筑物顶层的卫生设备上，就近泄水。如果附近没有卫生设备而必须与排水系统相连时，相接处应做空气隔断和水封装置。

4）泄水管。水箱使用一段时间后，水箱底会积存一些杂质需要清洗。冲洗水箱的污水，由泄水管排出。

泄水管的管口由水箱底部接出，可连接在溢流管上，但不允许与排水管道直接相连。管径为 DN40～DN50mm，管上应装设阀门。

5）水位信号装置。水位信号装置是反映水位控制阀失灵的装置，可采用自动液位信号计设在水箱内，也可在溢流管下 10mm 处设水位信号管，直接通到值班室内的洗涤盆等处，以便及时发现水箱浮球装置失灵而进行修理，其管径一般采用 DN15～DN20mm，管上不装设阀门，若要随时了解水箱的水位，也可在水箱侧壁便于观察处安装玻璃液位计。

6）通气管。通气管设在水箱的密封盖上，管上不应装设阀门。管口应向下，应设防止灰尘、昆虫和蚊蝇进入的滤网。

（2）水箱的有效容积

水箱的有效容积应根据调节水量，生活、生产贮水量及消防贮备水量确定，用下式计算：

$$V = V_t + V_s + V_f \tag{1-14}$$

式中　V——水箱的有效容积（m^3）；

V_s——生产事故备用水量（m^3）；

V_f——消防贮备水量（m^3）；

V_t——水箱的调节容积（m^3），根据水箱补水方式的不同，有以下几种确定方法。

25

1）由室外给水管网供水时，水箱的调节容积用下式计算：

$$V_t = QT \qquad (1-15)$$

式中　Q——水箱连续供水的平均小时用水量（m^3/h）；

　　　　T——水箱连续供水的最长时间（h）。

2）由人工启动水泵进水时，水箱的调节容积用下式计算：

$$V_t = \frac{Q_d}{N} - T_b Q_p \qquad (1-16)$$

式中　Q_d——最高日用水量（m^3）；

　　　　N——水泵每天启动次数；

　　　　T_b——水泵启动 1 次的最短运行时间（h）；

　　　　Q_p——水泵运行时间内的平均小时用水量（m^3/h）。

3）水泵自动启动进水时，水箱的调节容积用下式计算：

$$V_t = \frac{CQ_b}{4n} \qquad (1-17)$$

式中　C——安全系数，可取 1.5～2.0；

　　　　Q_b——水泵供水量（m^3/h）；

　　　　n——水泵在 1h 内最大启动次数，一般选用 4～8 次/h。

水泵为自动控制时，水箱调节容积不宜小于最大小时用水量的 50%。

生产事故备用水量按工艺要求，从有关的设计规范、手册查取。

消防贮备水量用以扑救初期火灾，一般应储存 10min 的室内消防用水量。水箱的消防储水量，一类公共建筑不应小于 18m³；二类公共建筑和一类居住建筑不应小于 12m³；二类居住建筑不应小于 6m³。

1.3.3　水量量测设备

主要有水表、超声波流量计、孔板、文氏表。其中电磁水表、超声波流量计、孔板、文氏表用于计量大水量的情况；而小流量的计量常用水表。这里主要介绍水表。

水表是用于计量建筑物用水量的仪表。通常设置在建筑物的引入管、住宅和公寓建筑的分户配水支管以及公用建筑物内需计量水量的水管上。

根据工作原理分为流速式和容积式水表两类。容积式水表要求通过的水质良好，精密度高，但构造复杂，我国很少使用，在建筑给水系统中普遍使用的是流速式水表。流速式水表是根据管径一定时，通过水表的水流速度与流量成正比的原理制成的。水流通过水表时推动翼轮旋转，翼轮轴传动一系列联动齿轮（减速装置），再传递到记录装置，在标度盘指针指示下便可读到流量的累积值。

1. 水表的类型

流速式水表按翼轮构造不同分为旋翼式、螺翼式和复式三种。

（1）旋翼式水表

旋翼式水表又称叶轮式水表，如图 1-20 所示。水表内有与水流方向垂直的旋转轴，轴上装有平面状的叶片，水流通过时，水流的冲力推动叶片使轴旋转，其转数由传动机构指示于表盘上，从而可知水表累计流量的总和。

26

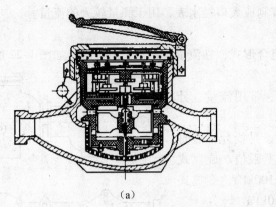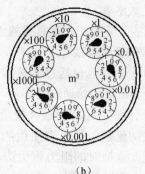

图 1-20　旋翼式水表

(a) 旋翼湿式水表；(b) 水表读数示意

旋翼式水表可分为干式和湿式两种。其中干式水表的传动机构、计量盘与水隔开，不受水中杂质污染，但水流阻力大，结构复杂，精度较低，宜制成小口径水表。湿式水表的传动机构与计量盘都浸在水中，结构较简单，精度较干式高，所以应用较为广泛。但湿式水表只能用在水中不含杂质的管道上，否则会影响水表的使用寿命，降低精度。

（2）螺翼式水表

螺翼式水表的翼轮转轴与水流方向平行，轴上装有螺旋状叶片，如图 1-21 所示，水流流过时，水流的冲力推动轴旋转，带动传动机构，将流量指示在计量盘上。

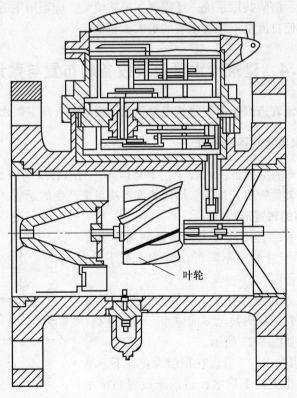

叶轮

图 1-21　螺翼式水表

螺翼式水表水量阻力较小，适宜制成大口径水表，用于测量较大的流量。

（3）复式水表

复式水表是旋翼式和螺翼式的组合形式，在流量变化很大时采用，如图1-22所示。

2. 水表的性能参数

水表的性能参数包括过载流量、常用流量、分界流量、最小流量和始动流量。

1）过载流量。也称为最大流量，是指允许短时间流经水表的流量，是水表使用的上限值。旋翼式水表通过最大流量时的阻力损失为100kPa，螺翼式水表通过最大流量时的阻力损失为10kPa。

2）常用流量。也称为公称流量或额定流量，是水表允许长期使用的流量。

3）分界流量。指水表误差限度改变时的流量。

4）最小流量。水表开始准确指示的流量值，是水表使用的下限值。

5）始动流量。也称为启动流量，是水表开始连续指示的流量值。

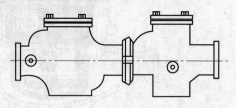
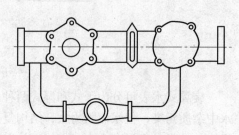

图1-22　复式水表外形图

水表选择时需要注意的是：①用水量均匀的生活给水系统的水表，应当用给水设计流量选定水表的常用流量；②用水量不均匀的生活给水系统的水表，应当用设计流量选定水表的最大流量；③对生活、消防共用系统，还需要加消防流量，应当用生活用水的设计流量叠加消防流量进行校核，使总流量不超过水表的最大流量值。

1.4　建筑给水管道及设备的布置与敷设

主要介绍建筑给水管道以及保证建筑正常供水而设置的升压、贮水设备的布置。

1.4.1　建筑给水系统的管路布置

建筑给水管道的布置应保证供水安全、不易损坏；力求管线简短，并使管线便于施工、便于维修；同时应与其他管线、建筑、结构协调解决可能产生的矛盾。

1. 建筑给水管道的布置形式

给水管道按供水可靠性不同分为枝状管网和环状管网两种形式；按水平干管位置不同可以分为上行下给、下行上给和中分式三种形式。

枝状管网单向供水，可靠性差，但管路简单、节省管材、造价低；环状管网双向甚至多向供水，可靠性高，但管线长，造价高，如图1-23所示。

1）上行下给供水方式。干管设在顶层天花板下、吊顶内或技术夹层中，由上向下供水，适用于设置高位水箱的建筑，如图1-4单设水箱给水方式所示。

2）下行上给供水方式。干管采用埋地敷设，设在底

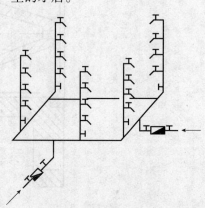

图1-23　环状管网

层或地下室中，由下向上供水，适用于利用市政管网直接供水或增压设备位于底层但不设高位水箱的建筑，如图1-3直接给水方式所示。

3）中分式供水方式。干管设在中间技术夹层或某中间层的吊顶内，由中间向上、下两个方向供水，适用于屋顶用作露天茶座、舞厅并设有中间技术夹层的建筑。

给水管道布置是否合理，关系到给水系统的工程投资、运行费用、供水可靠性、安装维护、操作使用，甚至会影响到生产和建筑物的使用。因此，在管道布置时，需要与其他专业管线的布置相互协调，满足经济合理、供水安全可靠的要求。

2. 引入管的布置

建筑物的给水引入管，从配水平衡和供水可靠角度考虑，当建筑物内卫生器具布置不均匀时，应当从建筑物用水量最大处和不允许断水处引入；当建筑物内卫生用具布置比较均匀时，应当在建筑物中央部分引入，以缩短管网向不利点的输水长度，减少管网的阻力损失。

1）引入管应设置两条或两条以上，并要从市政管网的不同侧引入，在室内将管道连成环状或贯通状双向供水。如受到条件限制，也可从同侧引入，但两根引入管的间距不得小于15m，并应当在两根引入管之间设置阀门。如条件不能满足，可采取设贮水池或增设第二水源等安全供水措施。

2）生活给水引入管与污水排出管外壁的水平距离不得小于1.0m。引入管穿过承重墙或基础时，管上部预留净空不得小于建筑物的沉降量，一般不小于0.1m，并做好防水的技术处理。引入管进入建筑内有两种情况，一种是从浅基础下面通过（图1-24a），另一种是穿过建筑物基础或地下室墙壁（图1-24b）。当引入管穿过建筑物基础或地下室墙壁时，要在穿过处的管道上设置止水环等措施，做好防水的技术处理。

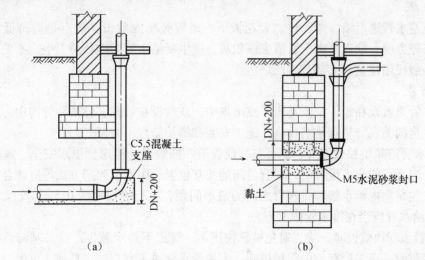

图1-24 引入管进入建筑物

（a）从浅基础下通过；（b）穿建筑物基础或地下室墙壁

3. 室内给水管道的布置

室内给水管道的布置与建筑物性质、建筑物外形、结构状况、卫生器具和生产设备布置情况以及所采用的给水方式等有关，并应充分利用室外给水管网的压力。

1）管道布置时应力求长度最短，尽可能呈直线走向，与墙、梁、柱平行敷设，照顾美观需求，并要考虑施工检修方便。给水干管应尽量靠近用水量最大设备处或不允许间断供水的用水处，以保证供水可靠，并减少管道转输流量，使大口径管道的长度最短。立管应贴近用水设备，使支管简短，直接到达用水设备。支管不宜过长，过长会产生穿越门窗、梁、柱的问题，还会增加与其他管线的矛盾。当出现多数楼层支管过长时，可适当增加立管来减短支管。

2）工厂车间内的给水管道架空布置时，应当不妨碍生产操作及车间内的交通运输，不允许把管道布置在遇水能引起爆炸、燃烧或损坏原料、产品和设备的上面，应尽量不在设备上面通过。

3）建筑给水管道不允许布置在排水沟、烟道和风道内，不允许穿过大小便槽、橱窗、壁柜，应尽量避免穿过建筑物的沉降缝，如果必须穿过时要采取相应的保护措施。

4）布置给水管道时，其周围要留有一定的空间，以满足安装、维修的要求。表1-4是建筑给水立管与墙面的最小净距要求。

表1-4　室内给水立管与墙面的最小净距

立管管径（mm）	<32	32~50	70~100	125~150
与墙面净距（mm）	25	35	50	60

1.4.2　建筑给水管路的敷设

建筑给水管道的敷设，根据建筑对卫生、美观方面的要求，分为明装和暗装两种。

（1）明装

将建筑给水管道沿墙、梁、柱、天花板下、地板旁暴露敷设。优点是造价低，施工安装、维护修理方便。缺点是由于管道表面积灰、产生凝结水等影响环境卫生，不美观。一般只适用于一般民用建筑和大部分生产厂房。

（2）暗装

将给水管道敷设在地下室天花板下或吊顶中，或敷设在管井、管槽和管沟中。优点是卫生条件好、房间美观。缺点是造价高，施工安装和维护修理不方便。

1）给水管道除单独敷设外，也可与其他管道一同敷设。考虑到供水安全、施工维护方便等要求，当平行或交叉设置时，对管道间的相互位置、距离、固定方法等应综合有关要求统一处理。建筑物内给水管和排水管之间的最小间距，平行埋设时为0.5m；交叉埋设时为0.15m，且给水管应当在排水管的上方。

2）当管道埋地敷设时，应当避免被重物压坏。管道不得穿越生产设备基础，在特殊情况下必须穿越时，应采取有效的保护措施；生活给水管道不宜与输送易燃、可燃、有害液体或气体的管道同沟敷设。

3）在给水管道穿越屋面、地下室或地下构筑物的外墙、钢筋混凝土水池的壁板或底板处，应设置防水套管。明装的给水立管穿越楼板时，应采取防水措施。管道在空间敷设时，必须采取固定措施，以保证施工方便和供水安全。固定管道可用管卡、吊环、托架等，如图1-25所示。

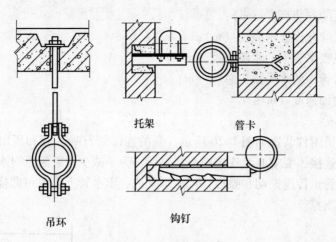

托架　　　　　　　　管卡

吊环　　　　　　　　钩钉

图1-25　管道支、吊架

管道在穿过建筑物内墙、基础及楼板时均应预留孔洞口，暗装管道在墙中敷设时，也应预留墙槽，避免临时打洞、刨槽影响建筑结构的强度。管道预留孔洞和墙槽的尺寸见表1-5。横管穿过预留洞时，管顶上部净空不得小于建筑物的沉降量，以保护管道不致因建筑物沉降而损坏，一般不小于0.1m。

表1-5　给水管预留孔洞、墙槽尺寸　　　　　　　　（mm）

管道名称	管径	明管预留孔洞长（高）×宽	暗管墙槽宽×深
立管	≤25	100×100	130×130
	32~50	150×150	150×130
	70~100	200×200	200×200
2根立管	≤32	150×100	200×130
横直管	≤25	100×100	60×60
	32~40	150×130	150×100
进户管	≤100	300×200	

水表节点一般装设在建筑物的外墙内或室外专门的水表井中。水表装设地方的空气温度要在2℃以上，并要便于检修、不受污染、不被损坏、查表方便。

室外给水管道的覆土深度，应根据土壤冰冻深度、车辆荷载、管道材质及管道交叉等因素确定。管顶最小覆土深度不得小于土壤冰冻线以下0.15m，车道下的管线覆土深度不宜小于0.1m。

1.4.3　水泵机组的安装与水泵房的布置

1. 水泵机组的安装

（1）水泵的安装高度

水泵的安装高度受到水泵允许吸水高度的限制，要求水泵轴到被吸水体的最低水位的高度 $H_安$ 应满足下式要求：

$$H_安 = H_s - \frac{v^2}{2g} - \Sigma h \tag{1-18}$$

式中　$H_安$——水泵的安装高度（m）；

　　　　H_s——水泵的允许吸水高度（m）；

　　　　v——水泵吸水管中的水流速度（m/s）；

　　　Σh——吸水管中的水头损失总和（m）；

　　　　g——重力加速度（m/s^2）。

（2）水泵的配管

离心式水泵管道附件装置如图1-26所示。泵的连接管有吸入管和压出管两部分。管道与泵的连接为法兰连接，要求法兰连接同心并平行。为了减少水泵配管对水泵本身产生的应力和泵运转时通过管道传递振动和噪声，可在水泵进、出水管上安装可曲挠性接头。连接管道应有牢固的独立支撑。

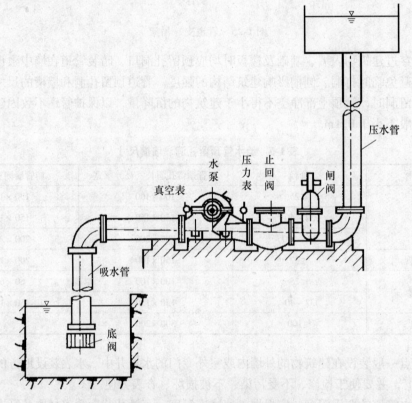

图1-26　离心式水泵管道附件装置

吸水管道的特点是在水泵运行中处于负压段，如果吸水管道一旦进入空气，就会破坏水泵的正常运行，因此对安装管道有以下要求：

1）吸水管道必须严密、不漏气，在安装完成后应和压水管一样，要求进行水压试验。

2）建筑给水系统加压水泵一般采用离心式清水泵。水泵宜设计成自动控制运行方式，间接抽水时应尽可能采用自灌式。当泵中心线高出吸水井或贮水池水位时，需设引水装置，以保证水泵的正常启动。常用的引水装置有底阀、水环式真空泵、水射器和水上式底阀等。

3）每台水泵宜设单独的吸水管，尤其是吸上式水泵。若共用吸水管，运行时可能影响其他水泵的启动，吸水管不少于3根，并在连通管上装分段阀门，吸水管合用部分应处于自灌状态。如水泵为自灌式或水泵直接从室外管网抽水时，吸水管末端必须安装吸水底阀。

4）当水泵直接从室外给水管网中抽水时，应在吸水管上装设阀门、止回阀和压力表，并绕水泵装置设装有阀门的旁通管，图1-27所示为从室外管网抽水管道连接方式。室外给水管网允许直接抽水时，应保证室外给水管网压力不低于100kPa（从室外地面算起）。

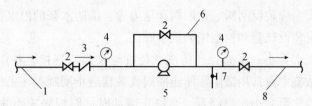

图 1-27　从室外管网抽水管道连接方式
1—来自室外管网；2—阀门；3—止回阀；4—压力表；5—水泵；
6—旁通管；7—泄水阀；8—接至室内管网

5）吸入式水泵吸水管应有向水泵方向上扬且大于或等于0.005的坡度，吸入管道的任何部分都不应高于泵的入口，以免空气及水蒸气（水在负压区可能汽化）存在管内。吸水管道安装时不能出现空气囊，如吸水管水平管段变径时，偏心异径管的安装要求管顶平接，水平管段不能出现中间高的现象等，并应防止由于施工误差和泵房与管道产生不均匀沉降而引起的吸水道路的倒坡，如图1-28所示。

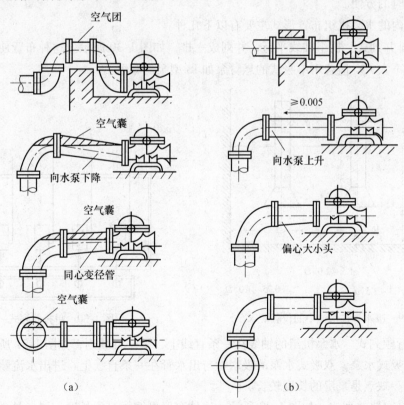

图 1-28　吸入管道安装
（a）不正确；（b）正确

6）为避免吸空或吸入杂物，吸水管在水池中的位置有一定要求。吸水管入口应做成喇叭口，喇叭口直径（D）等于 1.3 ~ 1.5 倍吸入管直径（d），喇叭口悬空高度不小于 0.8D，且不宜小于 0.5m，其最小淹没深度一般为 0.5 ~ 1.0m，喇叭口与水池壁的净距为（0.75 ~ 1.0）D，喇叭口之间净距不小于 1.5D，吸水管在水池中的位置要求如图 1-29 所示，避免相互干扰。

每台水泵出水管上应装设闸阀、止回阀和压力表。消防水泵的出水管应不少于两条，与环状管网相连，并应装设试验和检查用的放水阀门。

压水管一般比吸水管小一号管径。铸铁变径管与泵出口连接，并作为泵体配件一同供货。在大流量供水系统中通常用微阻缓闭止回阀代替普通止回阀。在正常运行时，微阻缓闭止回阀是常开的，因此阻力小，当停泵、水停止流动时，阀板先速闭并剩余 20% 左右开启面积，以缓解回流水击作用力，随后阀板徐徐缓闭，缓闭时间可在 0 ~ 60s 范围内调节。与普通旋启式止回阀相比，减少阻力 20% ~ 50%，节电率大于 20%，并起到防止水击的安全作用。

2. 水泵房的布置

水泵机组通常在水泵房中，在供水量较大时，常将几台水泵并联工作。

（1）水泵的平面布置形式

水泵机组的布置原则为：①管线最短，弯头最少，管路便于连接，布置力求紧凑；②注意起吊设备时的方便。

水泵房内的水泵机组布置形式主要有以下几种。

1）单排并列式。机组轴线平行，并列成一排，如图 1-30 所示。这种布置使泵房的长度小，宽度也不太大。适合于单吸式的悬臂泵如 IS 型泵的布置。

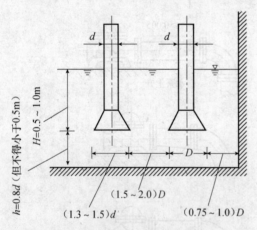

图 1-29 吸水管在水池中的位置要求

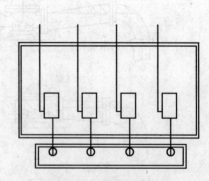

图 1-30 单排并列式

2）单行顺列式。水泵机组的轴线在一条直线上，呈一行顺列，如图 1-31 所示。这种形式适合于双吸式水泵，双吸式水泵的吸水管与出水管在一条直线上，进出水流顺畅，管道布置也很简短。缺点是泵房的长度较长。

3）双排交错并列式。如图 1-32 所示，这种布置可缩短泵房长度，缺点是泵房内管道挤而且有些乱。

4）双行交错顺列式。如图 1-33 所示，优点是可将泵房长度减小，缺点是泵站内显得拥挤。

5）斜向排列。如图 1-34 所示，这种泵房布置也是为了省一些长度，但水流不很畅通。

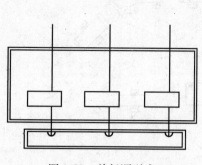

图 1-31　单行顺列式

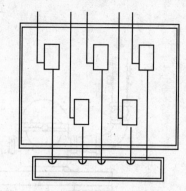

图 1-32　双排交错并列式

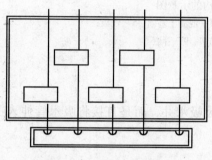

图 1-33　双行交错顺列式

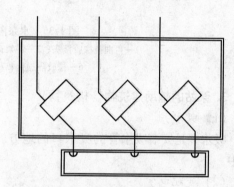

图 1-34　斜向排列

（2）泵房平面尺寸

泵房的平面尺寸应根据水泵本身的尺寸，泵与泵之间所要求的间距，同时还应考虑维修和操作要求的空间来确定，应满足表 1-6 的要求。

表 1-6　水泵机组外轮廓面与墙和相邻机组间的间距

电动机额定功率（kW）	机组外廓面与墙面之间最小间距（m）	相邻机组外轮廓面之间最小间距（m）
≤22	0.8	0.4
>25~55	1.0	0.8
≥55，≤160	1.2	1.2

泵房中宜有检修场地，场地尺寸宜按水泵或电机外形尺寸四周有不小于 0.7m 的通道确定。

（3）水泵房布置的其他要求

水泵房应有排水设施，光线和通风良好，并不致结冻。在有防振或对安静程度要求较高的房间的周围房间内不得设水泵；设在建筑物内的给水泵房，应采用消声、减振措施。图 1-35 所示是水泵隔振安装结构的示意图。

水泵基础高出地面的高度应便于水泵安装，不应小于 0.1m。

泵房内宜设手动起重设备。泵房的大门应保证能使搬运的机件进出，应比最大件宽 0.5m。

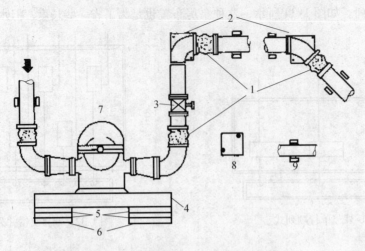

图 1-35　水泵隔振安装结构的示意图

1—可曲挠橡胶接头；2—锚架；3—阀门；4—混凝土基础；5—铁板；

6—橡胶隔振垫；7—泵；8—锚架；9—管道

3. 泵站的辅助建筑物（构筑物）

（1）吸水井

吸水井是安装吸水管的吸水口的地方。有时不设吸水井，而是直接将吸水管伸入贮水池中。

（2）变配电室

大型泵站要求有两路供电电源，常设变电室和配电室。变电站内有变压器、高压开关柜；配电室有配电柜。

（3）值班室

水泵房的值班室要求有不小于 $1.2m^2$ 的面积，并且要求布置在便于与机房和配电室联系的位置，并有良好的采光、通风及隔声措施，此外还应设有卫生间。

1.4.4　贮水池的设置要求

贮水池应设在通风良好、不结冻的房间内。为防止渗漏造成损害和避免噪声影响，贮水池不宜毗邻电气用房和居住用房或在其下方；贮水池外壁与建筑本体结构墙面或其他池壁之间的净距，应满足施工或装配的需要。无管道的侧面，净距不宜小于 0.7m；安装有管道的侧面，净距不宜小于 1.0m，且管道外壁与建筑本体墙面之间的通道宽度不宜小于 0.6m；设有人孔的池顶，顶板面与上面建筑本体板底的净空不应小于 0.8m。贮水池的设置高度应利于水泵自灌式吸水，池内宜设有水泵吸水坑，吸水坑的大小和深度，应满足水泵吸水管的安装要求。

贮水池应设进出水管、溢流管、泄水管和水位信号装置。当利用城市给水管网压力直接进水时，应设置自动水位控制阀，控制阀直径与进水管管径相同，采用浮球阀控制时，浮球阀的数量不宜少于两个，且进水管的标高应一致，浮球阀前应设检修用的控制阀。溢流管宜采用水平喇叭口集水，喇叭口下的垂直管段不宜小于 4 倍溢流管管径。溢流管的管径按照能够排泄贮水池的最大入流量确定，并宜比进水管大一级。泄水管的管径应按水池（箱）泄空时间和泄水受体排泄能力确定，当贮水池中的水不能以重力自流泄空时，应设置移动或固定的提升装置。容积大于 500m³ 的贮水池，应分成容积基本相等的两格，以便清洗、检修时不中断供水。

1.4.5 水箱的设置要求

水箱应设置在通风良好、不结冻的房间内。为了防止结冻，或防止因阳光照射、水温上升导致余氯加速挥发，露天设置的水箱都应采取保温措施；水箱箱壁与水箱间墙壁及其他水箱之间的净距与贮水池的布置要求相同。水箱底与水箱间地面板的净距，当有管道敷设时不宜小于 0.8m，水箱的设置高度（以底板面计）应满足最高层用户的用水水压要求，如达不到要求时，宜在其入户管上设置管道泵增压。

水箱间的净高不得低于 2.2m，应满足水箱布置要求，结构应为非燃烧材料。同时还应满足良好的通风、采光和防蚊蝇措施，室内气温不得低于 5℃。水箱间的位置应便于管道布置，尽量缩短管道长度，同时还应满足水箱布置要求。

对于一般居住和公共建筑，可以只设一个水箱；对于公共建筑和高层建筑，为保证供水安全，宜将水箱分成两部分或设置两个水箱。

【思考题与习题】

1. 建筑给水系统主要由哪几部分组成？分别有什么作用？
2. 简述常用生活给水系统给水方式的主要特点及适用场合。
3. 高层建筑室内给水系统有哪些特点及常用的给水方式？
4. 建筑给水系统的常用管材有哪些？它们的主要特点是什么？
5. 建筑给水系统常用配水附件有哪些？它们的主要特点是什么？
6. 给水管道常用控制附件有哪些？分别有什么作用？
7. 试归纳建筑给水管道布置的原则，并具体考察一栋建筑的管道布置。
8. 如何确定给水系统所需的供水压力？

第 2 章　建筑排水系统

学习目标和要求

　　了解建筑排水系统的组成及水力计算、高层建筑排水特点；

　　了解建筑雨水系统及建筑中水系统的组成；

　　掌握常用的排水管材、附件及卫生器具；

　　掌握排水管道与设备的布置与敷设。

学习重点与难点

　　掌握常用的排水管材、附件及卫生器具；

　　掌握排水管道与设备的布置与敷设。

2.1　建筑排水系统概述

　　建筑排水系统的任务是接纳、汇集建筑物内各种卫生器具和用水设备排放的污、废水，以及屋面的雨、雪水，并在满足排放要求的条件下，用经济合理的方式迅速排入室外排水管网或污水局部处理设施。

　　建筑排水系统按照排水的性质可分为生活排水系统、生产排水系统和雨水排水系统三类。

1. 生活排水系统

　　生活排水系统是生活污水排水系统和生活废水排水系统的总称。其中排除冲洗便器的排水系统为生活污水排水系统；排除盥洗、洗涤废水的排水系统为生活废水排水系统。

2. 生产排水系统

　　生产排水系统用于排除工艺生产过程中所产生的污水和废水。为便于污、废水的处理和综合利用，按照排水污染的程度分为生产废水排水系统和生产污水排水系统。

3. 雨水排水系统

　　雨水排水系统用于排除建筑屋面的雨水和融化的冰雪水。

2.1.1　排水体制

　　在排除城市（镇）和工业企业中的生活废水、生活污水、生产排水和雨雪水时，是采用一个管渠系统排除，还是采用两个或两个以上各自独立的管渠系统进行排除，这种不同排除方式所形成的排水系统，称为排水系统的体制（简称排水体制）。按排除方式可分为分流制和合流制两种。

　　1）分流制。居住建筑和公共建筑中的生活污水和生活废水，工业建筑中的生产污水和生产废水分别设置管道排出建筑物外，称为分流制室内排水系统。

　　2）合流制。两种或两种以上的污、废水合用一套排水管道系统则称为合流制室内排水系统。

　　3）雨水的排除。雨水排水系统应独立设置，以便迅速、及时将雨水排除。

　　确定建筑排水系统的排水体制，是一项较为复杂的工作，应当根据室内排水的性质、污染程度、处理要求，结合室外排水体制、市政污水处理设施完善程度及排水综合利用情况，结合技术经济比较后予以确定。

2.1.2 建筑排水系统的组成

建筑内部排水系统一般包括卫生器具（或生产设备的受水器）、排水横支管、立管、排出管、通气管道和清通设备等。此外，当污水不能自流排至室外时，需设污水提升设备，还包括一些隔油池、降温池、化粪池等污水局部处理设备，如图 2-1 所示。

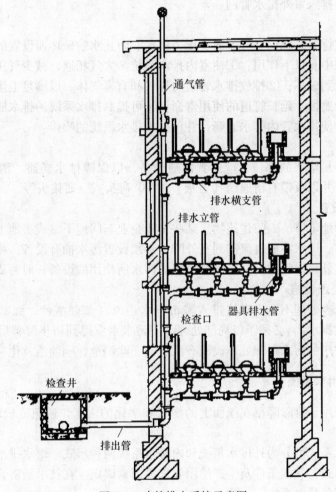

通气管

排水横支管

排水立管

器具排水管

检查口

检查井

排出管

图 2-1 建筑排水系统示意图

1. 卫生器具（或生产设备的受水器）

卫生器具（如大便器、小便器、洗脸盆、淋浴器、洗涤盆、地漏等）是建筑排水系统的起点，接纳各种污废水后，排入管网系统。污废水从器具排出经过存水弯和器具排水管流入排水横支管。

2. 排水管道

排水管道包括器具排水管（存水弯）、排水横支管、立管、埋地干管和排出管。

（1）卫生器具排水管

卫生器具排水管指连接 1 个卫生器具的排水管段，除自带水封的坐式大便器和部分地漏、蹲式大便器外，器具排水管上均应设水封装置（存水弯），以防止排水管道中的有害气体及蚊蝇昆虫进入室内。

（2）排水横支管

排水横支管的作用是把各卫生器具排水管流来的污废水排至立管。

（3）排水立管

排水立管承接各楼层横支管排入的污水，然后再排入排出管。

（4）排出管

排出管是建筑物内的排水立管与室外排水检查井之间的连接管段，它接受一根或几根立管流来的污废水并排入室外排水管网。

3. 通气管

通气管是为使排水系统内空气流通、压力稳定、防止水封破坏而设置的与大气相通的管道。它在排水系统中有以下作用：①使室内排水系统与大气相通，减少气压波动幅度，防止卫生器具的水封受到破坏；②排放排水管道内臭气和有害气体，以满足卫生要求；③减轻废水、废气对管道的腐蚀，延长管道的使用寿命；④可提高排水系统的排水能力，有助于形成良好的水流条件，使排水管内排水通畅，并可减少排水系统的噪声。

4. 清通设备

在排水管道容易堵塞的部位，应设置清通设备，以保障排水畅通。清通设备包括检查口、清扫口、检查井以及带有清通门（盖板）的90°弯头或三通接头等。

5. 污水抽升设备

民用建筑中的地下室、人防建筑物、某些工业企业车间地下室或半地下室、地下铁道等地下建筑物内的污、废水不能自流排到室外时，必须设置污水抽升设备，将建筑物内所产生的污、废水抽至室外排水管道。抽升建筑物内的污水所使用的设备一般为离心泵。

6. 污水局部处理设施

当室内污水未经处理不允许直接排入城市下水道时（如强酸性、强碱性、汽油或油脂含量高、杂质多的排水），必须予以局部处理，使污水水质得到初步改善后再排入室外排水管道。民用建筑常用的污水局部处理设施有沉淀池、除油池、隔油池及化粪池等。

2.1.3　建筑雨水系统

建筑雨水系统用于排除降落在屋面上的雨水和融化的雪水，避免造成屋面积水、溢水、漏水等水患。

屋面雨水排水系统可分为外排水系统和内排水系统两种形式。雨水排水系统的选择应根据建筑物的结构形式、气候条件及生产使用要求等因素确定。在技术经济合理的条件下，屋面雨水应尽量采用外排水系统。

1. 外排水系统

（1）檐沟外排水系统

檐沟外排水系统由檐沟、雨水斗、雨水立管（落水管）等组成，如图2-2所示。檐沟外排水系统是目前使用最广泛的屋面雨水排除系统，适用于一般多层居住建筑或屋面面积较小、体型不复杂的多层公共建筑和单跨的工业建筑。目前落水管常用 UPVC 排水塑料管，管径和布置间距应按屋面雨水量计算确定。一般沿建筑物屋面长度方向的两侧，每隔 15～20m 敷设一根直径 100mm 的落水管。

（2）天沟外排水系统

天沟外排水系统由天沟、雨水斗、雨水立管等组成，如图2-3所示。天沟外排水系统适用于工业厂房、多跨度厂房、库房等汇水面积大的建筑屋面的雨水排除。天沟排水以伸缩缝、沉降缝、变形缝为分水线，利用屋面构造上的长天沟本身的容量和坡度，使雨水向建筑物两端或两边（山墙、女儿墙）泄放，并由雨水斗收集经墙外立管排至地面、明沟或通过排出管、检查井流入雨水管道。落水管常采用承压塑料管、承压排水铸铁管和钢塑复合管。

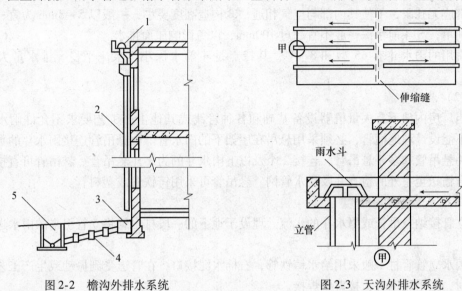

图 2-2　檐沟外排水系统
1—檐沟；2—落水管；3—雨水口；4—连接管；5—检查井

图 2-3　天沟外排水系统

2. 内排水系统

　　内排水系统适用于大面积建筑、多跨的工业厂房、高层建筑以及对建筑立面处理要求较高的建筑物屋面的排水。内排水系统是由雨水斗、悬吊管、立管、埋地横管、检查井及清通设备等组成，如图 2-4 所示。

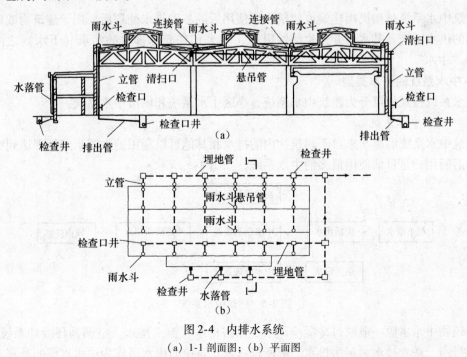

图 2-4　内排水系统
（a）1-1 剖面图；（b）平面图

41

（1）雨水斗

雨水斗的作用是最大限度地迅速排除屋面雨、雪水，排泄雨水时最小限度地掺气，并能拦截粗大杂质。为保证达到上述要求，尤其是尽量少掺气，雨水斗应做到：①在保证能拦阻杂质的前提下承担的泄水面积越大越好，并且在结构上要导流通畅，使水流平稳、阻力小；②顶部应无孔眼，不使其内部与空气相通；③构造高度要小，一般以 5~8mm 为宜；④制造加工简单；⑤斗前水深一般不宜超过 100mm，以免影响屋面排水。

常用的雨水斗有 65 型和 87 型，其特点是斗前水深小，水流平稳、排水量大且掺气量小。

（2）悬吊管

当厂房内地下有大量机器设备基础和各种管线或其他生产工艺要求不允许雨水井冒水时，不能设计埋地横管，必须采用悬吊在屋架下的雨水管。由悬吊管连接雨水斗的数量可分为单斗悬吊管和多斗悬吊管。连接 2 个及以上雨水斗的为多斗悬吊管。悬吊管可直接将雨水经立管输送至室外的检查井及排水管网。悬吊管可采用铸铁管或塑料管。

（3）立管及排出管

立管接纳悬吊管或雨水斗的水流。埋设于地下的一段排出管将立管引来的雨水送到地下管道。

雨水立管管材一般采用给水铸铁管，石棉水泥接口，在管道受到振动或生产工艺有特殊要求时，应采用钢管，接口要焊接。

（4）埋地横管

埋地横管与雨水立管（或排出管）的连接可用检查井，也可用管道配件。埋地横管可采用混凝土或钢筋混凝土管或带釉的陶土管。

2.1.4　建筑中水系统

建筑中水系统是指民用建筑或建筑小区使用后的各种排水处理后，用于建筑物或建筑小区杂用的供水系统。其水质介于生活饮用水（上水）和允许排放的污水（下水）之间，所以称为"中水"。

1. 中水系统的基本类型

中水系统按规模可分为建筑中水系统、小区中水系统和城市中水系统。

（1）建筑中水系统

建筑中水系统的原水来自于建筑物内的排水和其他可以利用的水源，经处理达到中水水质标准后回用，是目前使用最多的中水系统，如图 2-5 所示。

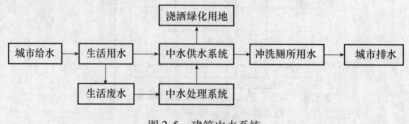

图 2-5　建筑中水系统

建筑物中水水源一般取自冷凝冷却水、沐浴排水、盥洗排水、空调循环冷却系统排水、游泳池排水、洗衣排水、厨房排水、厕所排水。建筑屋面雨水可作为中水水源的补充。

42

（2）建筑小区中水系统

建筑小区中水系统的原水来自于小区的公共排水系统或小型污水处理厂，如图2-6所示。

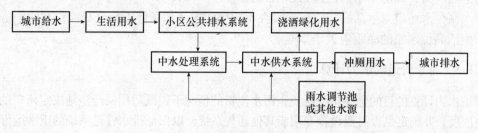

图2-6　建筑小区中水系统

建筑小区中水水源一般为：小区内建筑物排水、城市污水处理厂出水、相对洁净的工业排水、小区生活污水或市政排水、建筑小区内的雨水、可利用的天然水体（河、塘、湖、海水）等。

（3）城市区域中水系统

城市区域中水系统是将城市污水经二级处理后再经深度处理作为中水使用，其原水主要来自于城市污水处理厂、雨水等，目前应用较少，如图2-7所示。

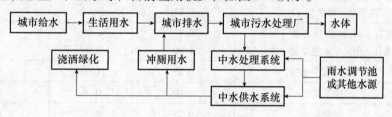

图2-7　城市区域中水系统

2. 中水系统的组成

中水系统由中水原水收集系统、中水处理设施和中水供水系统三部分组成。

1）中水原水收集系统。指收集、输送中水原水到中水处理设施的管道系统和一些附属构筑物所组成的系统，包括建筑生活污水、废水管网、室外中水原水集流管网及相应分流、溢流设施等。

2）中水处理设施。用于处理原水，使其达到中水水质标准，包括原水处理系统设施、管网及相应的计量检测设施。

3）中水供水系统。将中水通过室内外和小区的中水给水管道系统输送分配到用户点的供水系统，包括中水供水管网及相应的增压、储水设备，如中水储水池、水泵、高位水箱等。

3. 建筑中水系统的设置

中水系统的原水管道、管材及配件要求与建筑排水管道系统相同。中水系统给水管道检验标准与建筑给水管道系统相同。

中水供水系统必须独立设置。中水供水系统严禁与生活饮用水管道连接，并应采取下列措施：①中水管道外壁应涂浅绿色标志；②中水池（箱）、阀门、水表及给水栓均应有"中水"标志；③中水明装时，用水口必须明示禁止饮用的要求。

中水管道与生活饮用水给水管道、排水管道平行埋设时，其水平净距不得小于0.5m；

交叉埋设时，中水管道应位于生活饮用水给水管道下、排水管道之上，其净距均不得小于0.15m。生活饮用水补水管出水口与中水贮水池（箱）内的最高水位之间应有不小于2.5倍管径的空气隔断，以防中水回流污染饮用水。

中水高位水箱应与生活高位水箱分设在不同房间内。如条件不允许只能设在同一房间内时，与生活高位水箱的净距应大于2m。

2.1.5 排水管道的水力计算

管道水力计算的目的是在排除所负担污水流量的情况下，既适用又经济地决定所需的管径和管道坡度，并确定是否需要设置专用或其他通气系统，以保证排水管道系统的正常运行。

1. 排水设计秒流量的计算

为了确定排水系统的管径，首先应计算出通过各管段的流量。排水管段中某个管段的设计流量和接纳的卫生器具类型、数量及同时使用数量有关。为了计算上的方便，与给水系统一样，每个卫生器具的排水量也可折算成当量。卫生器具以 0.33L/s 排水量为 1 个排水当量，是一个给水当量的 1.65 倍。各种卫生器具的排水流量、当量和排水管的管径见表2-1。

表 2-1 卫生器具的排水流量、当量和排水管的管径

序号	卫生器具名称	排水流量（L/s）	当量	排水管管径（mm）
1	洗涤盆、污水盆（池）	0.33	1.00	50
2	餐厅、厨房单格洗涤盆（池）	0.67	2.00	50
	餐厅、厨房双格洗涤盆（池）	1.00	3.00	50
3	盥洗槽（每个水嘴）	0.33	1.00	50~75
4	洗手盆	0.10	0.30	32~50
5	洗脸盆	0.25	0.75	32~50
6	浴盆	1.00	3.00	50
7	淋浴器	0.15	0.45	50
8	大便器　高水箱	1.50	4.50	100
	大便器　低水箱			
	冲落式大便器	1.50	4.50	100
	低水箱虹吸式、喷射虹吸式	2.00	6.00	100
	自闭式冲洗阀	1.50	4.50	100
9	医用倒便器	1.50	4.50	100
10	小便器　自闭式冲洗阀	0.10	0.30	40~50
	小便器　感应式冲洗阀	0.10	0.30	40~50
11	大便槽≤4个蹲位	2.50	7.50	100
	大便槽>4个蹲位	3.00	9.00	150
12	小便槽（每米长）自动冲洗水箱	0.17	0.50	—
13	化验盆（无塞）	0.20	0.60	40~50
14	净身器	0.10	0.30	40~50
15	饮水器	0.05	0.15	25~50
16	家用洗衣机	0.50	1.50	50

注：家用洗衣机排水软管直径为30mm，有上排水的家用洗衣机排水软管内径为19mm。

目前国内使用的排水设计秒流量计算公式基本上有两种形式。

（1）集中排水的建筑

工业企业生活间、公共浴室、洗衣房、公共食堂、实验室、影剧院、体育场等建筑，卫生设备使用集中，排水时间集中，同时排水百分数高，其设计秒流量计算公式为：

$$q_u = \sum q_0 nb \qquad (2-1)$$

式中　q_u——计算管段的排水设计秒流量（L/s）；

　　　q_0——计算管段上同类型的一个卫生器具排水量（L/s）；

　　　n——该计算管段上同类型卫生器具数；

　　　b——卫生器具的同时排水百分数，同给水系统。大便器的同时排水百分数，应按12%计算。

当计算排水流量小于一个大便器排水流量时，应按一个大便器的排水流量计算。

（2）分散排水的建筑

住宅、集体宿舍、旅馆、医院、疗养院、幼儿园、养老院、办公楼、商场、会展中心、中小学教学楼等建筑，卫生设备使用不集中，用水时间长，同时排水百分数随卫生器具数量的增加而减少，其设计秒流量计算公式如下：

$$q_u = 0.12\alpha \sqrt{N_u} + q_{max} \qquad (2-2)$$

式中　q_u——计算管段的排水设计秒流量（L/s）；

　　　N_u——计算管段的排水当量总数；

　　　α——根据建筑物用途而定的系数，按表2-2选取；

　　　q_{max}——计算管段上排水量最大的一个卫生器具的排水流量（L/s）。

表 2-2　根据建筑物用途而定的系数 α

建筑物名称	住宅、宾馆、医院、疗养院、幼儿园、养老院的卫生间	集体宿舍、旅馆和其他公共建筑的公共盥洗室和厕所
α	1.5	2.0~2.5

注：如计算所得流量值大于该管段上按卫生器具排水流量累加值时，应按卫生器具排水流量累加值计。

2. 排水管路的水力计算

（1）排水立管

排水立管管径可按式（2-1）或式（2-2）计算出排水设计秒流量后查表2-3即可确定其管径。

表 2-3　铸铁排水立管最大排水能力

排水立管管径（mm）	排水能力（L/s）	
	仅设伸顶通气管	有专用通气立管或主通气立管
50	1.0	—
75	2.5	5
100	4.5	9
125	7.0	14
150	10.0	25

为防止排水管内气压波动激烈而破坏水封，不通气排水立管只适用于较小的排水能力的排水系统。

UPVC 等形式的塑料管表面光滑，排水能力比铸铁管大。

（2）排水横管

排水横管水力计算公式：

$$v = \frac{1}{n}R^{\frac{2}{3}}i^{\frac{1}{2}} \tag{2-3}$$

$$d = \sqrt{\frac{4q}{\pi v}} \tag{2-4}$$

式中　　v——速度（m/s）；

　　　　R——水力半径（m）；

　　　　i——水力坡度，采用排水管的坡度；

　　　　n——粗糙系数。铸铁管为 0.013；混凝土管、钢筋混凝土管为 0.013～0.014；钢管为 0.012；塑料管为 0.009；

　　　　q——计算管段的设计秒流量（L/s）；

　　　　d——计算管段的管径（m）。

1）管径。生活污水含杂质多，排水量大而急，为避免排水管道淤积、堵塞和便于清通，对生活排水管道的最小管径进行了如下规定。建筑物内排出管最小管径不得小于50mm；多层住宅厨房间的立管管径不宜小于75mm；公共食堂厨房内的污水采用管道排除时，其管径比计算管径大一级，但干管管径不得小于100mm，支管管径不得小于75mm；医院污物洗涤盆（池）和污水盆（池）的排水管管径，不得小于75mm；大便器排水管最小管径不得小于100mm；小便槽或连接 3 个及 3 个以上的小便器，其污水支管管径不宜小于75mm；浴池的泄水管管径宜采用100mm。

为确保排水系统能在最佳的水力条件下工作，在确定管径时必须对直接影响管道中水流工况的主要因素——管道充满度、流速、坡度进行控制。

2）管道充满度。管道充满度是排水横管内水深与管径的比值。排水管道应按非满流设计，重力流的管道上部保持一定的空间，目的是使污（废）水中的有害气体能自由排出、调节排水系统的压力波动、防止水封被破坏和用来容纳未预见的高峰流量。排水管道的设计充满度，按表2-4确定。

表2-4　排水管道最大设计充满度

排水管道名称	管径（mm）	最大计算充满度
生活排水管道	<150	0.5
	150～200	0.6
生产污水管道	50～75	0.6
	100～150	0.7
	≥200	0.8
生产废水管道	50～75	0.6
	100～150	0.7
	≥200	1.0

注：排水沟最大计算充满度为计算断面深度的0.8。

3）流速。为使污（废）水中的杂质不致沉淀在管底，并使水流有冲刷管壁污物的能力，管道必须有一个最小流速，这个流速称为自净流速，见表2-5。为防止管壁因污水流动的摩擦及水流冲击而损坏，不同材质排水管道的最大流速应符合表2-6的规定。

表2-5　各种排水管道的自净流速

管渠类别	生活排水管道			明渠（沟）	雨水管道及合流制排水管道
	$D < 150$	$D = 150$	$D = 200$		
自净流速	0.60	0.65	0.70	0.4	0.75

表2-6　排水管道的最大允许流速

管道材料	生活排水（m/s）	含有杂质的工业废水、雨水（m/s）
金属管	7.0	10.0
陶土及陶瓷管	5.0	7.0
混凝土及石棉水泥管	2.0	7.0
明渠（水深0.4~1m）	3.0（浆砌块石或砖） 4.0（混凝土）	3.0 4.0

4）管道坡度。为满足管道充满度及流速的要求，排水管道应有一定的坡度。排水管道坡度有通用坡度和最小坡度，通用坡度为正常情况下应予以保证的；最小坡度为必须保证的坡度。一般情况下应采用通用坡度；当横管过长或建筑空间、标高受限制时，可采用最小坡度。管道的最大坡度不得大于0.15，但长度小于1.5m的管段可不受此限制。铸铁排水管道的通用坡度和最小坡度应按表2-7确定。塑料管管壁光滑排水横管的标准坡度为0.026，和最小坡度均比同等管径的铸铁排水管小。

表2-7　铸铁排水管道的通用坡度和最小坡度

管径（mm）	工业废水管道（最小坡度）		生活排水管道	
	生产废水	生产污水	通用坡度	最小坡度
50	0.020	0.030	0.035	0.025
75	0.015	0.020	0.025	0.015
100	0.008	0.012	0.020	0.012
125	0.006	0.010	0.015	0.010
150	0.005	0.006	0.010	0.007
200	0.004	0.004	0.008	0.005
250	0.0035	0.0035	0.006	0.004
300	0.003	0.003	0.005	0.003

为简化计算，根据相关公式制成了室内排水管道水力计算表，可直接由管道的设计秒流量，控制充满度、流速、坡度在允许的范围内，查表确定排水横管管径和坡度。

（3）通气管管径的确定

通气管的管径，应根据排水能力、管道长度确定，不宜小于排水管管径的1/2，其最小管径可按表2-8确定。当通气立管长度小于等于50m时，且2根及2根以上排水立管同时与一根通气立管相连，应以最大一根排水立管按表2-8确定通气立管管径，且管径不宜小于其余任何一根排水立管管径。当立管长度在50m以上时，为保证排水管内气压稳定，其管径应与排水立管管径相同。伸顶通气管管径与排水立管管径相同，但在最冷月平均气温低于−13℃的地区，为防止通气管口结霜而断面减少，应在室内平顶或吊顶以下0.3m处将管径放大一级。结合通气管的管径不宜小于通气立管管径。

表2-8 通气最小管径

通气管名称	排水管管径（mm）						
	32	40	50	75	100	125	150
器具通气管	32	32	32	—	50	50	—
环形通气管	—	—	32	40	50	50	—
通气立管	—	—	40	50	75	100	100

注：表中通气立管系专用通气立管、主通气立管、副通气立管。

2.2 建筑排水系统的管道材料及附件

2.2.1 管材

管材的选用受多种因素的影响，需要综合考虑，包括国家相关政策、有关标准规范、使用性质、建筑高度、抗震要求、防火要求、设计标准、造价、使用维护等。建筑排水系统的管材主要有排水铸铁管和硬聚氯乙烯塑料管等。

1. 排水铸铁管

目前使用的排水铸铁管是柔性接口机制铸铁排水管，为离心铸造或连续铸造。管道管径一般为50～200mm，管内外光滑、强度高、耐腐蚀、噪声小、抗震防火、安装方便，特别适用于高层建筑。管道采用平口相接，用不锈钢卡箍连接、橡胶套密封。

2. 硬聚氯乙烯塑料管（UPVC）

硬聚氯乙烯塑料管是以聚氯乙烯树脂为主要原料的塑料制品，具有优良的化学稳定性、耐腐蚀性。主要优点是物理性能好、质轻、管壁光滑、水头损失小、容易加工及施工方便等。缺点是防火性能不好、排水噪声大。

硬聚氯乙烯塑料管的适用场所：①住宅建筑优先选用UPVC管材；②排放带酸、碱性废水的实验楼、教学楼应选用UPVC管材；③当建筑物内连续排放水温高于40℃、瞬时排放水温高于80℃的排水管道及排放含油废水（如厨房排水）的排水管道不宜采用UPVC管材；④对防火要求高的建筑物（如火灾危险性大的高层建筑）和要求环境安静的场所，应采用柔性接口机制铸铁排水管。若采用UPVC管材，应设置阻火圈或防火套管，并应考虑采用消能措施。

硬聚氯乙烯塑料管的连接方法主要采用承插粘接。

2.2.2 排水附件

1. 地漏

地漏主要设置在卫生间、浴室、盥洗室、厕所、公共食堂等需要排除地面积水的房间。

一般由铸铁、不锈钢、塑料、铜等材料制成，在地面排水口处盖有箅子，用以阻挡杂物进入排水管道。常用的地漏规格有 DN50、DN75、DN100、DN150 等。

地漏的构造有不带水封（直通式）和带水封地漏两种，前者需加设存水弯，后者水封深度≥50mm。地漏常见的类型有防溢地漏、网筐式地漏和直通式地漏等，如图 2-8 所示。

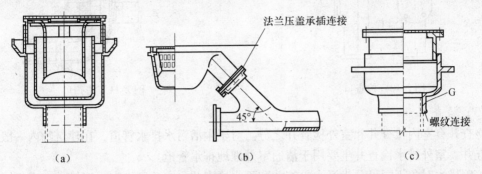

图 2-8　地漏
（a）防溢地漏；（b）网筐式地漏；（c）直通式地漏

2. 水封装置

水封又称存水弯，是在卫生器具内部或器具排水管上设置的一种内部存水的排水附件。

水封利用存水装置保持一定高度的水柱。为保证水封内的静水压力，要求在存水弯内应存有 50～100mm 深的水，如图 2-9 所示。其原理是利用一定高度的静水压力来抵抗排水管内的气压变化，隔绝和防止排水管内有害气体和小虫等通过卫生器具进入室内，污染环境。

存水弯有带清通丝堵和不带清通丝堵两种，按照外形的不同，还可分为 P 形、S 形和卫生器具专用水封等。

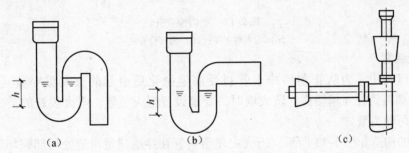

图 2-9　水封装置
（a）P 形水封；（b）S 形水封；（c）洗脸盆专用水封

3. 清通设备

清通设备一般指检查口、清扫口、检查井以及自带清通门的弯头、三通、存水弯等设备，用以疏通排水管道。

（1）检查口

检查口是带有可开启检查盖的配件，装设在排水立管、较长的排水横管中间以及弯头、存水弯处，用于排水管的检查和清通。检查口（图 2-10）可设在立管或水平干管上，可双向清通。

（2）清扫口

清扫口是带螺栓盖板的弯头或带堵头的配件和三通配件，装在横管上，用于排水横管的清扫。清扫口（图2-11）常设在横支管的起端，仅可单向清通。

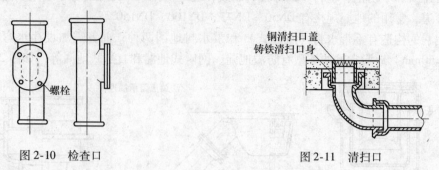

图 2-10　检查口　　　　　　　　　　　图 2-11　清扫口

（3）检查井

检查井有室内检查井和室外检查井之分。对于生活污水排水管道，在建筑物内一般不宜设检查井。室外排水检查井主要用于清通室外埋地排水管道。

按照排水对象不同可分为污水检查井和雨水检查井，主要区别在于流槽的高度不同，如图2-12 所示。检查井由井基、井身、井盖座、井盖及井内流槽组成。井身材料主要有砖石和混凝土两种。

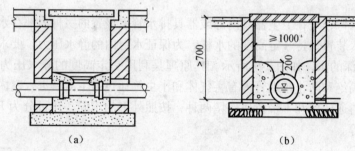

（a）　　　　　　　　　　　（b）

图 2-12　室内检查井

（a）污水检查井；（b）雨水检查井

4. 阻火装置

在高层建筑中，为防止塑料排水管材受高温融化后引起的火灾贯穿蔓延，对 $De \geqslant$ 110mm 排水塑料管在穿越楼面、防火墙时，要求设置阻火装置。阻火装置的类型有阻火圈和防火套管两种类型。

阻火圈的构造如图2-13 所示。当火灾使塑料管在穿越建筑构造处局部破坏后，阻火膨胀材料受热急剧膨胀封闭管路，阻止火灾通过管洞贯穿蔓延。

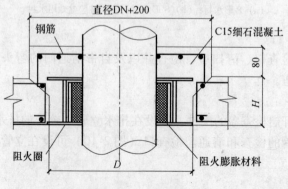

图 2-13　阻火圈

防火套管的构造如图 2-14 所示。火灾发生时，高温致使塑料管融化，塌落堵塞管路，从而阻止火灾通过管洞贯穿蔓延。

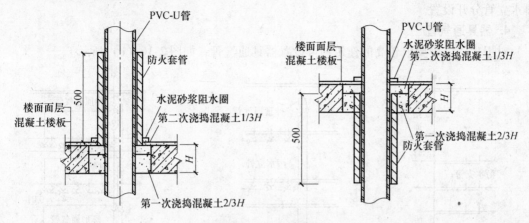

图 2-14　防火套管

5. 消能装置

在高层建筑中排水立管高度大，水流落差大，水的流动速度大，由此造成的水流和立管底部的正压值也相应增大（塑料管由于自重小、共振频率高，噪声弊端尤其明显）。为减少这部分能量，在排水立管上每隔 6 层左右设置消能装置。UPVC 排水立管上的简易消能装置，如图 2-15 所示。

2.2.3　通气管系统

通气管系统是排水系统设计中很重要的一方面。特别是高层建筑，排水立管长、排水量大，立管内气压波动大，排水系统功能的好坏很大程度上取决于通气管系统设置得是否合理。常用通气管系统形式如图 2-16所示。

1. 伸顶通气管

排水立管向上垂直延伸出屋顶作通气管即为伸顶通气立管，如图 2-16（a）所示。低层建筑和建筑标准要求较低的多层建筑，当其排水横支管不长、卫生器具不多时可仅设伸顶通气管。这种排水系统的通气效果较差，排水量较小。

通气管高出屋面不得小于 0.3m，且应大于最大积雪厚度，通气管顶端应装设风帽或网罩。在经常有人停留的平屋面上，通气管口应高出屋面 2m，并应根据防雷要求考虑防雷装置。通气管穿屋面处应防止漏水。

2. 专用通气立管

对于层数较多或卫生器具数量较多的建筑，卫生器具同时排水的机 图 2-15　消能装置

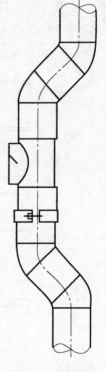

率较大，管内压力波动大，应增设专门用于通气的管道。当生活排水立管所承担的卫生器具排水设计流量超过允许排水负荷时，建筑标准要求较高的多层住宅和公共建筑、10 层及 10 层以上高层建筑的生活污水立管宜设置专用通气立管，如图 2-16（b）所示。

3. 环形通气管

对于连接 4 个及 4 个以上卫生器具且长度大于 12m 的排水横支管、连接 6 个及 6 个以上

大便器的污水横支管，宜采用主通气立管与环形通气管相结合的设置方式，如图2-16（c）所示。也可采用副通气立管与环形通气管的设置方式，如图2-16（d）所示。副通气立管与排水立管分开设置。

4. 器具通气管

对卫生、安静要求较高的建筑物可设置器具通气管，如图2-16（e）所示。

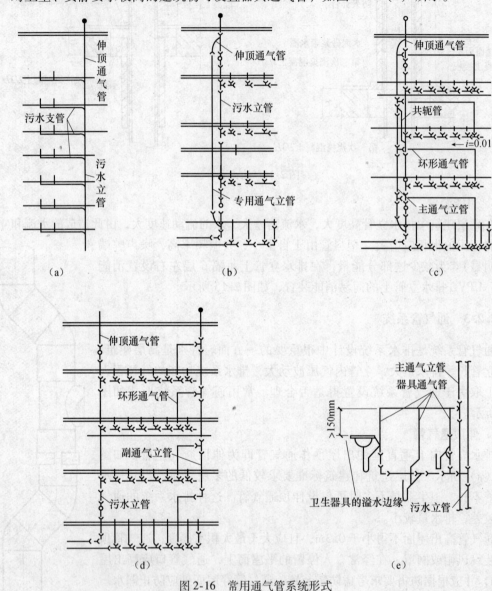

图 2-16　常用通气管系统形式

（a）伸顶通气管；（b）专用通气立管；（c）主通气立管与环形通气管；
（d）副通气立管与环形通气管；（e）器具通气管

2.3　高层建筑排水

国内外大量试验资料表明，立管中的污水向下流动时，管内的压力是变化的，其正压的最大值，出现在立管拐弯位置的上层中，而负压的最大值则出现在立管管长的1/3高度处，立管的直线段越长，则负压越大。当负压值大于水封高度时，卫生器具处的水封就会遭到破坏，排水管路中的臭气就会冲出来而影响室内的环境卫生，由此可见，这将给高层建筑的室内排水造成一定的困难。

为了防止水封的破坏，必须解决好立管的通水能力和排气能力。常规的解决办法是设置通气管或者适当放大排水立管的管径，以保证排水系统的畅通。对于高层建筑的室内排水来说，上述方法不能在技术上和经济上同时取得令人十分满意的效果。对高层建筑排水系统的通气和通水能力的研究，一直是建筑物内部排水工程方面研究的课题之一。到了 20 世纪 60 年代，出现了取消专用通气立管系的单立管式的新型排水系统。

2.3.1 高层建筑排水管材与配件的选择

（1）高层建筑的排水管材

高层建筑的排水管一般仍采用排水铸铁管，但强度要比普通铸铁管高，较多采用柔性接口排水铸铁管。按照连接方法，分为 W 型和 A 型。由于高层建筑层间位移较大，管道接头材料应采用弹性较好的材料，以适应抗振及变形要求。

（2）高层建筑的排水配件

1）消能器。对高度很大的污水立管应考虑消能，通常在立管上每隔一定距离装设一个乙字弯管消能器。

2）连接配件。为确保管道畅通，防止污物在管内沉积，排水管道连接时应尽量选用水力条件较好的斜三通、斜四通；立管与横干管相连时应采用大于 90°的弯头。若条件受限制、排水立管偏置时，宜用乙字管或两个 45°弯头连接。为防止污水中固体颗粒的冲击，立管底部与排出管的连接弯头应采用钢制材料。

2.3.2 高层建筑排水方式

高层建筑排水系统主要有普通排水系统和新型排水系统两类。

1. 普通排水系统（设通气管的排水系统）

普通排水系统的组成与低层建筑排水系统的组成基本相同，按污水立管与通气立管的根数，分为双管式和三管式两种排水系统。双管式排水系统是由两根主干立管组成，一根为排除粪便污水和生活废水的污水立管；另一根为通气立管。三管排水系统有三根立管，粪便污水及生活废水分别各用一根立管排除，第三根立管为其二者共用的通气立管。

当一般住宅建筑的层数不太多时，可多装设伸顶通气系统；高层建筑一般应多装设专用通气或环形通气系统，底层单独排出，以免发生正压喷溅现象而使水封受到破坏。高层建筑一般都有地下室，深入地面下 2～3 层或更深些，地下室的污水通常不能以重力排除。在此情况下，污水可集中于污水池，然后用排水泵将污水提升至室外排水管中。污水泵宜采用自动控制，保证排水安全。

普通排水系统具有性能良好、运行可靠、维护管理方便等优点。但具有耗材多、管道系统复杂、占地及空间大、造价高等缺点。

2. 新型排水系统

高层建筑新型排水系统是由一根排水立管和两种特殊的连接配件组成的，所以又称单立管排水系统。这种系统具有良好的排水性能和通气性能。与普通排水系统相比，该系统管道简单、占地及空间小、造价低等。但是该系统的配件较大、构造较复杂、安装质量要求严格。

新型排水系统包括混流式排水系统（苏维脱单立管排水系统）、旋流式排水系统（塞克斯蒂阿单立管排水系统）和环流式排水系统（小岛德原配件排水系统）。混流式排水系统包括两种配件：气水混合器和气水分离器，如图2-17、图2-18所示；旋流式排水系统由旋流排水配件和特殊排水弯头组成，如图2-19、图2-20所示；环流式排水系统由环流器和角笛弯头两个配件组成，如图2-21、图2-22所示。

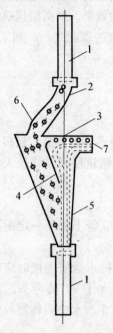

图 2-17　气水混合器
1—立管；2—乙字管；3—孔隙；4—隔板；
5—混合室；6—气水混合器；7—空气

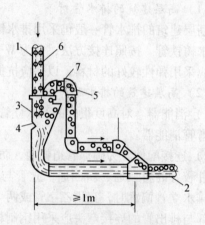

图 2-18　水气分离器
1—立管；2—横管；3—空气分离器；4—凸块；
5—跑气管；6—水气混合物；7—空气

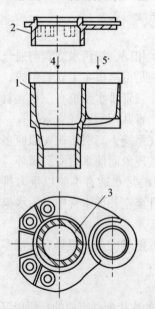

图 2-19　旋流接头
1—底座；2—盖板；3—叶片；
4—接立管；5—接大便器

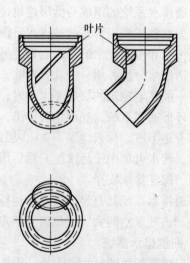

叶片

图 2-20　特殊排水弯管

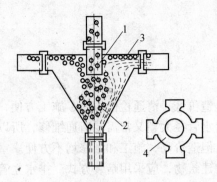

图 2-21　环流器
1—内管；2—水气混合器；3—空气；4—环形通路

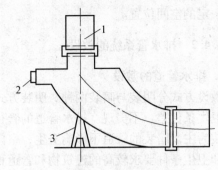

图 2-22　角笛弯头
1—立管；2—检查口；3—支墩

2.4　建筑排水管道及设备的布置与敷设

2.4.1　排水管道的布置原则

排水管的布置应满足水力条件最佳、便于维护管理、保护管道不易受损坏、保证生产和使用安全以及经济和美观的要求。因此，排水管的布置应满足以下原则。

1）排出管宜以最短距离排至室外，管道转弯应最少。因排水管网中的污水靠重力流动，排水中杂质较多，如排出管过长或转弯过多，容易堵塞，清通检修也不方便。此外，管道长则需要的坡降大，会增加室外排水管道的埋深。

2）排水立管应靠近排水集中、排水量最大的排水点处，以便尽快地接纳横支管来的水流而减少管道堵塞的机会。排水立管的位置应避免靠近与卧室相邻的墙。

3）排水管与其他管道或设备应尽量减少互相交叉、穿越；不得穿越生产设备基础，若必须穿越，则应与有关专业人员协商做技术上的特殊处理；应尽量避免穿过伸缩缝、沉降缝，若必须穿越，要采用相应的技术措施。

4）排水立管不能穿越卧室、病房等对卫生、安静要求较高的房间，最好不要靠近与卧室相近的内墙。排水管道不应穿越风道、烟道、橱窗、橱柜等，若必须穿越，应加套管。塑料排水立管穿越楼层、防火墙、管井井壁时，应根据防火要求设置阻火圈装置。塑料排水立管与家用灶具边净距不得小于 0.4m。

5）排水架空管道不得架设在遇水会引起爆炸、燃烧或损坏的原料、产品的上方，并且不得架设在有特殊卫生要求的房间内（如食堂、餐饮业厨房的主副食操作烹调备餐的上方），不得架设在食品和贵重物品仓库、通风柜和变配电间内。若受条件限制不能避免时，要采用相应的保护措施。同时还要考虑建筑的美观要求，尽可能避免穿越大厅和控制室等场所。

6）住宅卫生间排水横管不宜穿越楼板进入下层住户，所以楼板最好下沉（300mm 左右），排水支管埋在填充层内。排水立管宜设在外墙或在户外公共走道设置的管井里。

7）在层数较多的建筑物内，为了防止底层卫生器具因受立管底部出现过大的压力等原因而造成水封破坏或污水外溢现象，底层卫生器具的排水应考虑采用单独排出方式。

8）排水管道布置应考虑便于拆换管件和进行清通维护工作，不论是立管还是横支管应留有一定的空间位置。

2.4.2 排水管系统的敷设

1. 排水管道的敷设

敷设方式分明装与暗装两种。明装方式的优点是造价低、清通检修方便、施工方便，缺点是卫生条件差、不美观。排水管道的管径相对于给水管径大，又常需要清通维修，所以应以明装为主。暗装的管道不影响卫生，室内较美观，但造价高，施工和维修均不方便。室内美观和卫生条件要求较高的建筑物和管道种类较多的建筑物，应采用暗装方式。排水立管多采用内敷设暗装，可设在管道竖井或管槽内，或包管掩盖；横支管可嵌设在管槽内，或敷设在吊顶内；有地下室时，排水横干管应尽量敷设在地下室天花板下。

（1）横支管的敷设

横支管在底层可埋设在地下，在楼层可沿墙明装在地板上或是悬吊在楼板下。当建筑有较高要求时，可采用暗装或将管道敷设在吊顶内，但必须考虑安装和维修的方便。

横支管不得穿越沉降缝、烟道、风道，并应避免穿越伸缩缝。必须穿越时，应采取相应的技术措施，如装伸缩接头等。

横支管不宜过长，以免落差太大，一般不得超过10m。并应尽量少转弯，以避免阻塞。

靠近排水立管底部的排水支管连接，应符合下列要求。

1）排水立管仅设置伸顶通气管时，最低排水横支管与立管连接处距排水立管管底垂直距离，不得小于表2-9的规定。底层单独排出的原则也依据此规定。

表 2-9　最低横支管与立管连接处至立管管底的垂直距离

立管连接卫生器具的层数	垂直距离（m）	立管连接卫生器具的层数	垂直距离（m）
≤4	0.45	7～19	3.00
5～6	0.75	≥20	6.00

2）排水支管连接在排出管或排水横干管上时，连接点距立管底部水平距离不宜小于3.0m。

（2）排水立管的布置

排水立管应设在靠近最脏、杂质最多的排水点处，一般在墙角、柱角或沿墙、柱设置。

排水立管一般布置在墙角明装，无冻害地区亦可布置在墙外。常直接明装在建筑物次立面的外墙处，既不影响建筑立面美观，也避免了管道穿越楼板，减少了卫生洁具排水时的相互干扰。当建筑物有较高要求时，可暗装在管槽或管井内。暗装时，需考虑维修的方便，在检查口处设检查门。

排水立管管壁与墙壁、柱等表面的净距通常为25～35mm。排水管道与其他管道共同埋设时，最小距离为：水平净距为1～3m，竖向净距为0.15～0.2m。

排水立管穿越承重墙、基础和楼层时应外加套管，预留孔洞的尺寸一般比通过的立管管径大50～100mm。现浇楼板可预先镶入套管。

（3）排出管的敷设

排出管可埋在底层或悬吊在地下室的顶板下面。排出管与立管的连接宜采用45°弯头连接。

排出管的长度取决于室外排水检查井的位置。排出管自立管或清扫口至室外检查井中心的最大长度，见表 2-10。

表 2-10　排出管的最大长度

排出管管径（mm）	50	75	100	>100
排出管最大长度（m）	10	12	15	20

排出管在穿越承重墙和基础时应预留孔洞或预埋穿墙套管。预留孔洞的尺寸应使管顶上部的净空不小于建筑物的沉降量，且不得小于 0.15m。

排出管要根据土地冰冻线深度和受压情况确定覆土深度。为防止埋设在地下的排水管道受机械损坏，按不同的地面性质，规定各种管道的最小埋深为 0.4～1.0m。

（4）同层排水

同层排水指本层所有卫生器具排水管不穿越楼板进入其他户空间，所有器具排水管均敷设在本层楼面上的排水管道布置方法，一般用于住宅厨房、卫生间排水。同层排水是建筑设计中考虑住宅卫生间在使用、维修、改造和物业管理中的私有空间问题，防止排水管道影响下层住户，方便物业的一种排水管道布置方式。

同层排水管的布置可采用以下几种方式：

1）不设地漏，横支管在地面上敷设。一般的卫生设备排水管可以设置在卫生器具和地面之间的空间内，而浴盆的排水口稍低，但也可采取适当填高的措施，使其接入同层排水横支管内；对于大便器则可采用后排式的型号接入同层排水横支管内。不设地漏的卫生间，对于溅滴在地面上的水的排除有些不便，只能用抹布抹去，但可以避免地漏中因存水不能及时补充而排出的臭气。

2）楼板降层布置。将卫生间布置排水横支管的沿线的楼板降低 0.3～0.6m，形成一条宽约 0.6～1.0m 的槽，槽口加盖板做地面，将排水横支管布置在槽内，维修时打开盖板进行操作。槽内底设有坡度坡向立管方向，并做地漏，与立管相接；或在槽端做集水管，与立管用 45°角相接，以排除可能漏入槽内的污水。立管设在管井中，管井的地面也做相应降低。

3）在卫生间一侧做管井，将排水横支管设于管井内。管井的长度应与卫生间内的卫生器具布置的长度相同，管井的宽度在 1.0m 左右；管井的地面低于卫生间地面 0.3～0.6m；卫生器具布置在靠管井一侧。

同层排水具有房屋产权明晰；卫生器具的布置不受限制、排水噪声小、渗漏几率小等优点。

2. 通气管敷设要求

通气管的管材可采用排水的铸铁管、镀锌钢管、塑料管等。由于石棉水泥管加工过程中对人体有害，且其破碎物对环境有污染，不宜使用。

通气管不得与建筑物的通风管道或烟道连接，通气立管不得接纳器具污水、废水和雨水。

通气管与污水管的连接应符合以下规定：

1）器具通气管应设在存水弯出口端，并在卫生器具上边缘以上不少于 0.5m 处，按大于 0.01 的上升坡度与通气立管相连。如器具通气管只能在卫生器具下方安装时，则坡度要尽量的陡，而且在与立管相接前须提高到高于器具上边缘 0.15m。

2）环形通气管应在横支管上最始端的两个卫生器具间接出，并在排水支管中心线以上与排水支管成90°或45°连接，并按不小于0.01的上升坡度与通气立管相连。

3）专用通气立管和主通气立管的上端可在最高层卫生器具上边缘或检查口以上与排水立管通气部分以斜三通连接；下端应在最低排水横支管以下与排水立管以斜三通连接。

4）连接排水立管与主通气立管的结合通气管，其下端宜在排水横支管以下与排水立管以斜三通连接；上端可在卫生器具上边缘以上不小于0.15m处与通气立管以斜三通连接。

2.4.3 卫生器具及安装

卫生器具是用来满足人们日常生活中各种卫生要求、收集和排放生活及生产中的污水、废水的设备。卫生器具的种类繁多，但对其共同的要求是表面光滑、不透水、无气孔、耐腐蚀、耐冷热、易于清洗和经久耐用等。目前制造卫生器具所选用的材料主要有陶瓷、搪瓷、塑料、水磨石等，随着建材技术的发展，国内外已相继推出玻璃钢、人造大理石、人造玛瑙、不锈钢、玻璃等新材料。

卫生器具的设置数量、材质和技术要求均应符合现行的有关设计标准、规范或规定，以及有关产品标准的规定，应根据其用途、设置地点、室内装饰对卫生洁具的色调和装饰效果、维护条件等要求而定。应尽量选用节水型产品，公共场所的小便器应采用延时自闭式冲洗阀或自动冲洗装置，公共场所的洗手盆宜采用限流节水型装置。

卫生器具的安装高度，按表2-11确定。

表2-11　卫生器具的安装高度

序号	卫生器具名称	卫生器具边缘离地面高度（mm）	
		居住和公共建筑	幼儿园
1	架空式污水盆（池）、洗涤盆（池）（至上边缘）	800	800
2	落地式污水盆（池）（至上边缘）	500	500
3	洗手盆、洗脸盆、盥洗槽（至上边缘）	800	500
4	浴盆（至上边缘）	480	—
5	蹲、坐式大便器（从台阶至高水箱底）	1800	1800
6	蹲式大便器（从台阶面至低水箱底）	900	900
7	坐式大便器（至低水箱底），外露排出管式	510	—
	虹吸喷射式	470	370
8	坐式大便器（至上边缘），外露排出管式	400	—
	虹吸喷射式	380	—
9	大便槽（从台阶面至冲洗水箱底）	≥2000	—
10	立式小便器（至受水部分上边缘）	100	—
11	挂式小便器（至受水部分上边缘）	600	450
12	小便槽（至台阶面）	200	150
13	化验盆（至上边缘）	800	—
14	净身器（至上边缘）	360	—
15	饮水器（至上边缘）	1000	—

1. 便溺器具及安装

厕所和卫生间中的便溺器具，主要作用是用来收集和排除粪便污水。

（1）大便器

常用的大便器有坐式大便器、蹲式大便器和大便槽三种。

坐式大便器按冲洗的水力原理有冲洗式和虹吸式两种，多安装在高级住宅、饭店和宾馆的卫生间里。具有造型美观、使用方便等优点。冲洗式坐便器在上口部位设有环绕一圈开有很多小孔口的冲洗槽，开始冲洗时，水进入冲洗槽，经小孔沿大便器内表面冲下，大便器内水面涌高后将粪便冲过存水弯，排至排水管道。虹吸式坐便器靠虹吸作用将粪便污水全部吸出。坐式大便器本身构造包括存水弯，冲洗设备一般多用低水箱。

1）冲洗式低水箱 坐式大便器的安装，如图2-23所示。

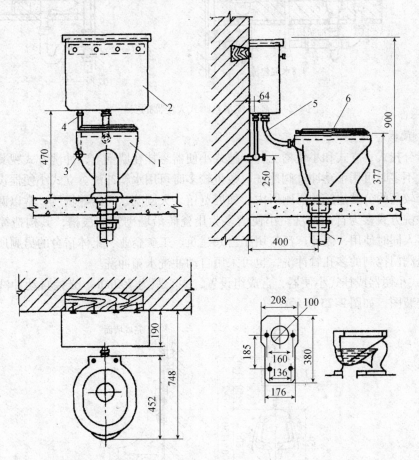

图2-23 低水箱坐式大便器安装图

1—坐式大便器；2—低水箱；3—角阀；4—给水管；5—冲水管；6—盖板；7—排水管

2）蹲式大便器 使用的卫生条件较坐式好，多装设在公共卫生间、一般住宅以及普通旅馆的卫生间里，一般使用高水箱或延时自闭式冲洗阀进行冲洗。

蹲式大便器一般安装在地板上的平台内。高位水箱不带水封蹲式大便器的安装，如图2-24所示。大便器成组安装的中心距为900mm。

3）大便槽的卫生条件较差，由于使用集中冲洗水箱，故耗水量也较大，但是其建造费用低，因此在一些建筑标准不高的公共建筑中仍有使用。

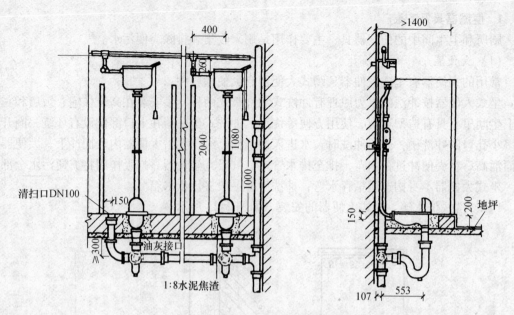

图 2-24　高水位水箱蹲式大便器的安装图

（2）小便器

小便器分挂式、立式和小便槽三种。挂式小便器悬挂在墙壁上，冲洗方式视其数量多少而定。数量不多时可用手动冲洗阀冲洗；数量较多时可用水箱冲洗。立式小便器设置在对卫生设备要求较高的公共建筑的男厕所内，如展览馆、大剧院、宾馆等场所，常以两个以上成组安装，冲洗方式多为自动冲洗。小便槽多为用瓷砖沿墙砌筑的浅槽，其构造简单、造价低，可供多人同时使用，因此广泛应用于公共建筑、工矿企业、集体宿舍的男厕所内。小便槽可用普通阀门控制的多孔管冲洗，也可采用自动冲洗水箱冲洗。

1）立式小便器或挂式小便器，常成组设置，中心距为 700mm。光控自动冲洗阀冲洗的小便器的安装图，如图 2-25 所示。

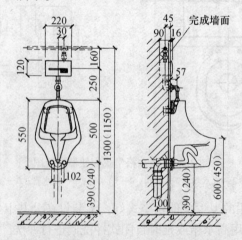

图 2-25　光控自动冲洗阀冲洗的小便器安装图

2）小便槽宽不大于 300mm，槽的起端深度 100～150mm，槽底坡度不小于 0.01，长度一般不大于 6m，排水口下设水封装置。小便槽的安装，如图 2-26 所示。

60

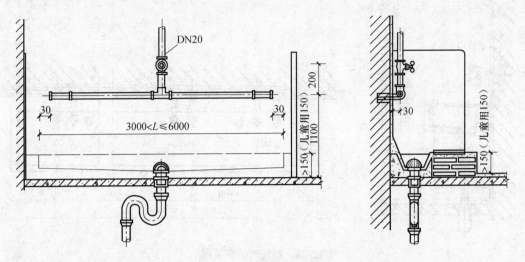

图 2-26　小便槽的安装图

2. 盥洗、沐浴器具及安装

（1）洗脸盆

洗脸盆安装在住宅的卫生间及公共建筑物的盥洗室、洗手间、浴室中，供洗脸洗手用。洗脸盆可分为挂式、立柱式、台式三种。其外形有长方形、半圆形、椭圆形和三角形。

台式洗脸盘的安装，如图 2-27 所示。

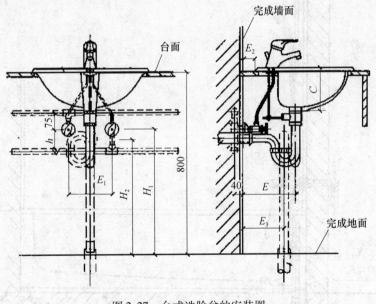

图 2-27　台式洗脸盆的安装图

（2）盥洗槽

盥洗槽设在公共建筑、集体宿舍、旅馆等的盥洗室中，一般用瓷砖或水磨石现场建造，有长条形和圆形两种形式。

长条形盥洗槽的槽宽一般为 500～600mm，配水龙头的间距为 700mm，槽内靠墙的一侧设有泄水沟，槽长在 3m 以内可在槽的中部设一个排水栓，超过 3m 设两个排水栓，盥洗槽的安装，如图 2-28 所示。

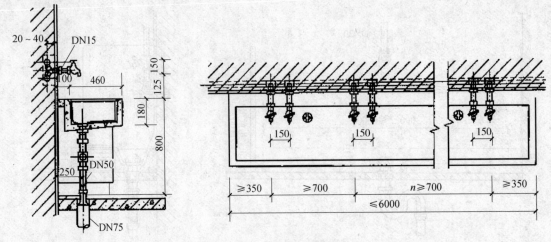

图 2-28　盥洗槽的安装图

（3）浴盆

浴盆是高档卫生间的设备之一，材料有陶瓷、大理石、玻璃钢板等，形状花样繁多。除了传统的浴盆外，又衍生出按摩浴缸、水力按摩系统等。

浴盆外形一般为长方形，安装如图 2-29 所示

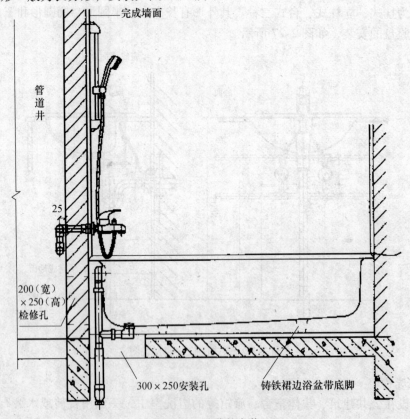

图 2-29　浴盆的安装

（4）淋浴器

淋浴器是一种占地面积小、造价低、耗水量小、清洁卫生的沐浴设备，广泛用于集体宿舍、体育场馆及公共浴室中。淋浴器有成品的，也有现场组装的。

62

淋浴器成组设置时，相邻两喷头之间距离为 900～1000mm，莲蓬头距地面高度为 2000～2200mm，浴室地面应有 0.005～0.01 的坡度坡向排水口。淋浴器的安装，如图 2-30 所示。

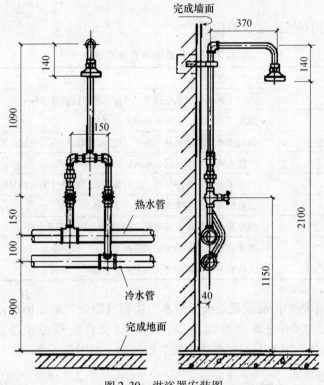

图 2-30 淋浴器安装图

3. 洗涤盆及安装

洗涤盆装设在居住建筑、食堂及饭店的厨房内供洗涤碗碟及蔬菜食物使用，洗涤盆的安装，如图 2-31 所示。洗涤盆有单格和双格之分。双格洗涤盆一格洗涤，另一格泄水。

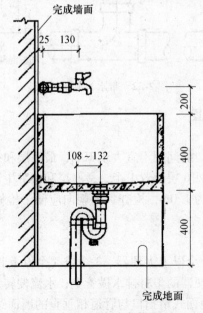

图 2-31 洗涤盆安装图

2.4.4 排水附件的设置

1. 地漏的设置

各类地漏的适用场所，见表 2-12。

表 2-12　各类地漏的适用场所

名称	适用场所
直通式地漏	仅用于地面和洗衣机排水，地漏下部需设置存水弯
带水封地漏	地漏自带水封，下部不需设置存水弯
直埋式地漏	器具排水管及地漏预埋在下沉楼面的填充层内，地漏高度 250mm
防溢地漏	可能造成溢水的房间，地漏防溢性能 0.04MPa
密闭地漏	医院手术室、洁净厂房、制药等行业，密闭性能 0.04MPa
带网筐地漏	公共厨房、浴室等含有大量杂质的场所
多通道地漏	地面和洗衣机排水还可接 1~2 个卫生器具的排水管
侧墙式地漏	排水管不允许穿越下层的楼面不下沉的同层排水
防爆地漏	人防地下室洗消间、排风竖井、扩散室等

地漏应布置在不透水地面最低处或易溅水卫生器具附近，地漏面应比地面低 10mm，周围地面应有不小于 0.01 的坡度坡向地漏。地漏应安装在楼板预留孔洞内，孔洞直径 DN+100mm，如安装在地面上，先安装地漏后做地面，如图 2-32 所示。

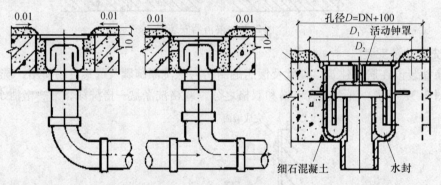

图 2-32　带水封地漏的安装

2. 检查口与清扫口的设置

（1）检查口的设置

铸铁排水管立管上检查口的间距不宜大于 10m，最底层和有卫生器具的最高层必须设置检查口；塑料排水管立管宜每 6 层设置 1 个，最底层和有卫生器具的最高层必须设置；检查口中心高度距操作地面一般为 1.0m，检查口的朝向应便于检修。配合装修暗装的立管应安装检修门。

（2）清扫口的设置

1）设置在连接 2 个或 2 个以上大便器、3 个或 3 个以上其他卫生器具的铸铁排水横管上；连接 4 个或 4 个以上大便器的塑料排水横管上；水流偏转角大于 45°的排水横管上。

2）设置在横管端部的地面式清扫口与管道相垂直的墙面距离不得小于 150mm，清扫口开口应与地面相平，如图2-33（a）所示。若在楼板下横管的始端设置堵头代替清扫口，其与墙面距离不得小于400mm，如图2-33（b）所示。

3）排水横干管较长时，每隔一定距离也应设置地面清扫口，如图2-34所示。

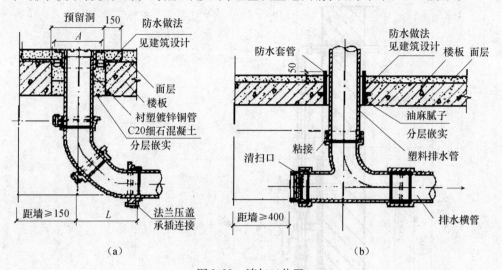

（a）   （b）

图2-33　清扫口位置
（a）地面式清扫口；（b）楼板下清扫口

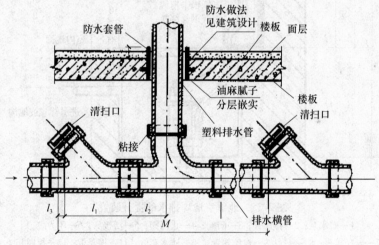

图2-34　排水横干管上的清扫口

2.4.5　污水抽升设备及设置

居住小区排水管道不能以重力自流排入市政排水管道时，应设置污水泵房。污水泵房应建成单独构筑物，并应设卫生防护隔离带。小区污水和建筑物地下室生活排水应设置污水集水池和污水泵提升排至室外检查井。图2-35所示为地下室地坪排水的提升装置。

1. 污水泵

（1）污水泵的类型

污水泵常用的有离心式污水泵、潜水泵，此外还有气压扬液泵、手摇泵、喷射器等。

当污水泵为自动启闭时，其流量按照排水的设计秒流量选取；人工启闭时，按照排水的最大小时流量选取。污水泵的扬程根据提升高度、管路系统水头损失、另加2～3m流出水

65

头计算得出。污水泵应设备用泵。

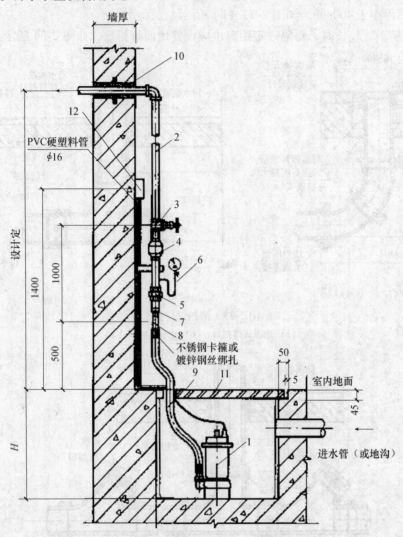

图 2-35 地下室地坪排水的提升装置
1—潜水泵；2—排出管；3—闸阀；4—止回阀；5—活接头；6—压力表；
7—异径接头；8—短管；9—橡胶软管；10—防水套管；11—钢盖板；12—控制开关

图 2-36 所示为常用的几种新型潜水排污泵，其中 QDX、QX 小型潜水泵适用于地下泵房、自行车库等较洁净废水的抽升；QW（WQ）潜水排污泵适用于地下汽车库等停留时间较短、杂质较少的地坪废水的抽升；自动搅匀潜污泵带有污物自动切割装置和自动搅匀（冲洗）装置，适用于厨房含油废水、含油粪便的生活污水、含泥砂较多的地下汽车库废水等沉淀物较多或停留时间较长的废水的抽升。

污水泵的运行由集水池的液位自动控制，控制方式有浮球式和液位传感器式。

（2）污水泵的设置

污水泵不得设在卫生环境有特殊要求的生产厂房和公共建筑内，且不得设在有安静和防振要求的房间内。

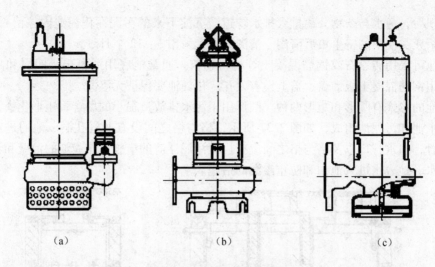

图 2-36　常用潜水排污泵

(a) QDX、QX 小型潜水泵；(b) QW(WQ) 潜水排污泵；(c) 自动搅匀潜污泵

(3) 污水泵排出管的布置

污水管排水为压力排水，宜单独排至室外，不要与重力自流排水合用排出管，以免污水向重力自流排水系统倒灌。排出管的横管段应有坡度坡向出口。当 2 台或 2 台以上水泵共用一条出水管时，应在每台水泵出水管上装设阀门和止回阀；单台水泵排水有可能产生污水向室内倒灌时，水泵出水管上也应设置止回阀。

2. 集水池 (井)

(1) 集水池 (井) 的构造

因生活污水中有机物易分解成酸性物质，腐蚀性大，所以池内壁应采取防腐、防渗漏的措施。池底应有不小于 0.05 的坡度坡向泵位，并在池底设置自冲管。集水池的深度及其平面尺寸，应按水泵类型而定。池内应设置水位指示装置，必要时应设置超警戒水位报警装置，将信号引至物业管理中心。室外集水池安装非密闭井盖，不设通气管。室内集水井宜安装密闭井盖，设通气管；室内有敞开的集水井时，应设强制通风装置。

集水池的进水口一般不设置格栅，而当污水中含有超过潜水泵通过能力的悬浮颗粒或夹有大块物体时，则应在进水口处设置格栅。

(2) 集水池 (井) 的设置

集水池宜设在地下室或最底层卫生间、淋浴间的地板下面或临近位置；地下厨房集水井宜设置在厨房邻近处，但不宜设置在细加工和烹炒间内；消防电梯井集水井应设在电梯邻近处，但不能直接设在电梯井内，井底宜低于电梯井底 0.7m 以上；车库地面排水集水井应设在使排水管、沟尽量短的地方；收集地下车库坡道处的雨水集水井应尽量靠近坡道尽头处。

污水泵房和集水池间的建造布置，应特别注意要有良好的通风设施。

2.4.6　局部污水处理设备的设置

1. 化粪池

在城市污水处理设施不健全，生活污水不允许直接排入市政排水管网时，需要在建筑物附近设置化粪池。

化粪池主要用于去除生活污水中可沉淀和悬浮的污物，储存并厌氧消化池底的污泥。经化粪池处理后，污水与杂物分离排入排水管道，沉淀下来的污泥在化粪池内停留一段时间，发酵腐化杀死粪便中的寄生虫后清淘。清淘周期宜采用3～12个月。

化粪池可采用砖、石或钢筋混凝土等材料砌筑。通常池底用混凝土，四周和隔墙用砖砌，池顶用钢筋混凝土板铺盖，盖上设有人孔。化粪池要保证无渗漏。

化粪池的形式有圆形和矩形两种。圆形用于污水排放量很小的场合；矩形化粪池由2格或3格污水池和污泥池组成，如图2-37所示，格与格之间设有通气孔洞。池的进水管口应设导流装置，出水管口以及格与格之间应有拦截污泥浮渣的措施。化粪池的池壁和池底应有防止地下水、地表水进入池内和防止渗漏的措施。

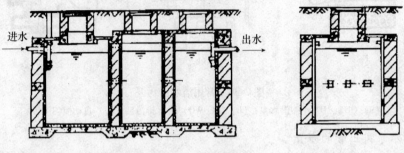

图2-37 矩形化粪池

化粪池距离地下水取水构筑物不得小于30m，以防止水源被污染。通常设在庭院内建筑物的背面、靠近污水排放较集中的位置，不宜放在人们经常停留的地方。池外壁距建筑物外墙不宜小于5m，并不得影响建筑物基础。当受条件限制化粪池设置于建筑物内时，应采取通气、防臭和防爆措施。

2. 隔油池

隔油池是截流污水中油类物质的局部处理构筑物。含有较多油脂的公共食堂和饮食业的污水，应经隔油池局部处理后才能排放，否则油污进入管道后，随着水温下降，将凝固并附着在管壁上，缩小甚至堵塞管道。此外，如汽车修理、清洗行业污水系统也应使用隔油池。隔油池一般采用上浮法除油。图2-38所示是饮食业常用的砖砌隔油池。

为便于利用积留油脂，粪便污水和其他污水不应排入隔油池内。对夹带杂质的含油污水，应在排入隔油池前，经沉淀处理或在隔油池内考虑沉淀部分所需容积。

为避免池内的有机物发酵产生臭味，影响环境卫生，隔油池的清掏周期不宜大于6d。为了便于清通，隔油池应设置活动盖板，进水管要便于清通。

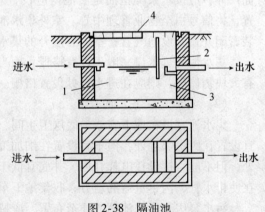

图2-38 隔油池
1—撇油间；2—隔板；3—出水间；4—盖板

对于含油污水量较小的场所，可采用小型隔油器设置在污水收集器的下部，除油效果也同样较好。小型隔油器有带网篮、带滤芯、带自动刮油装置等形式。按安装位置的不同，可分为地上式和悬挂式，图2-39为地上式隔油器构造图和安装图。

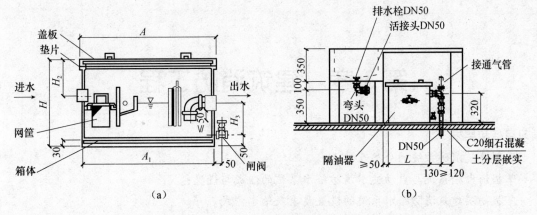

（a）　　　　　　　　　　　（b）

图 2-39　隔油器

（a）地上式隔油器构造图；（b）地上式隔油器安装图

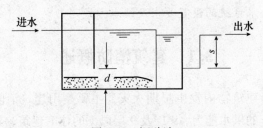

图 2-40　沉砂池

d—砂坑深度，d≥150mm；s—水封深度，s≥100mm

3. 沉砂池

汽车库内冲洗汽车的污水含有大量的泥砂，在排入城市排水管道之前，应设沉砂池除去污水中粗大颗粒杂质。小型沉砂池的构造，如图 2-40 所示。

【思考题与习题】

1. 建筑生活污水排水系统是由哪几部分组成的？各有什么作用？

2. 建筑排水系统中，通气管的作用是什么？通气方式有哪几种？各适用于什么场所？

3. 建筑雨水系统如何分类？适用条件是什么？

4. 化粪池、隔油池、沉砂池的主要作用是什么？

5. 存水弯、检查口、清扫口和地漏有哪几种？其构造、作用及设置条件如何？

6. 高层建筑室内排水系统与普通建筑物的排水系统有何不同？

7. 试述建筑排水管道布置应注意的问题。

8. 目前在建筑排水中，使用最广泛的是何种管材，与金属管相比有何优缺点？

第3章 建筑消防工程

学习目标和要求

了解建筑消防系统的分类及特点；

掌握消火栓系统与自动喷水消防给水系统的组成与设置；

掌握高层建筑消防给水系统的设置要求及给水方式。

学习重点和难点

掌握消火栓系统与自动喷水消防给水系统的组成与设置；

掌握高层建筑消防给水系统的设置要求及给水方式。

3.1 建筑消防概述

火灾统计资料表明，建筑物内发生早期火灾，主要是用建筑消防给水设备控制和扑灭的。根据我国常用消防车的供水能力，9层及9层以下的住宅建筑，建筑高度不超过24m的其他公共建筑的建筑消防给水系统，属于低层建筑消防给水系统，主要用于扑灭建筑物初期火灾。高层建筑灭火必须立足于自救，因此高层建筑消防给水系统应具有扑灭建筑物大火的能力。

根据使用灭火剂的种类和灭火方式可分为消火栓给水系统、自动喷水灭火系统及其他使用非水灭火剂的固定灭火系统。这里主要介绍使用冷水灭火的消火栓系统和自动喷水灭火系统。

1. 建筑消火栓系统的设置场所

根据我国《建筑设计防火规范》、《高层民用建筑设计防火规范》的规定，应设置室内消火栓给水系统的建筑物如下：

1）厂房、库房（耐火等级为一、二级且可燃物较少的丁、戊类厂房和库房，耐火等级为三、四级且建筑体积不超过3000m³的丁类厂房和建筑体积不超过5000m³的戊类厂房除外）和高度不超过24m的科研楼（存有与水接触能引起燃烧爆炸的房间除外）。

2）超过800个座位的剧院、电影院、俱乐部和超过1200个座位的礼堂、体育馆。

3）体积超过5000m³的车站、码头、机场建筑物以及展览馆、商店、病房楼、门诊楼、图书馆等。

4）超过7层的单元式住宅，超过6层的塔式住宅、通廊式住宅，底层设有商业网点的单元式住宅。

5）超过5层或体积超过10000m³的其他民用建筑。

6）国家级文物保护单位的重点砖木或木结构的古建筑。

7）各类高层民用建筑。

8）停车库、修车库。

2. 自动喷水灭火系统的设置场所

自动喷水灭火系统应设在人员密集、不易疏散、外部增援灭火与救生较困难，建筑物性质重要，火灾危险性较大的场所。各类自动喷水灭火系统的设置场所见表 3-1。

表 3-1　自动喷水灭火系统的设置场所

类型	设置场所
自动喷水灭火系统（闭式）	①大于或等于 50000 纱锭的棉纺厂的开包、清花车间；大于或等于 5000 锭的麻纺厂的分级、梳麻车间；火柴厂的烤梗、筛选部位；泡沫塑料厂的预发、成型、切片、压花部位；占地面积大于 1500m² 的木器厂；占地面积大于 1500m² 或总建筑面积大于 3000m² 的单层、多层制鞋、制衣、玩具及电子等厂房；高层丙类厂房；飞机发动机试验台的准备部位；建筑面积大于 500m² 的丙类地下厂房
	②每座占地面积大于 1000m² 的棉、毛、丝、麻、化纤、毛皮及其制品的仓库；每座占地面积大于 600m² 的火柴仓库；邮政楼中建筑面积大于 500m² 的可燃物品地下仓库；可燃、难燃物品的高架仓库和高层仓库（冷库除外）
	③特等、甲等或超过 1500 个座位的其他等级的剧院；超过 2000 个座位的会堂或礼堂；超过 3000 个座位的体育馆；超过 5000 人的体育场的室内人员休息室与器材间等
	④任一楼层建筑面积大于 1500m² 或总面积大于 3000m² 的展览建筑、商店、旅馆建筑以及医院中同样建筑规模的病房楼、门诊楼、手术部；建筑面积大于 500m² 的地下商店
	⑤设置有送回风道（管）的集中空气调节系统且总建筑面积大于 3000m² 的办公楼等
	⑥设置在地下、半地下或地上四层及四层以上或设置在建筑的首层、二层和三层且任一层建筑面积大于 300m² 的地上歌舞娱乐放映游艺场所（游泳场所除外）
	⑦藏书量超过 50 万册的图书馆
水幕灭火系统（开式）	①特等、甲等或超过 1500 个座位的其他等级的剧院和超过 2000 个座位的会堂或礼堂的舞台口，以及与舞台相连的侧台、后台的门窗洞口
	②应设防火墙等防火分隔物而无法设置的局部开口部位
	③需要冷却保护的防火卷帘或防火幕的上部
水喷雾灭火系统（开式）	①单台容量在 40mV·A 及以上的厂矿企业油浸电力变压器、单台容量在 90MV·A 及以上的油浸电力变压器，或单台容量在 125mV·A 及以上的独立变电所油浸电力变压器
	②飞机发动机试验台的试车部位
雨淋式灭火系统（开式）	①火柴厂的氯酸钾压碾厂房；建筑面积大于 100m² 生产、使用硝化棉、喷漆棉、火胶棉、赛璐珞胶片、硝化纤维的厂房
	②建筑面积超过 60m² 或储存量超过 2t 的硝化棉、喷漆棉、火胶棉、赛璐珞胶片、硝化纤维的仓库
	③日装瓶数量超过 3000 瓶的液化石油气储配站的灌瓶间、实瓶库
	④特等、甲等或超过 1500 个座位的其他等级的剧院和超过 2000 个座位的会堂或礼堂的舞台的葡萄架下部
	⑤建筑面积大于或等于 400m² 的演播室，建筑面积大于或等于 500m² 的电影摄影棚
	⑥乒乓球厂的轧坯、切片、磨球、分球检验部位

3.2　低层建筑消防给水系统

3.2.1　消火栓系统的组成

室内消防给水系统在建筑物内广泛使用，主要用于扑灭初期火灾。它是由消防水源、消防给水管道、室内消火栓及消防箱（包括水枪、水龙带、直接启动水泵的按钮）组成，必要时还需设置消防水泵、消防水箱和水泵接合器等。

（1）消火栓

消火栓是安装在给水管网上，向火场供水的带有阀门的标准接口，是连接室内、外消防水源的设备。

室内消火栓是一个带内扣式接头的角形截止阀，按其出口形式分为直角单出口式、45°单出口式和直角双出口式三种，如图3-1、图3-2所示。它的进水口端与消防立管相连，出水口端与水龙带相连接。水枪射流量小于3L/s时，用50mm直径的消火栓；流量大于3L/s时，用65mm直径的消火栓；双出口消火栓的直径不能小于65mm。为了便于维护管理，同一建筑物内应采用同一规格的水枪、水龙带和消火栓。

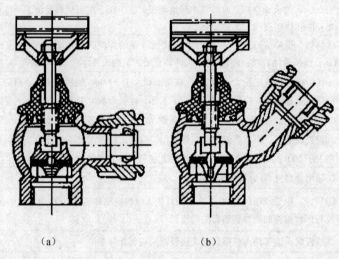

（a）　　　　　　　　　　（b）

图3-1　单出口室内消火栓

（a）直角单出口式；（b）45°单出口式

（2）消防水枪

消防水枪是重要的灭火工具，用铜、铝合金或塑料制成，作用是产生灭火需要的充实水柱，如图3-3所示。

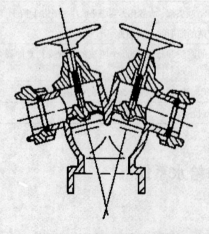

图3-2　双出口室内消火栓

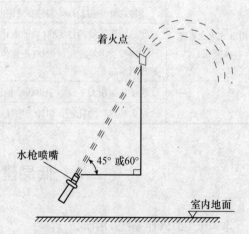

图3-3　消防水枪充实水柱示意图

充实水柱是指消防水枪中射出的射流中一直保持紧密状态的一段射流长度，它占全部消防射流量的75%～90%，具有灭火能力。为使消防水枪射出的充实水柱能射及火源并防止火焰烤伤消防人员，充实水柱应具有一定的长度，见表3-2。

表3-2   各类建筑要求水枪充实水柱长度

建筑物类别		充实水柱长度（m）
低层建筑	一般建筑	≥7
	甲、乙类厂房，>6层民用建筑，>4层厂房、库房	≥10
	高架库房	≥13
高层建筑	民用建筑高度≥100m	≥13
	民用建筑高度<100m	≥10
	高层工业建筑	≥13
人防工程内		≥10
停车库、修车库内		≥10

室内消火栓箱内一般只配置直流式水枪，喷嘴口径有13mm、16mm、19mm三种，分别配50mm接口、50mm或65mm接口、65mm接口。

（3）消防水龙带

室内消防水龙带有麻织、棉织和衬胶的三种，衬胶的压力损失较小，但抗折性能不如麻织和棉织的好。

室内常用的消防水带有ϕ50和ϕ65两种规格，其长度不宜超过25m。

（4）消火栓箱

消火栓箱是放置消火栓、龙带和水枪的箱子，一般安装在墙体内，有明装和暗装两种。常用的消火栓箱规格有800mm×650mm×200（320）mm。用木材、铝合金或钢板制作，外装玻璃门，门上有明确标志。箱内水龙带和水枪平时应安放整齐，如图3-4所示。

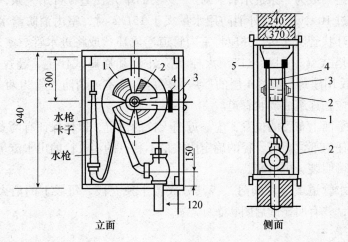

图3-4   双门消火栓箱
1—水龙带盘；2—盘架；3—托架；4—螺栓；5—挡板

（5）消防卷盘

消防卷盘又称为水喉，是小口径自救式消火栓，一般安装在室内消防箱内，以水作为灭火剂，在启用室内消火栓之前，供建筑物内一般人员自救扑灭初期火灾。

与室内消火栓比较，具有体积小、操作轻便、能在三维空间内做360°转动等优点。

消防卷盘由阀门、输入管路、卷盘、软管、喷枪（小水枪）、固定支架、活动转臂等组成，如图3-5所示。

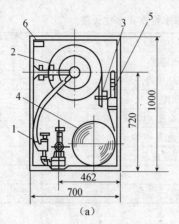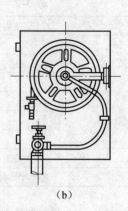

图3-5　消防卷盘

（a）自救式小口径消火栓设备；（b）消防软管卷盘

1—小口径消火栓；2—卷盘；3—小口径直流水枪；

4—ϕ65mm输水衬胶水龙带；5—大口径直流水枪；6—控制按钮

栓口直径为25mm，配备的胶带内径不小于19mm，软管长度有20m、25m、30m三种，喷嘴口径不小于6mm，可配直流、喷雾两用喷枪。

消防卷盘应设在专用消防主管上，不得在消火栓立管上接出。

（6）消防管道

消防管道由支管、干管和立管组成，一般选用镀锌钢管。

消防给水管道一般为一条进水管。对7～9层的单元住宅，可用一条，不连成环状。对于室内消火栓超过10个，且室外消防用水量大于15L/s时，室内消防给水管道至少应有两条进水管与室外环状管网连接，并应将室内管道连成环状或将进水管与室外管道连成环状。对于超过6层的塔式（采用双出口消火栓者除外）和通廊式住宅、超过5层或体积超过10000m³的其他民用建筑、超过4层的厂房和库房，若室内消防立管为两条或两条以上时，至少每两条立管应相连组成环状管道。

竖管在建筑平面上布置的位置，应靠近消火栓的位置，以便保证有两支水枪的充实水柱同时到达室内的任何部位。其管径的确定应按最不利点的消火栓的出水流量和允许的管内流速来确定，竖管可明装，也可暗装。

室内消防给水管道上应设阀门，将其分成若干独立段，每段上的消火栓数量不超过5个，阀门为常开，并有明显的启闭状态标志。

（7）消防水箱

消防水箱应能储存10min的消防水量，一般与生活水箱合建，以防水质变坏，且应有防止消防水它用的技术措施。

（8）水泵接合器

水泵接合器是从外部水源给室内消防管网供水的连接口。发生火灾时，当建筑物内部的室内消防水泵因检修、停电、发生故障或室内给水管道的水压、水量无法满足灭火要求时，消防车通过水泵接合器的接口，向建筑物内送入消防用水或其他液体灭火剂来扑灭建筑物的火灾。

水泵接合器的一端与室内消防给水管道连接，另一端供消防车向室内消防管道供水，有地上、地下和墙壁式三种，如图3-6所示。

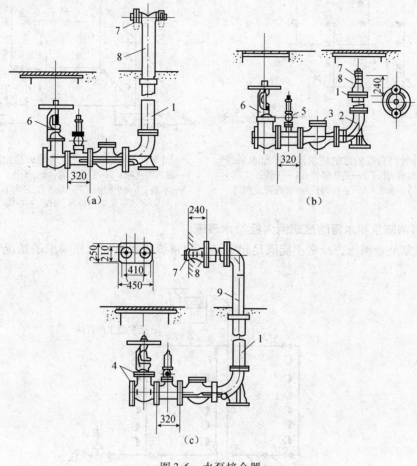

图 3-6　水泵接合器
（a）SQ 型地上式；（b）SQ 型地下式；（c）SQ 型墙壁式
1—法兰接管；2—弯管；3—升降式单向阀；4—放水阀；
5—安全阀；6—楔式闸阀；7—进水用消防接口；8—本体；9—法兰弯管

3.2.2　建筑消火栓系统的供水方式

根据建筑物的高度，室外给水管网压力和流量及室内消防管道对水压和水量的要求，建筑消火栓系统的给水方式一般有以下几种。

1. 室外管网直接给水的建筑消火栓给水系统

适用于建筑给水管网的压力和流量能满足建筑最不利点消火栓的设计水压和水量的情况，如图3-7所示。

2. 设有水箱的建筑消火栓给水系统

适用于水压变化较大的城市或居住区，如图3-8所示。当用水量达到最大时，室外管网不能保证建筑最不利点消火栓的压力和流量，由水箱出水满足消防要求；而当用水量较小时，室外管网可向水箱补水。管网应独立设置，水箱可以生活、生产合用，但必须保证贮存 10min 的消防用水量，同时还应设水泵接合器等。

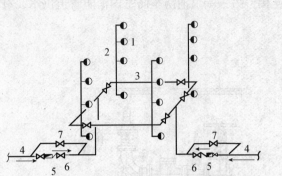

图 3-7　室外管网直接给水的建筑消火栓给水系统
1—建筑消火栓；2—消防竖管；3—干管；
4—进户管；5—水表；6—止回阀；7—旁通管及阀门

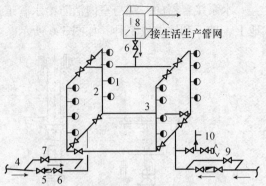

图 3-8　设有水箱的建筑消火栓给水系统
1—建筑消火栓；2—消防竖管；3—干管；4—进户管；
5—水表；6—止回阀；7—旁通管及阀门；8—水箱；
9—水泵接合器；10—安全阀

3. 设有消防泵和水箱的建筑消火栓给水系统

适用于室外管网压力经常不能满足建筑消火栓系统的水量和水压要求的情况，如图 3-9 所示。

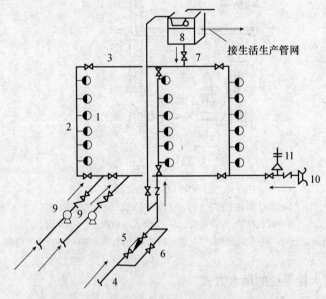

图 3-9　设有消防泵和水箱的建筑消火栓给水系统
1—建筑消火栓；2—消防竖管；3—干管；4—进户管；
5—水表；6—旁通管及阀门；7—止回阀；8—水箱；9—水泵；10—水泵接合器；11—安全阀

消防用水与生活、生产合用的建筑消火栓给水系统，其消防泵应保证供应生活、生产消防用水的最大秒流量，并应满足室内管网最不利点消火栓的水压。水箱应贮存 10min 的消防用水量，消防泵应当保证在火警 5min 内开始工作，并且在火场断电时仍然能正常工作。

76

3.2.3 消火栓给水系统的布置

1. 消防用水量

建筑室内消防用水量根据建筑物的性质，不应小于表3-3的规定。

表 3-3　室内消火栓用水量

建筑物名称	高度 h（m）、层数、体积 V（m^3）或座位数 n（个）		消火栓用水量（L/s）	同时使用水枪数量（支）	每根竖管最小流量（L/s）
厂房	$h \leqslant 24$	$V \leqslant 10000$	5	2	5
		$V > 10000$	10	2	10
	$24 < h \leqslant 50$		25	5	15
	$h > 50$		30	6	15
仓库	$h \leqslant 24$	$V \leqslant 5000$	5	1	5
		$V > 5000$	10	2	10
	$24 < h \leqslant 50$		30	6	15
	$h > 50$		40	8	15
科研楼、试验楼	$h \leqslant 24$，$V \leqslant 10000$		10	2	10
	$h \leqslant 24$，$V > 10000$		15	3	10
车站、码头、机场的候车（船、机）楼和展览建筑等	$5000 < V \leqslant 25000$		10	2	10
	$25000 < V \leqslant 50000$		15	3	10
	$V > 50000$		20	4	15
剧院、电影院、俱乐部、礼堂、体育馆等	$800 < n \leqslant 1200$		10	2	10
	$1200 < n \leqslant 5000$		15	3	10
	$5000 < n \leqslant 10000$		20	4	15
	$n > 10000$		30	6	15
商店、旅馆等	$5000 < V \leqslant 10000$		10	2	10
	$10000 < V \leqslant 25000$		15	3	10
	$V > 25000$		20	4	15
病房楼、门诊楼等	$5000 < V \leqslant 10000$		5	2	5
	$10000 < V \leqslant 25000$		10	2	10
	$V > 25000$		15	3	10
办公楼、教学楼等其他民用建筑	层数≥6 或 $V > 10000$		15	3	10
国家级文物保护单位的重点砖木、木结构的古建筑	$V \leqslant 10000$		20	4	10
	$V > 10000$		25	5	15
住宅	层数≥8		5	2	5

注：1. 丁、戊类高层厂房（仓库）室内消火栓的用水量可按本表减少10L/s，同时使用水枪数量可按本表减少2支；

　　2. 消防软管卷盘或轻便消防水龙及住宅楼梯间中的干式消防竖管上设置的消火栓，其消防用水量可不计入消防用水量。

2. 消火栓的布置要求

《建筑设计防火规范》（GB 50016—2006）规定，低层与多层建筑消火栓应符合下列要求：

1）设有消防给水的建筑物，各层（无可燃物的设备层除外）均应设置消火栓。

2）室内消火栓的布置应保证每一个防火分区同层有两支水枪的充实水柱同时到达室内任何部位。建筑高度小于或等于24m，体积小于或等于5000m³的库房，可用1支水枪的充实水柱到达室内任何部位。水枪的充实水柱长度应由计算确定，一般不应小于7m，但甲、乙类厂房，超过6层的民用建筑，超过4层的厂房和库房内，不应小于10m；高层工业建筑、高架库房内，水枪的充实水柱不应小于13m。

3）室内消火栓出口处的静水压力不应超过80m水柱，如超过80m水柱时，应采用分区给水系统。消火栓栓口处的出水压力超过50m水柱时，应有减压设施。

4）消防电梯间前室内应设室内消火栓。

5）室内消火栓应设在明显易于取用的地点。栓口离地面高度为1.1m，其出水方向宜向下或与设置消火栓的墙面成90°角。

3. 消火栓的布置间距

消火栓的布置间距由计算确定。

（1）消火栓的保护半径

消火栓的保护半径是指以消火栓为中心，能充分发挥灭火作用的圆形区域的半径。

消火栓的保护半径可按式（3-1）计算：

$$R = 0.8L + S_k\cos45°$$ (3-1)

式中 R——消火栓的保护半径（m）；

L——水龙带敷设长度（m），考虑到水带的转弯曲折，应乘以折减系数0.8；

45°——灭火时水枪的上倾角；

S_k——水枪充实水柱长度（m）。

（2）消火栓的间距

1）当室内只有一排消火栓，并且要求有一股水柱达到室内任何部位时，如图3-10所示，消火栓的间距按式（3-2）计算：

$$S_1 = 2\sqrt{R^2 - b^2}$$ (3-2)

式中 S_1——一股水柱时的消火栓间距（m）；

R——消火栓的保护半径（m）；

b——消火栓的最大保护宽度（m）。

2）当室内只有一排消火栓，且要求有两股水柱同时达到室内任何部位时，如图3-11所示，消火栓的间距按下式计算：

$$S_2 = \sqrt{R^2 - b^2}$$ (3-3)

式中 S_2——两股水柱时的消火栓间距（m）；

R——消火栓的保护半径（m）；

b——消火栓的最大保护宽度（m）。

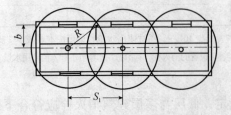

图3-10 一股水柱时的消火栓布置间距

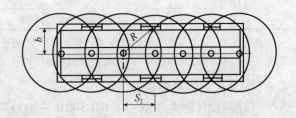

图3-11 两股水柱时的消火栓布置间距

3）当房间宽度较宽，需要布置多排消火栓，且要求有一股水柱达到室内任何部位时，如图 3-12 所示，消火栓布置间距可按下式计算：

$$S_n = \sqrt{2R} \approx 1.4R \tag{3-4}$$

式中　S_n——多排消火栓一股水柱时的消火栓间距（m）；

　　　R——消火栓保护半径（m）。

4）当室内需要布置多排消火栓，且要求有两股水柱达到室内任何部位时，可按图 3-13 布置。

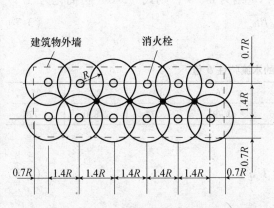

图 3-12　多排消火栓一股水柱时的消火栓布置间距　　　图 3-13　多排消火栓两股水柱时的消火栓布置间距

高层工业建筑，高架库房，甲、乙类厂房，室内消火栓的间距不应超过 30m，其他单层和多层建筑室内消火栓的间距不应超过 50m。同一建筑物内应采用统一规格的消火栓、水枪和水带。每根水带的长度不应超过 25m。

4. 消火栓的水力计算

（1）水枪喷口所需压力

水枪喷口所需压力与充实水柱长度及喷嘴的口径有关，可用式（3-5）计算。

$$h_n = \frac{\alpha S_k}{1 - \varphi \alpha S_k} \tag{3-5}$$

式中　h_n——水枪喷口所需水压（mH_2O）；

　　　S_k——灭火要求的充实水柱长度（m）；

　　　α、φ——分别根据充实水柱长度和喷嘴口径而定的系数，见表 3-4、表 3-5。

表 3-4　由 S_k 确定的系数 α 值

S_k	6	8	10	11	12	13	14	15	16	17
α	1.19	1.19	1.20	1.20	1.21	1.21	1.22	1.23	1.24	1.25

表 3-5　由喷嘴径确定的系数 φ 值

水柱喷嘴直径（mm）	13	16	19
φ	0.0165	0.1124	0.0097

（2）水枪喷水量

水枪的喷射流量可用式（3-6）计算。

$$q = \mu\omega\sqrt{2gh_n} \qquad (3-6)$$

式中　q——水枪喷射流量（L/s）；

　　ω——喷口断面积（m²）；

　　h_n——喷口水压（mH₂O）；

　　g——重力加速度（m/s²）；

　　μ——流量系数。

上式可改写成 $q = \mu\omega\sqrt{2g} \cdot \sqrt{h_n}$

令 $B = (\mu\omega\sqrt{2g})^2$，称为喷嘴的水流特性，量纲为 m⁵/s²，则式（3-6）可简化为

$$q = \sqrt{Bh_n} \qquad (3-7)$$

B 值与水枪口径有关，可查表3-6求得。

表3-6　水枪喷嘴的水流特性 B 值

喷嘴直径（mm）	6	9	13	16	19	22	25
B 值	0.016	0.079	0.346	0.793	1.577	2.830	4.728

（3）水龙带水头损失

$$h_d = A_d L_d q^2 \qquad (3-8)$$

式中　h_d——水龙带水头损失（mH₂O）；

　　A_d——水龙带阻力系数，见表3-7；

　　L_d——水龙带长度（m）；

　　q——水龙带中的流量（L/s）。

表3-7　水龙带阻力系数 A_d

水龙带直径（mm）	A_d	
	麻织、帆布水龙带	衬胶水龙带
50	0.01501	0.00677
65	0.00432	0.00172
80	0.0015	0.00075

（4）消火栓口所需压力计算

$$H_{xh} = h_d + h_n \qquad (3-9)$$

式中　H_{xh}——消火栓口所需压力（mH₂O）；

　　h_d——水龙带的水头损失（mH₂O）；

　　h_n——水枪喷口所需水压（mH₂O）。

3.3　高层建筑消防给水系统

　　高层建筑多为钢筋混凝土框架结构或钢结构，建筑面积大、房间多、功能复杂、人员来往频繁。建筑物内有很多竖直的通道，如电梯井、通风空调管道、管道井、电缆井等，火灾发生时，这些井道就相当于烟囱，会加速火势的蔓延。所以高层建筑火灾的特点是经济损失大、人员伤亡重、火势蔓延迅速、灭火难度大、人员疏散困难。

针对高层建筑火灾的特点，应采用可靠的防火措施，做到保证安全、方便使用、技术先进、经济合理。

3.3.1 消防给水系统的消防用水量

高层建筑消防用水量应满足消火栓系统和自动喷水灭火系统用水量的要求，见表3-8。

表3-8 高层建筑消火栓给水系统的用水量

高层建筑类别	建筑高度（m）	消火栓用水量（L/s）		每根竖管最小流量(L/s)	每支水枪最小流量(L/s)
		室外	室内		
普通住宅	≤50	15	10	10	5
	>50	15	20	10	5
①高级住宅 ②医院 ③二类建筑的商业楼、展览楼、综合楼、财贸金融楼、电信楼、商住楼、图书馆、书库 ④省级以下的邮政楼、防灾指挥调度楼、广播电视楼、电力调度楼 ⑤建筑高度不超过50m的教学楼和普通旅馆、办公楼、科研楼、档案楼等	≤50	20	20	10	5
	>50	20	30	15	5
①高级旅馆 ②建筑高度超过50m或每层建筑面积超过1000m² 的商业楼、展览楼、综合楼、财贸金融楼、电信楼 ③建筑高度超过50m或每层建筑面积超过1500m² 的商住楼 ④中央和省级（含计划单列市）广播电视楼 ⑤局级和省级（含计划单列市）电力调度楼 ⑥省级（含计划单列市）邮政楼、防灾指挥调度楼 ⑦藏书超过100万册的图书馆、书库 ⑧重要的办公楼、科研楼、档案楼 ⑨建筑高度超过50m的教学楼和普通旅馆、办公楼、科研楼、档案楼等	≤50	30	30	15	5
	>50	30	40	15	5

3.3.2 室内消火栓给水系统的设置

1. 消防管网的布置

1）高层建筑室内消防给水管道应布置成环状，并用阀门分为若干独立段，管道维修时关停的立管不超过1条，其引入管不少于2条，消防立管管径不小于100mm。

2）对于18层及18层以下，每层不超过8户，且每层建筑面积不超过650m² 的普通住宅，如果设两条消防竖管有困难时可只设一条消防竖管。

3）室内消防给水管道应设水泵接合器，水泵接合器应有明显的标志，其周围 15～40m 内应设供消防车取水用的室外消火栓或消防水池。

4）高层建筑应设置能保证室内消防用水量和最不利点消火栓、自动喷水灭火系统所需水压的消防水箱和消防水泵。消防水箱宜与其他用水的水箱合用，但应有确保消防用水的技术措施。

2. 室内消火栓的布置

室内消火栓应设在明显、易于取用的地点，且应与自动喷水灭火系统分开。消火栓的设置间距应保证同层相邻的两个消火栓的水枪的充实水柱同时到达室内任何部位，并不应大于 30m。同一建筑物内应采用同一型号、规格的消火栓和其配套的水带、水枪。水带长度不超过 25m，水枪口径不小于 25mm。消防电梯间前室应设有消火栓。消火栓栓口出水方向应与墙面成 90°角。

3.3.3 消防给水方式

1. 不分区消防给水方式

建筑物高度不超过 50m 或建筑物内最低消火栓处静水压力小于 0.8MPa 时，消火栓给水系统仍可由消防车通过水泵接合器向室内管网供水，以加强室内消防给水系统工作。一般采用竖向不分区的消防给水系统，如图 3-14 所示。

2. 并联分区消防给水方式

建筑物高度超过 50m 或建筑物内消火栓处静水压力大于 0.8MPa 时，一般需分区供水。

图 3-15 所示为并联分区消防供水方式，其特点是水泵集中布置，便于管理。适用于高度不超过 100m 的高层建筑。

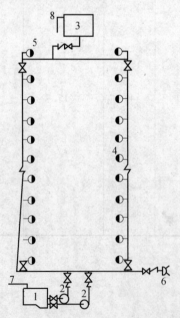

图 3-14 不分区消防供水方式

1—水池；2—消防水泵；3—水箱；
4—消火栓；5—试验消火栓；6—水泵接合器；
7—水池进水管；8—水箱进水管

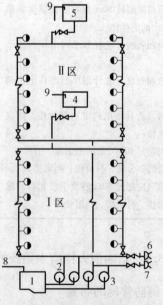

图 3-15 并联分区消防供水方式

1—水池；2—Ⅰ区消防水泵；3—Ⅱ区消防水泵；
4—Ⅰ区水箱；5—Ⅱ区水箱；6—Ⅰ区水泵接合器；
7—Ⅱ区水泵接合器；8—水池进水管；9—水箱进水管

82

3. 串联分区消防给水方式

这种供水方式的特点是上分区的消防给水需通过下分区的高位水箱中转，这样上分区消防水泵的扬程就可以减少，如图3-16所示。

4. 设稳压装置的消防给水方式

高压水箱的设置不能满足最不利消火栓或自动喷水系统的喷头所需的压力时，应在系统中设增压泵或稳压设备，如图3-17所示。可在火灾初起时，消防水泵启动前，满足消火栓系统和自喷系统的水压要求，使消防给水管道系统最不利点始终保持消防所需压力。

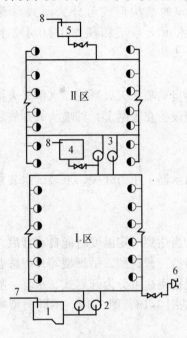

图3-16 串联分区消防供水方式
1—水池；2—Ⅰ区消防水泵；3—Ⅱ区消防水泵；
4—Ⅰ区水箱；5—Ⅱ区水箱；6—水泵接合器；
7—水池进水管；8—水箱进水管

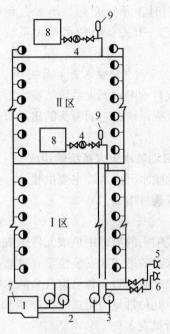

图3-17 设稳压装置消防供水方式
1—水池；2—Ⅰ区消防主泵；3—Ⅱ区消防主泵；
4—稳压泵；5—Ⅰ区水泵接合器；6—Ⅱ区水泵接合器；
7—水池进水管；8—水箱进水管；9—气压罐

消防系统的稳压装置由隔膜式气压罐、稳压泵、电控箱、仪表、管道附件等组成。隔膜式气压罐的容积不小于450L，始终储有30s的消防水量。平时管道系统如有少量渗漏等泄压情况，气压罐内的水在空气压力的作用下自动补水，气压罐水位处于低水位时，稳压水泵启动充水稳压。一旦发生火灾，消火栓或喷头启动，管道系统大量缺水，系统压力下降，发出报警信号，立即启动消防水泵，稳压泵停止。直至消防水泵停止运转，手动恢复稳压装置的控制功能。

3.4 自动喷水灭火系统

自动喷水灭火系统是一种在发生火灾时，能自动打开喷头喷水灭火并同时发出火警信号的消防灭火设施。据资料统计，自动喷水灭火系统扑灭初期火灾的效率在97%以上，因此一些国家的公共建筑都要求设自动喷水灭火系统。我国仅要求对火灾频率高、火灾危险等级高的建筑物中某些部位设自动喷水灭火系统。

3.4.1 自动喷水灭火系统的分类与组成

1. 自动喷水灭火系统分类

根据自动喷水灭火系统中喷头的开闭形式可分为闭式自动喷水灭火系统和开式自动喷水灭火系统两大类。

（1）闭式自动喷水灭火系统

闭式自动喷水灭火系统是用控制设备（如低熔点合金）堵住喷头的出口，当控制设备作用时才开始灭火。闭式自动喷水灭火按报警阀的结构形式可分为湿式自动喷水灭火系统、干式自动喷水灭火系统、干湿式自动喷水灭火系统和预作用自动喷水灭火系统。

（2）开式自动喷水灭火系统

开式自动喷水灭火系统按喷水形式的不同分为雨淋自动喷水灭火系统、水幕灭火系统及水喷雾灭火系统，它的喷头的出水口是开启的，其控制设备在管网上，其喷头的开放是成组进行的。

2. 自动喷水灭火系统的组成

自动喷水灭火系统主要由喷头、报警阀组、水流指示器、压力开关、末端试水装置和火灾探测等构件组成。

（1）喷头

闭式喷头的喷口用热敏元件组成的释放机构封闭，当达到一定温度时能自动开启。其构造按溅水盘的形式和安装位置有直立型、下垂型、边墙型、普通型、吊顶型等；按感温元件分为玻璃球洒水喷头和易熔合金洒水喷头。开式喷头根据用途可分为开启式、水幕、喷雾三种类型。几种常见的闭式喷头类型和开式喷头类型，见图 3-18、图 3-19。不同类型喷头的适用场所见表 3-9。

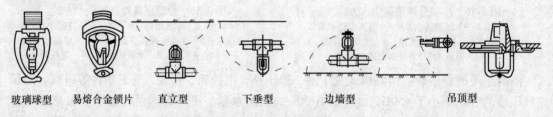

玻璃球型　　易熔合金锁片　　直立型　　　下垂型　　　边墙型　　　吊顶型

图 3-18　闭式喷头类型

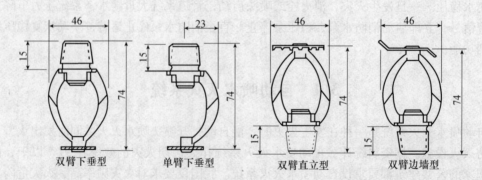

双臂下垂型　　单臂下垂型　　双臂直立型　　双臂边墙型

图 3-19　开式喷头类型

表3-9 各种类型喷头的适用场所

喷头类型		适用场所
闭式喷头	玻璃球洒水喷头	因外型美观、体积小、重量轻、耐腐蚀，适用于宾馆等要求美观和具有腐蚀性的场所
	易熔合金洒水喷头	适用于外观要求不高，腐蚀性不大的工厂、仓库和民用建筑
	直立型洒水喷头	适用于安装在管路下经常有移动物体的场所和尘埃较多的场所
	下垂型洒水喷头	适用于各种保护场所
	边墙型洒水喷头	安装空间狭窄，通道状的建筑使用此种喷头
	吊顶型喷头	属于装饰喷头，可安装于旅馆、客厅、餐厅、办公室等建筑
	普通型洒水喷头	可直立、下垂安装，适用于有可燃吊顶的房间
	干式下垂型洒水喷头	专用于干式喷水灭火系统的下垂型喷头
开式喷头	开式洒水喷头	适用于雨淋喷水灭火和其他开式系统
	水幕喷头	凡需保护的门、窗、洞、檐口、舞台口等应安装此类喷头
	喷雾喷头	用于保护石油化工装置、电力设备等
特殊喷头	自动启闭洒水喷头	这种喷头具有自动启闭功能，凡需降低水渍损失的场所均适用
	快速反应洒水喷头	这种喷头具有短时启动效果，凡要求启动时间短的场所均适用
	大水滴洒水喷头	适用于高架库房等火灾危险等级高的场所
	扩大覆盖面洒水喷头	喷水保护面积可达 $30 \sim 36m^2$，可降低系统造价

（2）报警阀

报警阀的作用是开启和关闭管网的水流，传递控制信号并启动水力警铃直接报警，有湿式、干式、干湿式和雨淋式4种类型。湿式报警阀用于湿式自动喷水灭火系统；干式报警阀用于干式自动喷水灭火系统；干湿式报警阀是由湿式、干式报警阀依次连接而成，温暖时用湿式装置，寒冷时用干式装置；雨淋报警阀用于雨淋、预作用、水幕、水喷雾自动喷水灭火系统。报警阀有 DN50、DN65、DN80、DN125、DN150、DN200 等几种规格。湿式报警阀组的组成，如图3-20所示。

3.4.2 闭式自动喷水灭火系统

1. 湿式自动喷水灭火系统

湿式喷水灭火系统如图3-21所示。它主要由闭式喷头、湿式报警阀、报警装置、管网及水源等组成。

系统的主要特点是在报警阀的前后管道内始终充满着压力水。发生火灾时，建筑物的温度不断上升，当温度上升到一定程度时，闭式喷头的温感元件熔化脱落，喷头打开即自动喷水灭火。此时，管道中的水开始流动，系统中的水流指示器被感应送出电信号，在报警控制器上指示某一区域已在喷水。持续喷水造成报警阀上部和下部的压力差，当压力差达到一定值，原来闭合的报警阀自动开启，水池中的水在水泵的作用下流入管道中灭火。同时一部分水流进入延迟器、压力开关和水力警铃等设备发出火警信号。根据水流指示器和压力开关的信号或消防水箱的水位信号，控制器能自动启动消防泵向管道中加压供水，达到连续自动供水的目的。

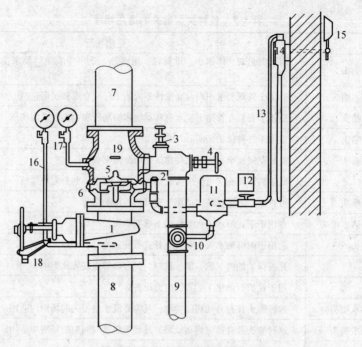

图 3-20　湿式报警阀组

1—总闸阀；2—警铃水管活塞；3—试铃阀；4—排水管阀；5—警铃阀；6—阀座凹槽；7—喷头输水管；

8—水源输水管；9—排水管；10—延迟器与排水管结合处；11—延迟器；12—水力继电器；13—警铃输水管；

14—水轮机；15—警钟；16—水源压力表；17—设计内部水力压力表；18—总阀上锁与草带；19—限制警铃上升的挡柱

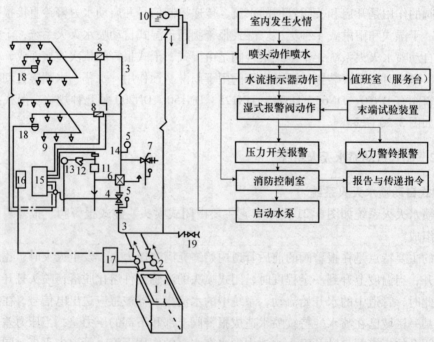

图 3-21　湿式自动喷水灭火系统图

1—消防水池；2—消防泵；3—管网；4—控制蝶阀；5—压力表；

6—湿式报警阀；7—泄放试验阀；8—水流指示器；9—喷头；

10—高位水箱、稳压泵或气压给水设备；11—延迟器；12—过滤器；13—水力警铃；

14—压力开关；15—报警控制器；16—非标控制箱；17—水泵启动箱；18—探测器；19—水泵接合器

湿式喷水灭火系统结构简单，使用可靠，也比较经济，因此使用广泛。它适用于常年温度不低于4℃、不高于70℃，且能用水灭火的建筑物。

2. 干式自动喷水灭火系统

干式自动喷水灭火系统如图3-22所示。系统的主要特点是平时充有压缩空气，只在报警阀前的管道中充满有压力的水。发生火灾时闭式喷头打开，首先喷出压缩空气，管道内气压降低，压力差达到一定值时，报警阀打开，水流入管道中，并从喷头喷出，同时水流到达压力开关令报警装置发出火警信号。在大型系统中，还可以设置快开器，以加快打开报警阀的速度。

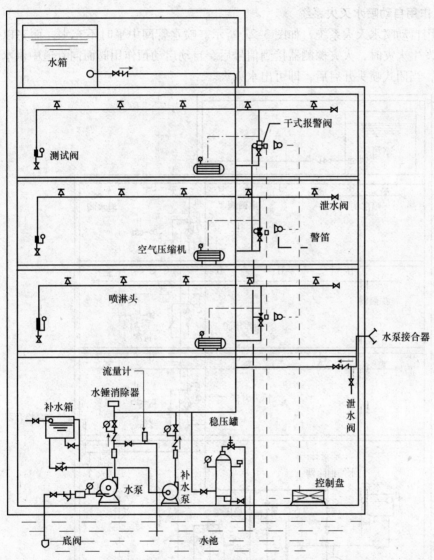

水箱

干式报警阀

测试阀

泄水阀

警笛

空气压缩机

喷淋头

水泵接合器

泄水阀

流量计

水锤消除器

补水箱

稳压罐

控制盘

水泵

补水泵

底阀

水池

图3-22　干式自动喷水灭火系统图

这种系统由于报警阀后的管道中无水而不怕冻，适用于温度低于4℃或高于70℃的建筑物中。

由于该系统在喷水灭火前先要排除系统中的压缩气体，故喷水时间会有延迟，且增加了压缩气体系统，因而增加了系统的复杂程度，这是不如湿式系统的地方。

3. 干湿式自动喷水灭火系统

干湿式报警阀由湿式和干式报警阀依次串接而成。在喷水管网中充气时，干式报警阀的上室与其相通，都充满压缩气；干式报警阀的下室及湿式报警阀都充满水。当有火情时，喷水管网上的气体通过闭式喷头或其他测控设备释放时，气压下降，降到一定值，干式阀阀板和湿式阀阀板都被顶开，水流流向喷水管网，同时水流通过信号管进行报警，水流通过装在信号管上的压力开关启动消防水泵。

当气候温暖时，系统改为湿式喷水系统，只要将干式阀中的阀板抽出即可。

该系统是干式系统的改良型，既可适用于冰冻场所，也可在一定时间内作为湿式系统使用。其缺点是系统较复杂。

4. 预作用自动喷水灭火系统

预作用自动喷水灭火系统，如图 3-23 所示。喷水管网中平时不充水，而充以低压空气或氮气，发生火灾时，火灾探测器接到信号后，自动启动预作用阀而向管道中供水，系统转换为湿式，当闭式喷头开启后，即可出水灭火。

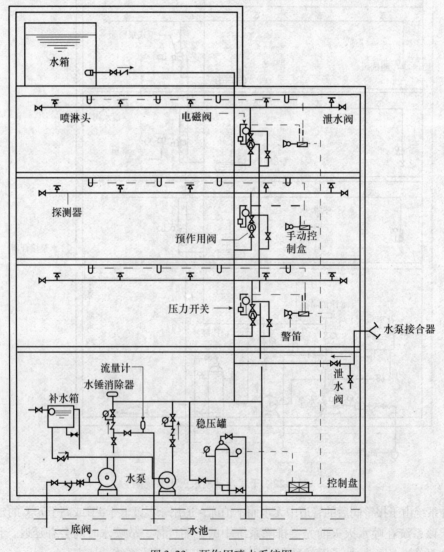

图 3-23　预作用喷水系统图

为安全起见，预作用阀的控制系统还设有备用系统，若火灾探测器发生故障，不能发出信号启动预作用阀，还可以通过现场的人工紧急按钮，开启预作用阀和水泵。若火灾时无人在场，则闭式喷头在升温后会自动打开，释放管网中的低压气体，管网内的气压降低会带动压力继电器向系统控制中心发出控制指令，打开预作用阀，开启消防泵并进行报警。

该系统有比闭式喷头更灵敏的火灾报警系统联动，因此灭火更及时。这种系统适用于不允许有水渍损失的高级（重要）的建筑物内或干式喷水灭火系统适用的建筑物内。

3.4.3 开式自动喷水灭火系统

开式自动喷水灭火系统按喷水形式的不同分为雨淋灭火系统、水幕灭火系统和水喷雾灭火系统，它的喷头出水口是开启的，其控制设备在管网上，其喷头的开放是成组进行的。

1. 雨淋灭火系统

雨淋灭火系统由火灾探测系统、开式喷头、雨淋阀、报警装置、管道系统和供水装置组成，如图 3-24 所示。适用于扑灭大面积火灾及需要快速阻止火灾蔓延的场合，如剧院舞台、火灾危险性较大的地方和工业车间、库房等。

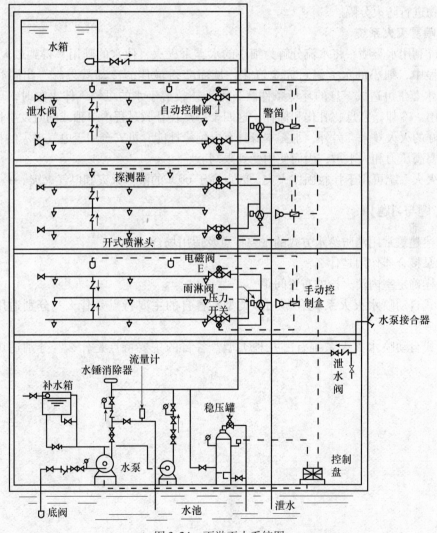

图 3-24　雨淋灭火系统图

发生火灾时，报警装置自动开启雨淋阀，开式喷头便自动喷水，大面积均匀灭火，效果显著。

2. 水幕灭火系统

水幕灭火系统由水幕喷头、雨淋阀、干式报警阀、探测系统、报警系统和管道等组成，用于阻火、隔火、冷却防火隔断物和局部灭火，如图3-25所示。如应设防火墙等隔断物而无法设置的开口部分，大型剧院、礼堂的舞台口，防火卷帘或防火幕的上部等。

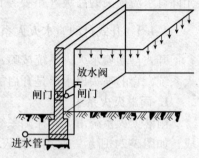

图 3-25　水幕灭火系统

水幕系统和雨淋系统不同的是雨淋系统中用开式喷头，将水喷洒成锥体，扩散射流，而水幕系统中用开式水幕喷头，将水喷洒成水帘幕状。发生火灾时，可起到挡烟阻火和冷却分隔物的作用。主要分为两种，一种利用密集喷洒的水墙或水帘阻火挡烟，起防火分隔作用，如舞台与观众之间的隔离水帘；另一种利用水的冷却作用，配合防火卷帘等分隔物进行防火分隔。

3. 水喷雾灭火系统

该系统利用水雾喷头将水流分解为细小的水雾来灭火，使水的利用率得到最大的发挥。在灭火过程中，细小的水雾滴可完全汽化，从而获得最佳的冷却效果。与此同时产生的1680倍的水蒸气可造成窒息的环境条件。当用于扑救溶于水的可燃气体火灾时，可产生稀释冲淡作用。冷却、窒息、乳化和稀释，这四个特点在扑救过程中单独或同时发生作用，均可获得良好的灭火效果。另外，水雾本身具有电绝缘性能，可安全用于电气火灾的扑救。但水喷雾需要高压力和大水量，因而使用受到限制。

水雾灭火系统可用于扑救固体火灾、闪点高于60℃的液体火灾和电气火灾。

【思考题与习题】

1. 简述建筑常用消防给水方式的主要特点及适用场合。

2. 水泵接合器作用是什么？

3. 怎样确定室内消火栓的布置间距？

4. 闭式自动喷水灭火系统有哪几种类型？各自的主要特点是什么？分别适用于什么场合？

5. 开式自动喷水灭火系统有哪几种类型？各自的主要特点是什么？分别适用于什么场合？

第4章　通风工程

学习目标和要求

了解建筑通风的概念、任务及分类；

了解高层建筑防火排烟的类型和作用；

掌握通风量的计算；

掌握通风系统的主要设备和部件及其安装。

学习重点和难点

掌握通风量的计算；

掌握通风系统的主要设备和部件及其安装。

4.1　通风工程概述

通风工程就是把室外的新鲜空气（经适当的处理，如过滤净化、加热等）或符合卫生要求的经净化的空气送进室内；把室内的废气（经消毒、除害）排至室外，也就是通过控制空气传播污染物，以保证室内环境具有良好的空气品质，满足人们生活或生产过程要求的工程技术。

4.1.1　通风系统的基本概念与分类

1. 通风系统的概念与任务

建筑通风中，将从室内排除污浊的空气称为排风，把向室内补充新鲜的空气称为送风。为实现排风和送风，所采用的一系列的设备、装置的总体称为通风系统。

建筑通风的任务是把室内被污染的空气直接或经过净化后排出室外，把室外新鲜空气或经过净化的空气补充进来，以保持室内的空气环境满足国家卫生标准和生产工艺的要求。

单纯的通风一般只对空气进行净化和加热方面的简单处理，主要包括：①保持室内空气的新鲜和洁净，改善室内的空气品质，提供人的生命过程的供氧量；②除去室内多余的热量或湿量（余热或余湿）；③消除生产过程中产生的灰尘、有害气体、高温和辐射热的危害；④提供适合生活和生产的空气环境。

对空气环境的温度、湿度、洁净度、室内流速等参数有特殊要求的通风称为空气调节，将在第6章中讨论。

2. 通风系统的分类

通风系统按照通风系统的作用动力不同，可分为自然通风和机械通风两种。

4.1.2　通风系统的工作原理

1. 自然通风

自然通风是依靠室内外空气的温度差所造成的热压或室外风力造成的风压为动力，不消耗机械动力，经济节能的通风方式。自然通风是人们日常生活中最常用的通风方法，一般民用建筑和公共建筑的房间经常通过开启门窗的方式进行通风换气，而工业厂房、车间经常采用设置高窗或天窗来达到换气的目的，另外还可以采用排气罩和风帽等方法进行局部的自然通风，如图4-1所示。

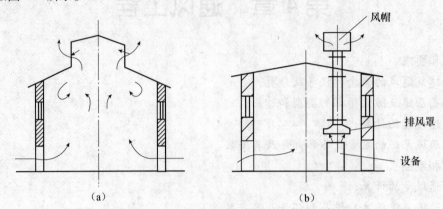

图4-1　自然通风方法
(a) 靠天窗通风；(b) 靠风帽排风

（1）自然通风的工作原理

自然通风是借助自然压力——风压或热压促使空气流动的。

1）热压。由于室内外空气温度不同而存在的空气密度差，形成室内外空气重力压差，驱使密度较大的空气向下方流动，而密度较小的空气向上方流动，即所谓的"烟囱效应"。如果室内空气温度高于室外。室内较热空气会从建筑物上部的门窗排出，室外较冷空气不断从建筑物下部的门窗补充进来，如图4-2所示，反之亦然。热压作用压力的大小与室内外温差、建筑物孔口设计形式及风压大小等因素有关，温差越大，建筑高度越高，自然通风效果越好。

2）风压。由于室外气流会在建筑物的迎风面上造成正压区，而在背风面上造成负压区，从而形成压差。在风压的压差作用下，室外气流通过建筑迎风面上的门窗、孔口进入室内，室内空气则通过建筑物背风面及侧面的门窗、孔口排出，如图4-3所示。

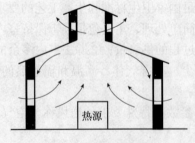

图4-2　热压自然通风

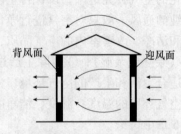

图4-3　风压自然通风

温度差和风力是自然通风的两个重要因素，两个因素可以共同起作用，也可以单独起作用。

（2）自然通风的类型

自然通风按建筑构造的设置情况，可分为有组织的自然通风和无组织的自然通风两种类型。

1）有组织的自然通风。指通过精确设计确定建筑围护结构的门窗大小与方位或通过管道输送空气来获得有组织的自然通风，并可以通过改变孔口面积的方法调节通风量。如管道式自然通风系统，见图4-4。室外空气从室外进风口进入室内，先经过加热处理后，由送风管道送至房间，热空气散热冷却后从房间下部的排风口经排风道由屋顶排风口排出室外。这种通风方式常用作集中供暖的民用和公共建筑物中热风供暖或自然排风措施。

2）无组织的自然通风。指在风压、热压或人为形成的室内正压或负压作用下，通过围护结构的孔口缝隙进行风量不可调的室内外空气交换过程，形成如图4-5所示的渗透通风。

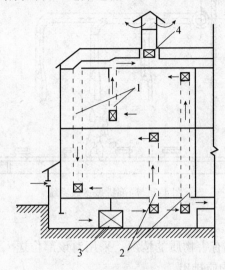

图4-4 管道式自然通风系统
1—排风管道；2—送风管道；
3—进风加热设备；4—排风加热设备（增大热压用）

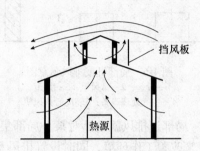

图4-5 热压和风压形成的渗透通风

（3）自然通风的特点

自然通风的突出优点是不需要动力设备，不消耗能量，系统简单，便于管理。缺点是通风量受自然条件和建筑结构的约束难以有效控制，通风效果不稳定。而且除管道外自然通风可对空气进行加热处理外，其他方式均不能对进、排风进行有效的处理。

2. 机械通风

机械通风主要是依靠风机作为通风的动力，通过通风管网进行室内、外空气交换。风机能够提供足够的风量和风压，把对空气进行过滤、加热、冷却、净化等各种处理设备联成一个较大的系统，工作可靠且效果稳定。不受自然条件限制，可根据需要来确定、调节通风量和组织气流，确定通风的范围，并对进、排风进行有效的处理。但机械通风需要消耗电能，风机和风道等设备需要占用一定的建筑空间，因此系统初期投资和运行费用较高，安装和维护管理也较复杂。

机械通风主要由风机动力系统、空气处理系统、空气输送及排放风道系统、各种控制阀、风口、风帽等组成。

机械通风根据有害物质分布的情况分为局部通风和全面通风。

（1）局部通风

局部通风包括局部排风、局部送风、局部送排风系统。

1）局部排风是在室内局部地点安装的排除某一空间范围内污浊空气的通风系统。如在工业厂房或车间、实验室的某一固定位置（工作台、操作区），为了防止在生产或实验过程中产生有害物质扩散到其他部位，造成更多的污染，多采用局部排风系统。图4-6为局部机械排风示意，图中设备产生的有害物质通过排风罩（避免扩散）、风道、风机将其排入大气中。

2）局部送风是将符合卫生要求的空气送到人的有限活动范围，在局部地区形成一个保护性的空气环境。气流应从人体前侧上方倾斜地吹到头、颈、胸部。局部送风通常用来改善高温操作人员的工作环境，如图4-7所示。

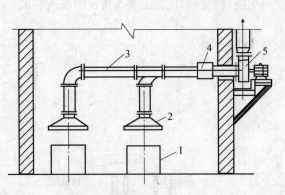
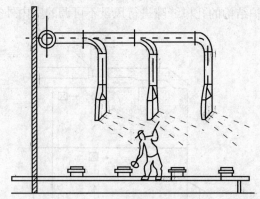

图4-6　局部机械排风示意图
1—设备；2—排风罩；3—风道；
4—空气处理设备；5—离心式风机

图4-7　局部机械送风系统

3）局部送排风就是针对某一局部集中位置产生有害物质的情况，采用对该部位送入新鲜空气来改善工作环境，同时设置排风系统将有害物质排出。

如食堂操作间局部送排风系统，见图4-8。当操作人员在此工作间工作时，通过送风系统送入定量的新鲜空气，既可减轻高温气体的危害，又可稀释有害物质的浓度。通过排风系统可将油烟、热气通过排气罩排风口将其排出室外。排烟罩还可以收集油脂，控制油烟、热气的扩散，并能定期清洗，可有效改善操作区的环境。

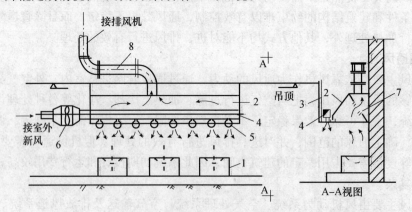

图4-8　食堂操作间局部送排风系统
1—炉灶；2—排烟罩；3—饰板；4—送风管道；
5—球形送风口；6—斜流式送风机；7—油烟过滤机；8—排风管道

（2）全面通风

全面通风包括全面排风、全面送风、全面送排风系统。

当局部通风无法控制有害物质的扩散时，可采用全面通风，即在整个房间内进行空气交换，一方面送入足够量的经过处理的新鲜空气来稀释有害物质的浓度；另一方面不断将有害物质经处理后排出室外，并使其浓度达到国家规定的排放标准范围之内。

全面通风系统根据进排风方式的不同可分为全面排风系统、全面送风系统和全面机械送排风系统。

1）全面排风系统如图4-9所示。风机将室内污浊空气排至室外，同时室外新鲜空气在风机抽吸造成的室内负压作用下，通过房间围护结构的墙缝、门窗缝隙等流通通道进入室内。全面排风系统一定要合理地组织气流，使操作人员处于新鲜空气区内工作，并尽量减小污染范围和有害物质扩散的速度。

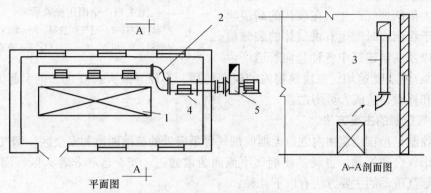

图4-9　全面排风系统

1—工艺设备区；2—排风管道；3—支风道；4—吸风口；5—风机

2）全面送风系统如图4-10所示。单独的全面送风系统会使室内形成正压，可通过门、窗的开启使室内空气处于平衡状态。当生产工艺要求稀释有害物质的浓度或需对进入室内的空气进行处理（加热、降温、过滤、加湿等处理）时，应考虑采用全面送风系统。

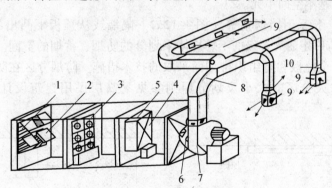

图4-10　全面送风系统

1—百叶窗；2—保温阀；3—过滤器；4—空气加热器；5—旁通阀；

6—启动阀；7—风机；8—风道；9—送风口；10—调节阀

3）全面送排风系统如图4-11所示。在送风机的作用下室外新鲜的空气经过空气处理装置后进入室内，然后再在排风机的作用下排出室外。当室内既需要全面送风稀释空气，又需进行全面排风时，可采用全面送排风系统。

全面送排风系统的效果取决于能否合理地组织气流分布，气流分布不合理会导致室内的二次污染。送排风系统气流组织分布应遵循以下原则：①新鲜空气需先送入工作区，然后通过污染区；②排风系统设置在靠近污染源侧；③新风口与排风口不宜在同侧外墙布置，避免再次吸进有害物质。

4.1.3 高层建筑的防火排烟

火灾是一种多发性灾难，它导致巨大的经济损失和人员伤亡。高层建筑的内部功能复杂，且有大量的着火源和可燃物，若使用或管理不当很容易引发火灾。一旦发生火灾，就有大量的烟气产生。在现代的高层建筑中，由于在燃烧时产生有毒气体的装修材料的使用以及高层建筑中各种竖向管道产生

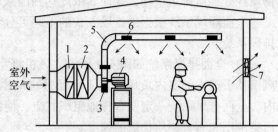

图 4-11　全面送排风系统
1—空气过滤器；2—空气加热器；3—离心风机；
4—电动机；5—风管；6—送风口；7—轴流风机

的"烟囱效应"，加速烟气在建筑物内的流动传播，不仅导致火灾蔓延，也引起人员恐慌，影响疏散和扑救，造成人员伤亡。

1. 烟气控制的主要方法

烟气控制是指在建筑物内创造无烟或烟气含量极低的疏散通道和安全区。烟气控制的实质是控制烟气合理流动，也就是使烟气不流向疏散通道、安全区和非着火区，而向室外流动。控制烟气流动的主要方法有以下几种：

（1）隔断或阻挡

墙、楼板、门等都具有隔断烟气传播作用，为了防止火势蔓延和烟气传播，我国的法规中对建筑物内部间隔作了明文规定，规定建筑物中必须划分防火分区和防烟分区。

1）防火分区。指用防火墙、楼板、防火门或防火卷帘等分隔的区域，可以将火灾在一定的时间内限制在局部区域内，不使火势蔓延，同时对烟气也起到隔断作用。防火分区是控制耐火建筑火灾的基本空间单元。

2）防烟分区。指采用挡烟垂壁（图 4-12a）、隔墙或从顶板下凸出不小于 50cm 的梁（图 4-12b）等具有一定耐火等级的不燃烧体来划分的防烟、蓄烟的空间。防烟分区是为保证建筑物内人员安全疏散和有组织排烟而采取的技术措施。防烟分区在防火分区中进行分隔。防烟分区、防火分区的大小及划分原则参见《高层民用建筑设计防火规范》（GB 50045—95）。

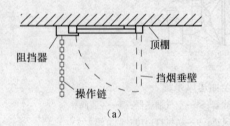

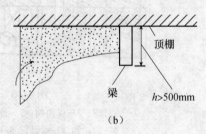

（a）　　　　　　　　　　　　　　　（b）

图 4-12　挡烟垂壁和挡烟梁
（a）挡烟垂壁；（b）挡烟梁

（2）疏导排烟

利用自然或机械作用力，将烟气排到室外，称之为排烟。利用自然作用力的排烟称为自然排烟；利用机械（风机）作用力的排烟称机械排烟。

排烟的部位包括着火区和疏散通道两类。

1）着火区排烟的目的。将火灾发生的烟气（包括空气受热膨胀的体积）排到室外，降低着火区的压力，不使烟气流向非着火区，以利于着火区的人员疏散及救火人员的扑救。

2）疏散通道排烟的目的。为了排除可能侵入的烟气，以保证疏散通道无烟或少烟，以利于人员安全疏散及救火人员通行。

（3）加压防烟

加压防烟是用风机把一定量的室外空气送入房间或通道内，使室内保持一定压力或门洞处有一定流速，以避免烟气侵入。

2. 高层民用建筑的防排烟

高层建筑所采用的防排烟方式有自然排烟、机械防烟和机械排烟等形式。

（1）自然排烟

自然排烟就是利用发生火灾时高温烟气与室外空气的密度差产生的热压和室外空气流动产生的风压的共同作用，将烟气直接排出室外。自然排烟结构简单、经济、不需要动力设备。因此，对于满足自然排烟的建筑，首先考虑采用自然排烟方式。但自然排烟存在一些问题，如建筑设计的制约、有火势蔓延至上层的危险性等，使得排烟效果存在许多不稳定因素，它的使用受到一定限制。因此规定对于以下条件的建筑物各部位，不能采取自然排烟措施：

1）建筑高度超过50m的一类公共建筑的防烟楼梯间及其前室、消防电梯前室及两者合用的前室，不宜采用可开启外窗的自然排烟措施，当建筑物高度超过100m时，这些部位不应采用可开启外窗的自然排烟措施。

2）不具备自然排烟条件的防烟楼梯间、消防电梯间前室或合用前室。

3）采用自然排烟措施的防烟楼梯间，其不具备自然排烟条件的前室。

4）高层建筑净空高度超过12m的室内中庭。

5）高层建筑长度超过60m的内走道。

6）建筑高度超过50m的厂房和仓库。

7）单层及多层建筑中可开启外窗面积小于地面面积的5%的中庭、剧场舞台。

8）当可开启外窗面积小于建筑面积2%的其他需要设置排烟设施的场所。

9）通行机动车的一、二、三类隧道应设置机械排烟系统。

（2）机械防烟

机械防烟是利用送风系统，在高层建筑的垂直疏散通道，如防烟楼梯间、前室、合用前室及封闭的避难层等部位，进行机械送风和加压，使上述部位室内空气压力值处于相对正压，阻止烟气进入，以便人们进行安全疏散和扑救。这种防烟设施系统简单、安全，近年来在高层建筑的防排烟设计中得到了广泛的应用。

机械加压送风防烟系统由加压送风机、送风道、送风口及其自控装置等部分组成，如图4-13所示。因造价高，一般只在一些重要建筑和重要的部位才用。如不具备自然排烟条件的

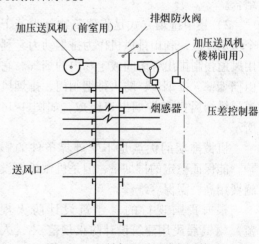

图4-13 机械加压送风防烟系统

防烟楼梯间；消防电梯间前室或合用前室；采用自然排烟措施的防烟楼梯间，其不具备自然排烟条件的前室；防烟楼梯间及其前室或合用前室等。

对防烟楼梯间及其前室、消防电梯前室和合用前室，由于各部位采用机械加压送风与可开启外窗自然排烟这两种方式的组合不同，需要根据不同的组合情况，确定设置加压送风系统设施的部位，见表4-1。

表4-1 机械加压送风部位

组合关系	防烟布置部位
不具备自然排烟条件的防烟楼梯间与其前室	楼梯间
采用自然排烟的前室或合用前室与不具备自然排烟条件的楼梯间	楼梯间
采用自然排烟的楼梯间与不具备自然排烟条件的前室或合用前室	前室或合用前室
不具备自然排烟条件的防烟楼梯间与合用前室	楼梯间、合用前室
不具备自然排烟条件的消防电梯间前室	消防电梯间前室
封闭式避难所	避难所

机械加压送风防烟系统的设置有以下基本要求：

1）机械加压送风风机可以采用轴流式风机或中、低压离心式风机，其安装位置根据供电条件、风量分配均衡、新风入口不受烟火威胁等因素确定。

2）楼梯间宜每隔2～3层设一个加压送风口，前室的加压送风口应每层设一个。

3）送风管道应采用不燃烧材料制作。

4）加压送风管应避免穿越有火灾可能的区域，当建筑条件受限时，穿越有火灾可能区域的风管的耐火极限应不小于1h。

5）送风管道应采用耐火极限不小于1h的隔墙与相邻部位分隔，当墙上必须设置检修门时，高层建筑应采用丙级防火门，单层及多层建筑应采用乙级防火门。

（3）机械排烟

机械排烟可分为局部排烟和集中排烟两种方式。

1）局部排烟方式是在每个需要排烟的部位，设置独立排风机，直接进行排烟。局部排烟系统中风机多且分散，维修管理麻烦，投资大，很少采用；采用时，一般与通风换气相结合。

2）集中排烟方式是将建筑物分为若干个防烟分区，利用排风机作为排烟动力，利用风道强制排出各房间或走廊内的烟气。它由挡烟壁、排烟口、防火排烟阀门、排烟风道、排烟风机和排烟出口组成，如图4-14所示。

机械排烟的优点是不受外界条件的影响，能保证稳定的排烟量，但是机械排烟设施费用高，需保养维修。

根据我国现行的《建筑设计防火规范》、《高层民用建筑设计防火规范》、《人民防空工程设计防火规范》、《汽车库、修

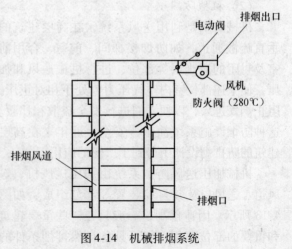

图4-14 机械排烟系统

98

车库、停车场设计防火规范》相关规定，确定机械排烟的位置。

机械排烟系统的设置原则有以下几条：

1）横向宜按防火分区设置，竖向穿越防火分区时，垂直排烟管道宜设置在管井内。

2）穿越防火分区的排烟管道应在穿越处设置排烟防火阀。

3）走道与房间的排烟系统宜分开设置，走道的排烟系统宜竖向布置，房间的排烟系统宜按防烟分区布置。

4）机械排烟系统与通风、空气调节系统宜分开独立设置。若合用时，必须采取可靠的防火安全措施，并应符合排烟系统要求。

5）为防止风机超负荷运转，排烟系统竖直方向可分成多个系统，但是不能采用将上层烟气引向下层风道的布置方式。

6）每个排烟系统设有排烟口的数量不宜超过30个。

7）排烟风机和用于排烟补风的送风风机，宜设置在通风机房内。

8）机械加压送风防烟系统和排烟补风系统的室外进风口宜布置在室外排烟口的下方，且高差不宜小于3m，当水平布置时，水平距离不宜小于10m。

4.2　通风量的计算

无论是进行自然通风设计还是机械通风系统设计，均需确定通风量。通风量的大小随通风形式的不同，确定的方法也有所不同。

4.2.1　全面通风

全面通风的通风量大小是根据室内外空气参数以及需要消除的室内产热量、产湿量和有害气体的产生量确定的。

①为排除余热所需的通风量（m^3/s）

$$L_r = \frac{Q}{c\rho(t_p - t_j)} \tag{4-1}$$

②为排除余湿所需的通风量（m^3/s）

$$L_s = \frac{W}{\rho(d_p - d_j)} \tag{4-2}$$

③为排除有害气体所需的通风量（m^3/s）

$$L_h = \frac{Z}{y_p - y_j} \tag{4-3}$$

式中　Q——室内显热余热量（W）；

W——室内余湿量（g/s）；

Z——室内有害气体的散发量（mg/s）；

t——空气温度（℃）；

d——空气含湿量（g/kg 干空气）；

y——空气中有害气体的浓度（mg/m^3）；

c——空气的定压比热［kJ/（kg·℃）］；

ρ——空气密度（kg/m^3）；

下标：

p——排风；

j——进风。

如果房间内同时散发余热、余湿和有害气体时，通风量应分别计算，按其中所需最大值取作全面通风量。

按卫生标准规定，如果同时散发数种溶剂（如苯及其同系物、醇类、醋酸酯类）的蒸气，或数种刺激性气体（氯化氢、一氧化碳和各种氮氧化合物）时，因它们对人体健康的危害性质是一样的，故应看成是一种有害物质，即其所需全面通风量是分别排除每种有害气体所需全面通风量之和。例如某车间同时散发苯蒸气和甲醇蒸气，排除苯蒸气所需通风量为 $10200m^3/h$，排除甲醇蒸气所需通风量为 $7350m^3/h$；则排除有害气体所需全面通风量为上述二者之和 $17550m^3/h$。而该车间排除余热所需全面通风量为 $25150m^3/h$，则最后确定该车间的全面通风量应为 $25150m^3/h$。

对于一般居住及公共建筑，当散入室内的有害气体无法具体确定时，全面通风可按类似房间换气次数的经验数据进行计算，居住及公共建筑的最小换气次数见表4-2。

$$L = nV \quad (m^3/h) \tag{4-4}$$

式中　V——房间的体积（m^3）；

　　　n——换气次数（次/h）。

表4-2　居住及公共建筑的最小换气次数

房间名称	换气次数（次/h）	房间名称	换气次数（次/h）
住宅宿舍的居室	1.0	厨房的贮藏室	0.5
住宅宿舍的盥洗室	0.5~1.0	托幼的厕所	5.0
住宅宿舍的浴室	1.0~3.0	托幼的浴室	1.5
住宅的厨房	3.0	托幼的盥洗室	2.0
食堂的厨房	1.0	学校礼堂	1.5

4.2.2　局部通风

局部通风量主要取决于通风范围内部或通风范围边界的气流速度。

对于局部送风系统，如车间的岗位吹风，目的是控制操作岗位温度、风速能够满足工作人员的健康和舒适要求。根据《采暖通风与空气调节设计规范》（GB 50019—2003）的规定，吹风不得将有害气体吹向人体，送风气流宜从人体前侧上方倾斜吹到头、颈和胸部，必须时亦可从上向下垂直送风。吹到人体的气流宽度一般为 1m 左右。规范规定的岗位吹风的工作地点温度和平均风速控制标准，见表4-3。

表4-3　系统式局部送风的控制标准

热辐射强度（W/m³）	冬季		夏季	
	空气温度（℃）	空气流速（m/s）	空气温度（℃）	空气流速（m/s）
350~700	20~25	1.0~2.0	26~31	1.5~3.0
701~1400	22~25	1.0~3.0	26~30	2.0~4.0
1401~2100	18~22	2.0~3.0	25~29	3.0~5.0
2101~2800	18~22	3.0~4.0	24~28	4.0~6.0

局部排风的重要部件是排风罩。局部排风系统通过排风罩把污染物排出房间，控制污染物向其他区域扩散。对于不同类型的排风罩，开口处的吸风速度均有规定。排风罩的排风量按下式计算：

$$L = 3600Fu \quad (\text{m}^3/\text{h}) \tag{4-5}$$

式中　F——罩口实际开启面积（m^2）；

　　　u——罩口的吸风速度（m/s），可参考有关设计手册。

4.2.3　空气平衡和热平衡

1. 空气平衡

任何通风房间中无论采取何种通风方式，必须保证室内空气质量平衡，使单位时间内送入室内的空气质量等于同时段内从室内排出的空气质量，表达式为

$$G_{zj} + G_{jj} = G_{zp} + G_{jp} \tag{4-6}$$

式中　G_{zj}——自然进风量（kg/s）；

　　　G_{jj}——机械进风量（kg/s）；

　　　G_{zp}——自然排风量（kg/s）；

　　　G_{jp}——机械排风量（kg/s）；

在通风设计中，为保持通风的卫生效果，常采用如下所述的方法来平衡空气量。

对于产生有害气体和粉尘的车间，为防止其向邻室扩散，可使机械进风量略小于机械排风量（一般为 10% ~ 20%），以形成负压，不足的排风量由自然渗透和来自邻室的空气补充；对于清洁度要求较高的房间，要保持正压状态，即使机械进风量略大于机械排风量（一般为 5% ~ 10%），防止外界的空气进入室内，见图 4-15。

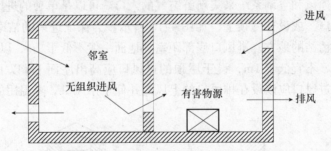

图 4-15　利用自然进风控制有害物向邻室扩散

2. 空气热平衡

通风房间的空气热平衡是指为了保持室内温度恒定不变，必须使通风房间总的得热量等于总的失热量。计算时不仅要考虑进风和排风携带的热量，还要考虑围护结构耗热及得热、设备和产品的产热和吸热等。在进行全面通风系统的设计计算时，为能同时满足通风量和热量平衡的要求，应将空气质量平衡与热量平衡统筹考虑。通风房间热平衡方程式如下：

$$\Sigma Q_h + CL_p\rho_n t_n = \Sigma Q_f + CL_{js}\rho_{js}t_{js} + CL_{zs}\rho_w t_w + CL_x\rho_n(t_s - t_n) \tag{4-7}$$

式中　ΣQ_h——围护结构、材料吸热的热损失（失热量）之和，kW；

　　　ΣQ_f——生产设备、热物料、散热器等的放热量之和，kW；

　　　L_p——排风量（m^3/s）；

　　　L_{js}——机械送风量（m^3/s）；

L_{zs}——自然送风量（m^3/s）；

L_x——循环空气量（m^3/s）；

ρ_n——室内空气密度（kg/m^3）；

ρ_w——室外空气密度（kg/m^3）；

ρ_{js}——机械送风的空气密度（kg/m^3）；

t_n——室内空气温度（℃）；

t_w——室外空气计算温度（℃）；

t_{js}——机械送风温度（℃）；

t_s——再循环送风温度（℃）；

C——空气质量比热，取 1.01kJ/（kg·℃）。

4.3 通风系统的主要设备及部件

在自然通风中，其设备装置比较简单，只需用进、排风窗及附属的开关装置。而机械通风系统则由较多的部件和设备所组成。除管道和风机外，一般还包括进、排风装置，局部排风罩，室内排风口和室内送风口及空气净化处理设备、各种控制阀类、风帽等。下面仅就一些主要设备和构件进行简单介绍。

4.3.1 室外进、排风装置

1. 室外进风装置

室外进风口是通风和空调系统采集新鲜空气的入口。可以是单独的进风塔，也可以是设在外墙上的进风窗口，或设在屋顶上，如图 4-16 所示。为保证进风的洁净度，进风装置应选择在室外空气较清洁的地方。进风口底部距室外地面一般不低于 2m，以免吸入地面灰尘，当布置在绿化带时，不宜低于 1m，设于屋顶的进风口应高出屋面 1m 以上。为防止把排出的风吸回本系统，进风口应该设在排风口的上风侧并低于排风口。降温用的进风口宜设在建筑物背阴处。

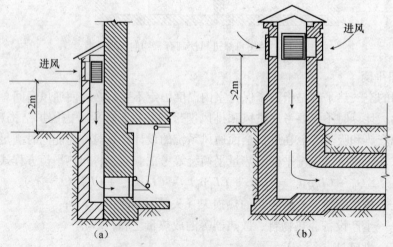

图 4-16 室外进风装置
（a）墙壁式；（b）屋顶式

2. 室外排风装置

室外排风装置的任务是将室内被污染的空气直接排到大气中去，经常做成风塔型式装在屋顶上，如图4-17所示。一般情况下通风排气主管至少应高出屋面0.5m；若附近设有进风装置，则应比进风口至少高出2m。通风排气中的有害物必须经大气扩散稀释时，排风口应位于建筑物空气动力阴影和正压区以上，如图4-18所示，且排风口上不设风帽；为防止雨水进入风机，按图4-19方式处理。

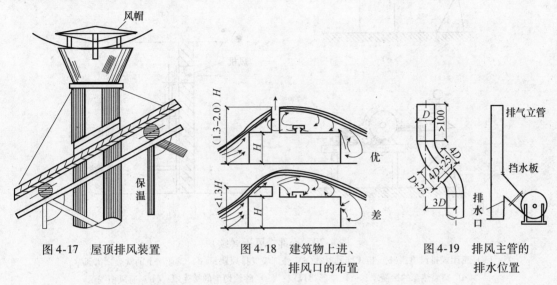

图4-17　屋顶排风装置　　　图4-18　建筑物上进、　　　图4-19　排风主管的
　　　　　　　　　　　　　　　　　　排风口的布置　　　　　　　　排水位置

4.3.2　局部排风罩及室内送、排风口

1. 排风罩

局部排风是依靠排风罩来实现的。排风罩的形式多种多样，它的性能对局部排风系统的技术经济效果有着直接的影响。局部排风罩按其作用原理有密闭式、柜式（通风柜）、外部吸气式、吹吸式、接受式等，如图4-20所示。

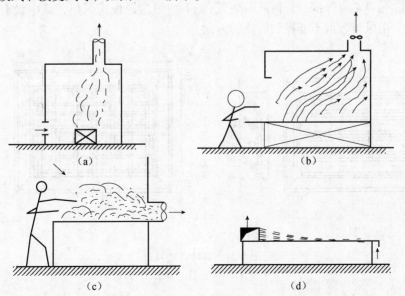

（a）　　　　　　　　　　　　　（b）

（c）　　　　　　　　　　　　　（d）

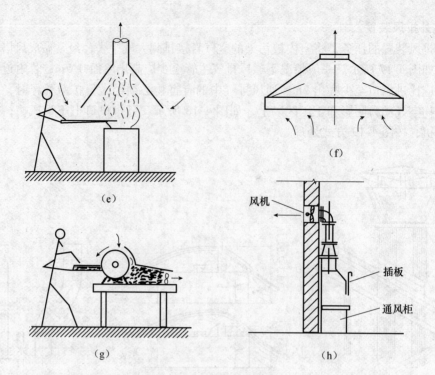

图 4-20　局部排风罩（续）

（a）密闭式排风罩；（b）柜式排风罩；（c）外部吸气排风罩；（d）工业槽上的吹吸式排风罩；

（e）高温热源的接受罩；（f）伞形排风罩；（g）砂轮切削的接受罩；（h）通风柜图示

2. 室内送风口

室内送风口是送风系统中风管的末端装置。由送风管输入的空气通过送风口以一定速度均匀地分配到指定的送风地点。民用建筑通风及防排烟常用百叶风口为送风口，如图 4-21 所示。工矿企业常用圆形风管插板式送风口、旋转式吹风口、单面或双面送吸风口、矩形空气分布器、塑料插板式侧面送风口等，图 4-22 为两种最简单的送风口。其中（a）图为风管侧送风口，除孔口本身外没有任何调节装置；（b）图为插板式风口，其中设有插板，这种风口虽可调节送风量，但不能控制气流的方向。

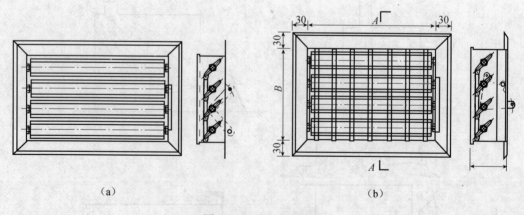

图 4-21　百叶式送风口

（a）单层百叶风口；（b）双层百叶风口

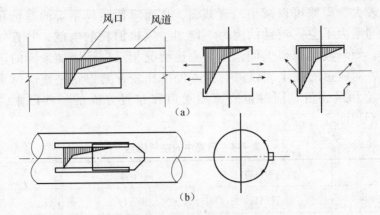

图 4-22　两种最简单的风口

（a）风管侧送风口；（b）插板式送、吸风口

3. 室内排风口

室内排风口是排风系统的始端吸入装置。室内被污染的空气由排风口进入排风管道。排风口的种类较少，通常做成百叶式。此外，图 4-22 所示的送风口，也可以用于排风系统，当作排风口使用。

4.3.3　风管

1. 风管材料和风管截面积的确定

（1）风管材料

一般的风管材料应该满足下列要求：①价格低廉，尽量能就地取材；②防火性能好；③便于加工制作；④内表面光滑、阻力小；⑤部分风管材料应满足防腐性能好、保温性能强等特殊要求。

制作风管的材料很多，工业通风系统常使用薄钢板制作风管，截面呈圆形或矩形，根据用途（一般的通风系统、除尘系统）及截面尺寸（$D = 100 \sim 2000\text{mm}$）的不同，钢板厚度为 $0.5 \sim 3\text{mm}$。输送腐蚀性气体的通风系统，如采用涂刷防腐油漆的钢板风管仍不能满足要求时，可用硬聚氯乙烯塑料板制作，截面也可做成圆形或矩形，厚度为 $2 \sim 8\text{mm}$。埋在地下的风管，通常用混凝土板做底，两边砌砖，内表面抹光，上面再用预制的钢筋混凝土板做顶，如地下水位过高，尚需做防水层。

在民用和公共建筑中，为节省钢材和便于装饰，除钢板风道外，也常使用矩形截面的砖砌风管、矿渣石膏板或矿渣混凝土板风管以及圆形或矩形截面的预制石棉水泥风管等。

（2）风管截面积的确定

风管截面积可按下式确定

$$F = \frac{L}{3600v} \tag{4-8}$$

式中　F——风管截面积（m^2）；

　　　L——通过风管的风量（m^3/h）；

　　　v——风管中的风速（m/s）。

显然，在确定风管的截面积时，必须事先拟定其中的流速值。对于机械通风系统，如果流速取得较大，固然可以减小风管截面，从而降低通风系统的造价和减少风管占用的空间，但却增大了空气流动的阻力，增加了风机消耗的电能，并且气流流动的噪声也随之增大。如果流速取得偏低，则与上述情况相反，将增加系统的造价和降低运行成本。可见，对流速的选定应该进行技术经济比较，其原则是使通风系统的初投资和运行费用的总和最经济，同时也要兼顾噪声和布置方面的一些因素，一般可参考表4-4中的数据选定。

表4-4　风管中的空气流速　　　　　　　　　　　（m/s）

类别	管道材料	干管	支管
工业建筑机械通风	薄钢板	6 ~ 14	2 ~ 8
工业辅助及民用建筑	砖、混凝土等	4 ~ 12	2 ~ 6
自然通风		0.5 ~ 1.0	0.5 ~ 0.7
机械通风		5 ~ 8	2 ~ 5

除尘系统中的空气流速，应根据避免粉尘沉积，以及尽可能减少流动阻力和对系统磨损的原则来确定。根据粉尘的不同，一般取 12 ~ 23m/s。

顺便指出，无论在工业通风还是在空气调节系统中，风管的截面积一般都比较大，这和供暖以及室内给排水工程的情况大不相同。用钢板或塑料板制作的风管，截面积的范围如下：圆形风管 $D = 100 ~ 2000mm$，矩形风管 $A \times B = 120mm \times 120mm ~ 2000mm \times 1250mm$，其余非金属风管的最小截面积为 $A \times B = 100mm \times 100mm$（砖砌风管为 1/2 砖 × 1/2 砖）。

2. 风管的防腐与绝热

（1）风管的防腐

当风管内输送带有腐蚀性气体时，除管道材质应具有防腐性能外，还应在管道内壁做防腐涂层或喷涂防腐防磨损的保护层；当风管内输送高温、高湿的气体时，最好管内壁做防锈处理。

防锈处理可刷防锈漆及磷化底漆。在管道不需保温，且空气湿度较大的车间，管道外壁也需做防腐处理。

（2）风管的绝热

当风管输送低温气体或温度较高的气体时，均需做绝热处理。绝热又称为保温，是减少系统热量向外传递和外部热量传入系统而采取的一种工艺措施。在夏季输送气体温度低于周围环境的空气露点温度时，管道外壁会产生结露现象，凝结水滴会污染吊顶、地面或墙面，因此需做防结露保温处理；而输送温度较高的气体时，一是防止管道内热媒的热损失，二是防止在输送废热蒸汽时，其热量散发到房间内，影响室温或烫伤人，需做绝热保温处理。

（3）风管的保温材料

风管的保温材料多采用导热系数值在 0.035 ~ 0.058W/(m·℃) 左右，并具有良好的阻燃性能，常用的保温材料有岩棉板（或岩棉卷材）、超细玻璃棉板（或玻璃棉卷材）、聚苯乙烯泡沫板、聚氨酯泡沫板等。

有些材料的表面可加贴铝箔、玻璃丝布等贴面，可节省面层包裹工序。

保温层的厚度，应经计算选择经济厚度，目前较为普遍使用的超细玻璃棉保温材料，根据其不同的密度而使用范围较广，且既可做保温用又可做消声材料用。

（4）保温结构及保温层的施工

保温结构一般有防锈层、保温层、防潮层（对保冷结构而言）、保护层等构成。防锈层即防锈漆涂料，保温层在防锈层的外面。对保冷结构保温层外面要做防潮层，常用的材料有铝箔、塑料薄膜、沥青油毡等。保护层在保温层或防潮层外面，可包扎玻璃布或做铁皮保护壳，主要是保护保温层或防潮层不受机械损伤。

保温层的施工方法主要有绑扎法、缠包法、聚氨酯现场发泡法及钉贴法。

1）绑扎法用于预制保温瓦或板块料，用镀锌铁丝将保温材料绑扎在管道表面，是热力管线保温最常见的方法。

2）缠包法用于矿渣棉毡、玻璃棉毡等保温材料。施工时按管子外圈周长加上搭接宽度，把保温棉毡缠包在管子表面，再用镀锌铁丝绑扎紧。

3）聚氨酯现场发泡法是用两种混合液在专用的卡具与管道之间的空间发泡硬化。

4）钉贴法是矩形风管保温采用较多的方法。它用保温钉代替粘接剂，将保温板材固定在风管表面。施工时先用粘接剂将保温钉粘贴在风管表面，粘牢后将保温板放在保温钉上轻轻拍打，使保温钉穿过保温板而露出，然后套上垫片。

4.3.4 风机

风机在管路中的作用是输送空气，风机的基本结构是叶轮、电动机、外壳。常用的风机有离心式和轴流式两种类型。

1. 离心风机

离心风机由旋转的叶轮和蜗壳式外壳组成，如图4-23所示。叶轮上装有一定数量的叶片。气流由轴向吸入，经90°转弯，由叶片的作用而获得能量，并由蜗壳出口甩出。根据风机提供的全压不同分为高、中、低压三类。

离心风机叶轮的叶片形式有流线型、后弯叶型、前弯叶型和径向型四种。

在一些特殊场合，为降低噪声及便于安装，在离心风机外面加一个风机箱便成为柜式风机。其进风与出风方向可以有多个选择，也可以吊装。有的柜式风机直接用风机箱代替蜗壳，图4-24为排烟柜式风机的外观图。

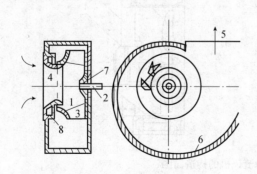

图4-23 离心风机构造示意图
1—叶轮；2—机轴；3—叶片；
4—吸气口；5—出口；6—机壳；7—轮毂；8—扩压环

图4-24 排烟柜式风机外观图

离心风机的性能参数主要有风量 L、全压 H、功率 N、转数 n、效率 η。

（1）风量

表明风机在标准状态下即大气压力 $p_a = 101325\text{Pa}$ 和温度 $t = 20\text{℃}$ 下工作时，单位时间内输送的空气量，单位是 m^3/h。

（2）全压

表明在标准状态下工作时，通过风机的每 1m^3 空气所获得的能量，包括压能和动能，单位是 kPa。

（3）功率

电动机作用在风机轴上的功率称为风机的轴功率 $P(\text{kW})$，而空气通过风机后实际得到的功率称为有效功率 $P_x(\text{kW})$，用下式计算。

$$P_x = \frac{LH}{3600} \tag{4-9}$$

式中　L 和 H——风机的风量（m^3/h）和全压（kPa）。

（4）转数

叶轮每分钟旋转的转数 n，单位是 $\text{r}/\min$。

（5）效率

风机的有效功率与轴功率的比值，即

$$\eta = \frac{P_x}{P} \times 100\% \tag{4-10}$$

当风机的叶轮转数一定时，风机的全压、轴功率和效率均与风量之间存在一定的制约关系，可用性能曲线表示。

离心风机的机号是用叶轮外径的分米数表示。

2. 轴流风机

轴流风机的构造如图 4-25 所示。轴流风机是依靠叶轮的推力作用促使气流流动，它的气流方向与机轴相平行。轴流风机与离心风机在性能上最主要的差别是前者产生的压力较小，后者产生的压力较大。因此，轴流风机只能用于无需设置管道的场合以及管道阻力较小的系统，或用在高温车间作为扇风散热设备。

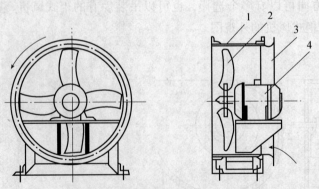

图 4-25　轴流风机的构造简图

1—圆筒形机壳；2—叶轮；3—进口；4—电动机

轴流风机的同样有风量、全压、功率、转数和效率等性能参数，参数之间也存在一定的内在关系，可用性能曲线来表示。

此外，机号也用叶轮直径的分米数表示。

4.3.5 空气净化处理设备

为了防止大气污染，当排风中的有害物浓度超过卫生标准允许的最高浓度时，必须用除尘器或其他有害气体净化设备对排风空气进行处理，达到规范允许的排放标准后才能排入大气。

使空气中的粉尘与空气分离的过程称为含尘空气的净化或除尘。常用的除尘设备有旋风除尘器、湿式除尘器、过滤式除尘器等，见图4-26。

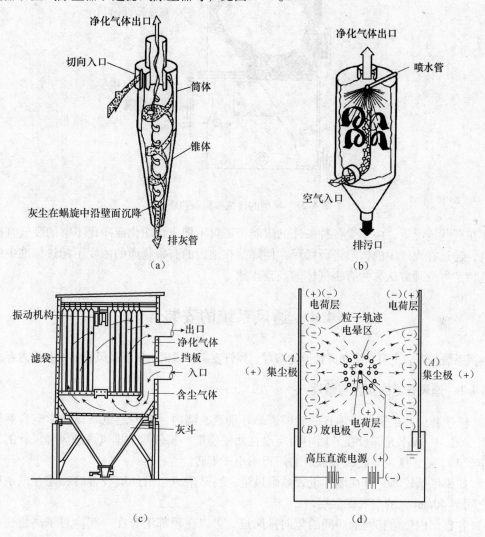

图 4-26　几种常见除尘器原理示意图

(a) 普通旋风除尘器；(b) 喷淋湿式除尘器；(c) 振动清灰袋式除尘器；(d) 电除尘器

消除有害气体对人体及其他方面的危害，称为有害气体的净化。净化设备有各种吸收塔、活性炭吸附器等，典型的逆流填料吸收塔装置见图4-27。

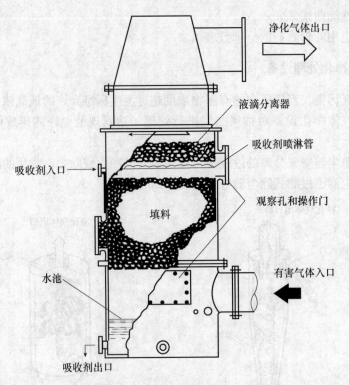

净化气体出口

液滴分离器

吸收剂喷淋管

吸收剂入口

观察孔和操作门

填料

水池

有害气体入口

吸收剂出口

图 4-27　典型的逆流填料吸收塔

　　而在有些情况下，由于受各种条件的限制，不得不把未经净化或净化不够的废气直接排入高空，通过在大气中的扩散进行稀释，使降落在地面的有害物质的浓度不超过标准中的规定，这种空气处理方法称为有害气体的高空排放。

4.4　通风系统的安装

　　通风系统的安装主要介绍通风管道的布置、风管支架、风机的安装及风管的安装等内容。

4.4.1　通风管道的布置与敷设

　　1）居住和公共建筑中，垂直的砖风道最好砌筑在墙内，但为避免结露和影响自然通风的作用压力，一般不允许设在外墙中而应设在间壁墙里。相邻两个排风或进风竖风管的间距不能小于 1/2 砖，排风与进风竖风道的间距不小于 1 砖。

　　2）如果墙壁较薄，可在墙外设置贴附风道，当贴附风道沿外墙设置时，需在风道壁与墙壁之间留 40mm 宽的空气保温层。

　　3）各楼层内性质相同的房间的竖向排风道，可以在顶部汇合在一起。对于高层建筑尚需符合防火规范的规定。

　　4）工业通风系统在地面上的风管通常采用明装，风管用支架支撑沿墙壁及柱子敷设，或者用吊架吊在楼板或桁架的下面（风管距墙较远时）。布置时力求缩短风管的长度，但应以不影响生产过程和与各种工艺设备不相冲突为前提。此外，对于大型风管还应尽量避免影响采光。

　　5）敷设在地下的风管，应避免与工艺设备及建筑物的基础相冲突，也应与其他各种地下管道和电缆的敷设相配合，此外尚需设置必要的检查口。

4.4.2 风管支架的安装

通风管道支、吊架多采用沿墙、柱敷设的托架和吊架形式，其支架形式如图 4-28 所示。

1）圆形风管多采用扁钢管卡吊架安装，对直径较大的圆形风管可采用扁钢管卡两侧做双吊杆，以保证其稳固性。吊杆采用圆钢，其规格应根据有关施工图集规定选择。矩形风管多采用双吊杆吊架及墙、柱上安装型钢支架，矩形风道可置放于角钢托架上。吊架可穿楼板固定、膨胀螺栓固定或预埋件焊接固定。矩形风管采用圆钢吊杆，角钢横担均应按有关图集选定，集中加工不得任意改变圆钢的规格。

2）风管支架是承受风管及保温层的重量，也需承受输送气体的动载荷，因此在施工中应按有关图集要求的支架间距安装，不得与土建或其他专业管道支架共用。施工时应保证管中心位置、支架间距，支架应牢固平整。支架安装前刷两遍防锈漆。

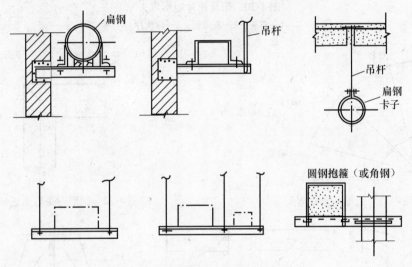

图 4-28 通风管道常用支架形式

3）采用托架时，埋入墙体的部分不宜小于墙体厚度的 2/3，且孔洞不宜小于 $150\text{mm} \times 150\text{mm}$。

4.4.3 风管的安装

1. 通风管道中的主要管件

通风管道的直管段与管件组成风管系统，系统中主要的管件有弯头、三通、变径管、天圆地方、四通等，如图 4-29 ~ 图 4-34 所示。表 4-5 为圆形弯管角度及分节表。

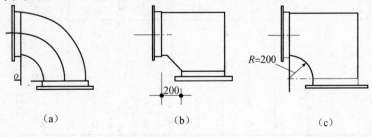

图 4-29 矩形弯头形式

（a）内外弧形弯头；（b）内斜线外矩形弯头；（c）内弧线外矩形弯头

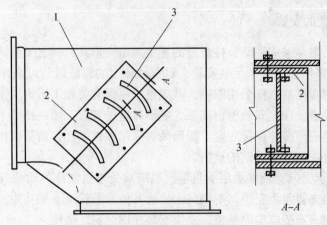

图 4-30　带导流片矩形弯头
1—弯头；2—连接板；3—导流片

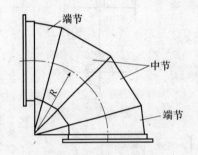

图 4-31　圆形虾米腰弯头

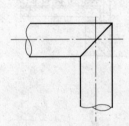

图 4-32　圆形弯头直角连接

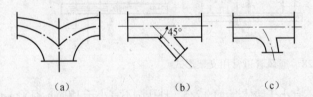

图 4-33　三通形式
（a）裤衩三通；（b）45°斜三通；（c）90°直三通

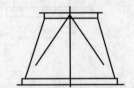

图 4-34　同心天圆地方短管

表 4-5　圆形弯管角度及分节表

弯管直径 D（mm）	弯曲角度及最少节数							
	90°		60°		45°		30°	
	中节	端节	中节	端节	中节	端节	中节	端节
<220	2	2	1	2	1	2		2
220～450	3	2	2	2	1	2		2
450～800	4	2	2	2	1	2	1	2
800～1400	5	2	3	2	2	2	1	2
1400～2000	8	2	5	2	3	2	2	2

注：表中弯头的弯曲半径 $R = (1～1.5) D$，当弯曲半径 $R > 1.5D$，应增加中节数量。

　　当风管改变断面图形或与设备连接时，用天圆地方管件作为过渡管件。天圆地方可做成偏心或同心形状。

2. 风管安装的注意事项

1）通风风管穿墙体应预留孔洞，墙体中包括框架结构的剪力墙或隔墙。风管（道）穿楼板时，如为现浇楼板，在支模板时应预留孔洞，如为预制楼板，应做补强措施。图4-35为金属风管穿越楼板做法，图4-36为水平风管穿墙做法。

2）当沿混凝土墙或柱敷设风道，其支架安装需预埋钢构件时，其埋件的位置、标高要准确，构件的钢板面积应足够大，避免施工误差而无法安装，埋件应与钢筋固定，防止浇筑时埋件移位。

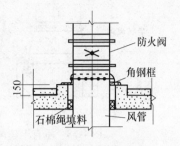

图4-35　金属风管穿楼板做法

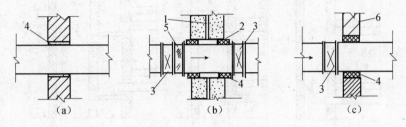

图4-36　水平风管穿墙做法

（a）风管穿普通墙体；（b）风管穿沉降缝；（c）风管穿防火墙

1—沉降缝；2—镀锌钢板套管（δ=1mm）；3—防火阀；4—石棉绳；5—软管接头；6—防火墙

3）当风管穿越重要房间或火灾危险性较大的房间时，应设置防火阀。当风管穿越沉降缝时，沉降缝的两侧必须加防火阀。

4）风管出屋面施工时，可做出一段砖制底座再连接排风风帽。砖底座上可预埋钢板或预埋螺栓，便于与风帽固定。图4-37为排风帽屋面安装及风管穿越屋面和外墙的防雨防漏示意。图4-38～图4-40为土建风道与金属风管、风道之间接头的做法。

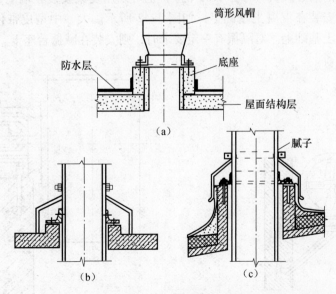

图4-37　排风帽屋面安装及风管穿越屋面和外墙的防雨防漏示意

（a）排风帽屋面安装；（b）风管穿越外墙；（c）风管穿越屋面

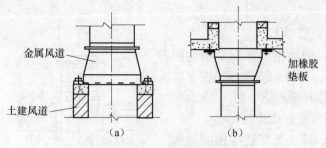

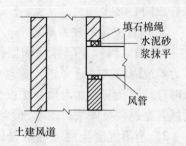

图 4-38　垂直土建风道连接金属风管
（a）土建风道上接风管；（b）土建风道下接风管

图 4-39　土建竖风道与水平风道连接

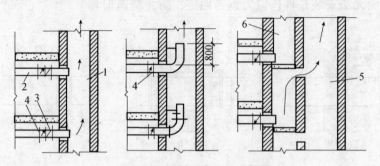

图 4-40　垂直排风管道防回流做法
1—土建垂直风道；2—金属水平风管；3—防回流阀；4—蝶阀；5—主竖风道；6—支竖风道

4.4.4　风机的安装

　　轴流风机往往安装在风管中间或者墙洞内。在风管中安装时，可将风机装在用角钢制成的支架上，再将支架固定在墙上、柱上或混凝土楼板的下面。图 4-41 是轴流风机在墙上安装的示意图。

　　小型直联传动的离心风机（小于 NO5 的），也可以用支架安装在墙上、柱上及平台上，或者通过地脚螺栓安装在混凝土基础上，如图 4-42 所示。大、中型皮带传动的离心风机，一般都安装在混凝土基础上。对隔振有一定要求时，则安装在减振台座上。

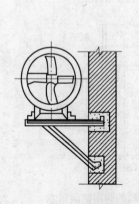

图 4-41　轴流风机的安装

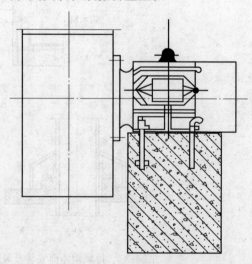

图 4-42　离心风机的安装

【思考题与习题】

1. 建筑通风有哪些类型？试说明各自的主要特点和使用场合。

2. 自然通风有哪几种作用形式？如何改善建筑物的自然通风效果？

3. 什么是机械通风？试说明机械通风系统的主要组成及作用？

4. 已知某房间散发的余热量为160kW，一氧化碳有害气体散发量为32mg/s，当地通风室外计算温度为31℃。如果要求室内温度不超过35℃，一氧化碳浓度不得大于1mg/m³，试确定该房间所需要的全面通风量。

5. 高层建筑有哪些自然排烟方式？

第5章 建筑供暖工程

学习目标和要求

> 了解建筑供暖系统的分类与供暖负荷的计算；
> 掌握常用的建筑供暖形式、供暖设备及附件；
> 掌握建筑供暖工程的施工。

学习重点和难点

> 掌握常用的建筑供暖形式、供暖设备及附件；
> 掌握建筑供暖工程的施工。

5.1 建筑供暖系统概述

在日常生产和生活中，要求室内保持一定的温度，尤其是在我国北方地区的冬季，室外温度远低于人们在室内正常工作和学习所需的温度，室内的热量不断地传向室外，室内温度就会降到人们所要求的温度以下。为了维持室内正常的温度，创造适宜的生活和工作环境，必须不断地向室内空间输送、提供热量。

将热能通过供热管道从热源输送到热用户，并通过散热设备将热量传到室内空间，又将冷却的热媒输送回热源再次加热的过程称为供暖工程。

5.1.1 供暖系统的分类

供暖系统主要由三大部分组成：热源、管道系统和散热设备，如图5-1所示。

1）热源。在热能工程中，热源泛指能从中吸取热量的任何物质、装置或天然能源。而供暖系统的热源，是指供热热媒的来源，目前最广泛应用的是区域锅炉房和热电厂。在此热源内，利用燃料燃烧产生的热能将热水或蒸汽加热。此外也可以利用核能、地热、电能、工业余热作为集中供热系统的热源。

2）管道系统。由热源向热用户输送和分配供热介质的管线系统，称为热网。热源到热用户散热设备之间的连接管道称为供热管；经散热设备散热后返回热源的管道称为回水管。

3）散热设备。指供暖房间的各式散热器。

1. 按相互位置分类

根据三个主要组成部分的相互位置关系来分，供暖系统可分为局部供暖系统、集中式供暖系统与区域供暖系统。

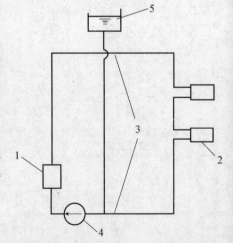

图5-1 集中式热水供暖系统示意图
1—热水锅炉；2—散热器；3—热水管道；
4—循环水泵；5—膨胀水箱

116

1）局部供暖系统。指热媒制备、热媒输送和热媒利用三个主要组成部分在构造上都在一起的供暖系统，如烟气供暖（火炉、火墙和火炕等）、电热供暖和燃气供暖等。虽然燃气和电能通常由远处输送到室内来，但热量的转化和利用都是在散热设备上实现的。

2）集中式供暖系统。由一个锅炉产生蒸汽或热水，通过管路供给一栋或几栋建筑物内的各房间所需热能。

3）区域供暖系统。由一个大型热源产生蒸汽或热水，通过区域性的供热管网，供给整个区域以至于整个城市的许多建筑物生活或生产等用热。

2. 按热媒种类分类

根据所用热媒不同，主要有热水供暖系统、蒸汽供暖系统、热风供暖系统等。

1）热水供暖系统。以热水为热媒的供暖系统，是目前广泛使用的一种供暖系统，广泛应用在民用建筑与工业建筑中。

2）蒸汽供暖系统。采用蒸汽为热媒，蒸汽在散热器中放出热量变为凝结水后返回热源，在热源中（一般为锅炉）再次被加热成蒸汽，如此循环供暖。由于蒸汽温度高，散热器工作时易产生气味且易烫伤人，此外，蒸汽在管道流动过程中易出现"跑、冒、漏、滴"现象，因而不在民用建筑中使用，只在工矿企业中有少量应用。

3）热风供暖系统。利用蒸汽或热水通过加热设备加热空气，再将空气送入室内进行供暖的系统，其使用原理与通风系统较接近，一般在工矿企业中少量应用。

5.1.2 热水供暖系统

按热水供暖循环动力的不同可分为自然循环系统和机械循环系统。靠水的密度差进行循环的系统，称为自然循环系统；靠机械力进行循环的系统，称为机械循环系统。

1. 自然循环热水供暖系统

（1）系统的组成

自然循环热水供暖系统如图 5-2 所示。自然循环热水供暖系统由加热中心（锅炉）、散热设备、供水管道（图中实线所示）、回水管道（图中虚线所示）和膨胀水箱等组成。

（2）自然循环热水供暖的工作原理

在系统工作之前，先将系统中充满冷水。系统工作时，水在锅炉内被加热后，密度减小，同时受从散热器流回密度较大的回水的驱动，使热水沿供水干管上升，流入散热器，在散热器内水被冷却，再沿回水干管流回锅炉，重新加热，形成如图 5-2 箭头所示方向的循环流动。假设循环环路中，水温只在锅炉（加热中心）和散热器（冷却中心）两处发生变化，假想在循环环路最低点的断面 $A-A$ 处有一个阀门，若突然将阀门关闭，则在断面 $A-A$ 两侧受到不同的水柱压力，所受到的水柱压力差就是驱使水在系统内进行循环流动的作用压力。

用 P_1 和 P_2 分别表示 $A-A$ 断面右侧和左侧的水柱压力，则

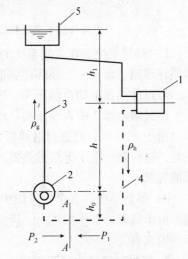

图 5-2　自然循环热水供暖系统
1—散热器；2—热水锅炉；3—供水管路；
4—回水管路；5—膨胀水箱

$$P_1 = g(h_0\rho_h + h\rho_h + h_1\rho_g)$$

$$P_2 = g(h_0\rho_h + h\rho_g + h_1\rho_g)$$

断面 A-A 两侧之差值，即系统的循环作用压力为

$$\Delta P = P_1 - P_2 = gh(\rho_h - \rho_g) \tag{5-1}$$

式中 ΔP——自然循环系统的作用压力（Pa）；

g——重力加速度（m/s^2），取 $9.81 m/s^2$；

h——冷却中心至加热中心的垂直距离（m）；

ρ_h——回水密度（kg/m^3）；

ρ_g——供水密度（kg/m^3）。

由式（5-1）可知，起循环作用的只有散热器中心和锅炉中心之间这段高度内的水柱高度差。

膨胀水箱设在系统的最高处，它的容量必须能容纳系统中的水因加热而增大的体积。在自然循环热水供暖系统中，膨胀水箱还能通过排除系统中空气以起到定压的作用。

（3）自然循环热水供暖系统的主要形式

自然循环热水供暖系统主要有双管和单管两种形式，分别如图 5-3、图 5-4 所示。

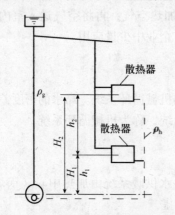 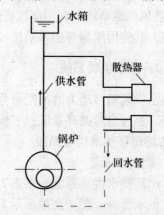

图 5-3　自然循环热水供暖双管系统　　图 5-4　自然循环热水供暖单管系统

1）双管系统。在供暖系统的双管系统中，各层散热器并联，通过每一层散热器各自形成循环环路。而每一个循环环路形成一个推动水循环的作用压力，称为自然压头。

经过散热器 1 的自然压头：$P_1 = h_1 g(\rho_h - \rho_g)$

经过散热器 2 的自然压头：$P_2 = (h_1 + h_2)g(\rho_h - \rho_g)$

由于 $P_1 > P_2$，使通过散热器 2 的流量多于设计流量，而通过散热器 1 的流量少于设计流量，这样就产生了上层散热器过热，下层散热器过冷的垂直失调，房间温度存在过高和过低的现象。

2）单管系统。在单管系统中，各层散热器串联，通过各层散热器只形成一个循环环路，由于只有一个作用压力，因此不存在垂直失调现象。单管系统的作用压力与散热器的数量等因素有关。

2. 机械循环热水供暖系统

机械循环热水供暖系统与自然循环热水供暖系统的主要差别是在系统中设置有循环水泵，靠水泵的机械能，使水在系统中强制循环。由于水泵所产生的作用压力很大，因而供暖范围可以扩大。机械循环热水供暖系统不仅可用于单幢建筑物中，也可用于多幢建筑，甚至

118

发展为区域热水供暖系统。

（1）系统的组成

机械循环热水供暖系统是由热水锅炉、供水管道、散热器、回水管道、循环水泵、膨胀水箱、排气装置、控制附件等组成，如图5-5所示。

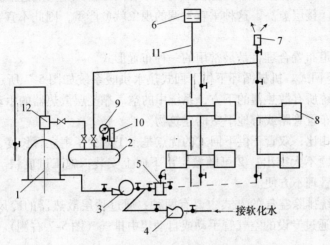

图5-5　机械循环热水供暖系统

1—热水锅炉；2—分水器；3—循环水泵；4—补水泵；5—除污器；6—膨胀水箱；

7—自动放气阀；8—散热器；9—压力表；10—温度计；11—膨胀管；12—锅炉集气罐

1）循环水泵。为系统中的热水循环提供动力，为了降低它所处的环境温度，通常设在回水管上。

2）膨胀水箱。设于系统的最高处，它的作用只是容纳系统中多余的膨胀水。膨胀水箱的连接管连接在循环水泵的吸入口处，这样就可以使整个系统均处于正压工作状态，避免系统中热水因汽化而影响其正常循环。

3）集气罐。是指为了顺利地排除系统中的空气，除供水干管应按水流方向设有向上的坡度外，在供水干管的最高处设置的排气装置。

（2）机械循环热水供暖系统常用的主要形式

1）双管上供下回式。双管上供下回式热水供暖系统如图5-6所示。

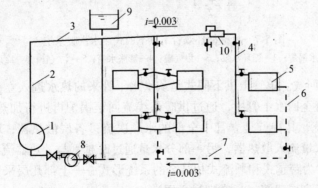

图5-6　机械循环双管上供下回式热水供暖系统

1—热水锅炉；2—总立管；3—供水干管；4—供水立管；5—散热器；

6—回水立管；7—回水干管；8—循环水泵；9—膨胀水箱；10—集气罐

在这种系统中，水流速度较高，供水干管应按水流方向设上升坡度，使气泡随水流方向流动汇集到系统的最高点，通过在最高点设置排气装置，将空气排到系统外。回水干管的坡向与自然循环系统相同，坡度宜采用0.003。

由于环路自然压头的作用，双管上供下回式系统同样会产生上层过热，下层过冷，也就是垂直失调的现象。楼层愈高，这种垂直失调的现象就愈严重，因此不宜在4层以上的建筑物中采用。

上供下回式管道布置合理，是最常用的一种布置形式。

2）双管下供下回式。机械循环下供下回式热水供暖系统如图5-7所示，供水干管与回水干管均敷设在系统所有散热器的下方，系统中的空气靠上层散热器的手动跑风门排出。适用于顶层天棚难以布置管路或有地下室的建筑物。

与上供下回式相比，双管下供下回式的优点是：①减少了主立管长度，热损失较小，上下层冷热不均的问题不太突出；②可随楼层由下向上安装，施工进度快。缺点是排气较复杂，造价高，运行管理不方便。

下供下回式系统排除空气的方式主要有两种：通过顶层散热器的冷风阀手动分散排气（图5-7左侧），或通过专设的空气管手动或自动集中排气（图5-7右侧）。

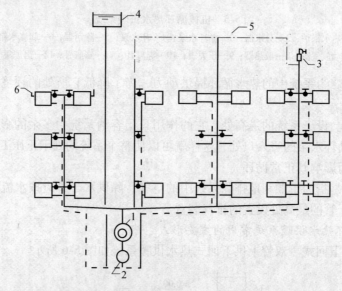

图5-7　机械循环双管下供下回式热水供暖系统
1—热水锅炉；2—循环水泵；3—集气罐；4—膨胀水箱；5—空气管；6—冷风阀

3）单管上供下回式。单管上供下回式是从供水干管来的热水进入立管后顺序地流过各层散热器，然后汇流至回水干管中，通过供暖外线流回至锅炉再进行加热，如图5-8所示。图中 A 为顺流式系统，其特点是立管中全部的水顺次流过各层散热器；B 为单管跨越式系统，立管的一部分水量流入散热器，另一部分水量通过跨越管与散热器流出的回水混合后再流入下层散热器；C 为跨越式和顺流式相结合的系统形式——上部几层采用跨越式，下部采用顺流式，通常用于高层建筑（通常超过六层）中。

供水干管上装有集气罐，用来排除各立管中的空气，每组散热器中的空气也经立管由集气罐统一排除，因此散热器上不装跑气门。单管系统的构造简单，接头零件少，节约管材，造价低，比较美观，而且不容易产生上热下冷现象，因此应用范围较广泛。

4）水平串联式。机械循环水平串联热水供暖系统每层散热器用水平干管串联起来，这种系统具有构造简单、少穿楼板、便于施工和维修等优点。缺点是当串联的散热器组数过多时后面的散热器内水温过低，需要的散热器片数增多，易出现漏水和失水现象。

按供水管与散热器的连接方式可分为顺流式和跨越式，见图5-9。

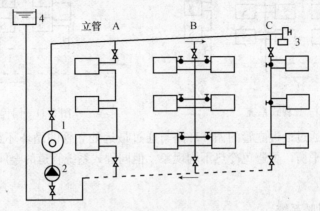

图5-8　单管上供下回式

1—热水锅炉；2—循环水泵；3—集气装置；4—膨胀水箱

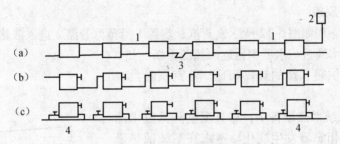

图5-9　水平串联式热水供暖系统连接形式

（a）、（b）顺流式；（c）跨越式

1—空气管；2—自动排气装置；3—方形伸缩器；4—闭合管

水平式系统与垂直式系统相比，系统的总造价，一般要比垂直式系统低；管路简单，无穿过各层楼板的立管，施工方便。但排气方式要比垂直式上供下回系统复杂些。它需要在散热器上设置冷风阀分散排气，或在同一层散热器上部串联一根空气管集中排气。

对一些各层有不同使用功能或不同温度要求的建筑物，采用水平式系统更便于分层管理和调节。

（3）同程式与异程式

1）异程式。上述介绍的各种系统，由于各立管距总立管的水平距离不等，导致各立管循环环路长度不等，称为异程式，如图5-10所示。

在机械循环系统中，由于作用半径较大，连接立管较多，异程式系统各立管循环环路长短不一，各个立管环路和压力损失较难平衡。会出现近处立管流量超过要求，而远处立管流量不足的现象。这种在远近立管处出现流量失调而引起在水平方向冷热不均的现象，称为系统的水平失调。

2）同程式。为了消除或减轻水平失调现象，有时采用同程式系统，如图5-11所示。

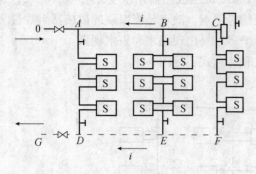

图 5-10　异程式系统

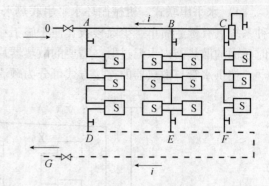

图 5-11　同程式系统

同程式系统中通过最近立管的循环环路与通过最远处立管的循环环路的总长度都相等，因而压力损失易于平衡，可避免冷热不均现象。但同程式系统管道的金属消耗量要多于异程式系统。

5.1.3　蒸汽供暖系统

蒸汽供暖系统的热媒是蒸汽。

1. 蒸汽供暖原理

蒸汽供暖的原理如图 5-12 所示，蒸汽从热源 1 沿蒸汽管路 2 进入散热设备 4，蒸汽凝结放出热量后，凝水通过疏水器 5 再返回热源重新加热。

与热水作为供暖系统的热媒相比，蒸汽供暖具有如下一些特点：

1）热水在系统散热设备中，靠其温度降低放出热量，而且热水的相态不发生变化。蒸汽在系统散热设备中，靠水蒸气凝结成水放出热量，相态发生了变化。蒸汽凝结放出汽化潜热比水通过有限的温降放出的热量要大得多。因此，对同样的热负荷，蒸汽供暖时所需的蒸汽流量要比热水流量少得多，所需散热设备的数量比热水供暖系统散热设备的数量要少。而蒸汽供暖系统中的蒸汽比容，较热水比容大得多。因此，蒸汽管道中的流速，通常可采用比热水流速高得多的速度，因此可以采用较小的管径。又由于蒸汽供暖系统所需的蒸汽流量少，蒸汽供暖系统锅炉给水泵流量小，可节省电能。因此，蒸汽供暖系统较热水供暖系统节

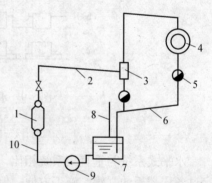

图 5-12　蒸汽供暖原理图
1—热源；2—蒸汽管路；3—分水器；
4—散热设备；5—疏水器；6—凝水管路；
7—凝水箱；8—空气管；9—凝水泵；
10—凝水管

省散热器、节省管材、节省电能，并节省工程的初始投资。

2）蒸汽供暖系统热损失较大，系统存在跑汽、漏汽等现象，凝结水的回收率也较低，因此蒸汽供暖系统供热效率低，锅炉燃料耗费量大，系统运行管理也较复杂。

3）蒸汽供暖系统散热器表面温度高，易烧烤积在散热器上的有机灰尘，产生异味，卫生条件较差。因此蒸汽供暖系统不适用于医院、幼儿园、学校等建筑物。

4）由于蒸汽具有比容大、密度小的特点，因而在高层建筑供暖时，不会像热水供暖那样产生很大的水静压力。此外，蒸汽供热系统的热惰性小，供汽时热得快，停汽时冷得也

快，适宜用于间歇供热的用户。

5）蒸汽供暖系统管道的腐蚀较严重，凝结水管道的使用年限短。

2. 蒸汽供暖系统的主要形式

蒸汽供暖系统分类按照供汽压力的大小，将蒸汽供暖分为两类：供汽的表压力高于70kPa 时，称为高压蒸汽供暖；供汽的表压力等于或低于70kPa 时，称为低压蒸汽供暖以及真空蒸汽供暖（系统起始压力低于大气压力）。

按照蒸汽干管布置的不同，蒸汽供暖系统有上供式、中供式、下供式三种。

（1）低压蒸汽供暖系统

1）重力回水低压蒸汽供暖系统。重力回水低压蒸汽供暖系统如图 5-13 所示。在系统运行前，锅炉充水至 I－I 平面。锅炉加热后产生的蒸汽，在其自身压力作用下，克服流动阻力，沿供汽管道进入散热器内，并将积聚在供汽管道和散热器内的空气驱入凝水管，最后，经连接在凝水管末端 B 点处排出。蒸汽在散热器内冷凝放热，凝水靠重力作用沿凝水管路返回锅炉，重新被加热变成蒸汽。

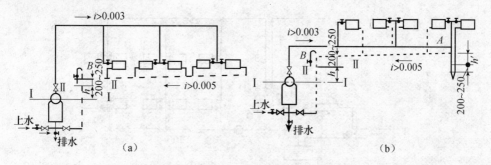

图 5-13　重力回水低压蒸汽供暖系统

（a）上供式；（b）下供式

重力回水低压蒸气供暖系统中的蒸汽管道、散热器及凝水管构成一个循环回路。由于总凝水立管与锅炉连通，锅炉工作时，在蒸汽压力作用下，总凝水立管的水位将升高 h 值，达到 II－II 水面。当凝水干管内为大气压力时，h 值即为锅炉压力所折算的水柱高度。为使系统内的空气能从 B 点处顺利排出，B 点前的凝水干管就不能充满水。在干管的横断面，上部分应充满空气，下部分充满凝水，凝水靠重力流动。这种非满管流动的凝水管，称为干式凝水管。显然，它必须敷设在 II－II 水面以上，再考虑锅炉压力波动，B 点处应高出 II－II 水面约 200～250mm，第一层散热器当然应在 II－II 水面以上才不致被凝水管堵塞，排不出空气，从而保证其正常工作。水面 II－II 以下的总凝水立管全部充满凝水，凝水满管流动，称为湿式凝水管。

重力回水低压蒸汽供暖系统形式简单，不需要设置凝水箱和凝水泵，运行时不消耗电能，宜在小型系统中采用。

2）机械回水低压蒸汽供暖系统。机械回水的低压蒸汽供暖系统如图 5-14 所示。不同于连续循环重力回水系统，机械回水系统是一个"断开式"系统。凝水不直接返回锅炉，而首先进入凝水箱，然后再用凝

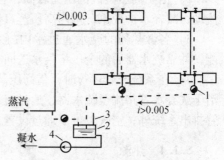

图 5-14　机械回水低压蒸汽供暖系统

1—低压恒温疏水器；2—凝水箱；

3—空气管；4—凝水泵

水泵将凝水送回热源重新加热。在低压蒸汽供暖系统中，凝水箱布置应低于所有散热器和凝水管。进凝水箱的凝水干管应做顺流向下的坡度，使从散热器流出的凝水靠重力自流进入凝水箱。为了使系统的空气可经凝水干管流入凝水箱，再经凝水箱上的空气管排往大气，凝水干管同样应按干式凝水管设计。

机械回水系统的最主要优点是扩大了供热范围，因而应用最为普遍。

（2）高压蒸汽供暖系统

高压蒸汽由室外管网引入，在建筑物入口处设有分汽缸和减压装置，减压阀前的分汽缸供生产用；减压阀后的分汽缸供采暖用，如图5-15所示。高压蒸汽通过室外蒸汽管路进入用户入口的高压分汽缸。根据各种热用户的使用情况和要求的压力不同，季节性的室内蒸汽供暖管道系统宜与其他热用户的管道系统分开，即从不同的分汽缸中引出蒸汽分送不同的用户。当蒸汽入口压力或生产工艺用热的使用压力高于供暖系统的工作压力时，应在分汽缸之间设置减压装置。室内各供暖系统中的蒸汽，在用热设备中冷凝放热后，冷凝水沿凝水管道流动，经过疏水器后汇流到凝水箱，然后用凝结水泵压送回锅炉房重新加热。

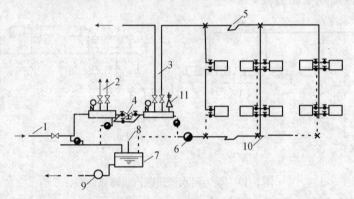

图 5-15　高压蒸汽供暖系统

1—室外蒸汽管；2—室内高压蒸汽供热管；3—室内高压蒸汽供暖管；4—减压装置；
5—补偿器；6—疏水器；7—开式凝水箱；8—空气管；9—凝水泵；10—固定支点；11—安全阀

1）凝水箱可布置在该厂房内，也可布置在工厂区内的凝水回收分站或直接布置在锅炉房内。凝水箱有开式凝水箱和闭式凝水箱两种。开式凝水箱直接与大气相通，闭式凝水箱进行密封且具有一定的压力。

2）由于高压蒸汽的压力较高，容易引起水击，为了使蒸汽管道的蒸汽与沿途凝水同向流动，减轻水击现象，室内高压蒸汽供暖系统大多采用双管上供下回式布置。

3）各散热器的凝水通过室内凝水管路进入集中的疏水器。疏水器起着阻汽排水的功能，并靠疏水器后的余压将凝水送回凝水箱。

4）在系统开始运行时，借高压蒸汽的压力，将管道系统及散热器内的空气驱走。空气沿干式凝水管路流至疏水器，通过疏水器内的排气阀或空气旁通阀，最后由凝水箱顶的空气管排出系统外；空气也可以通过设置在疏水器前的气动力封汽管直接排出系统外。

5.1.4　热源

在集中供暖系统中，热源形式有区域锅炉房集中供热、热电厂集中供热和其他能源供热。采用何种热源形式需经过技术和经济比较后确定。

1）在区域锅炉房供暖系统中，可设热水锅炉或蒸汽锅炉。

2）在热电厂供热系统中，根据选用的汽轮机不同，分别采用抽汽式、背压式及凝汽式低真空热电厂供热系统等。

3）供热系统还可用新能源供热，如利用原子能、太阳能、地热、城市余热等作为热源。

1. 供暖锅炉

（1）供暖锅炉的基本特性参数

1）锅炉的蒸发量或产热量。蒸发量是指锅炉在单位时间内产生蒸汽的能力，单位是 t/h。产热量是指锅炉的容量大小，单位是 MW。

2）锅炉的工作压力和温度。锅炉的工作压力是指蒸汽锅炉出汽处或热水锅炉出水口处的蒸汽或热水的额定压力（表压力），用符号 p 表示，单位为 MPa。锅炉温度是指蒸汽锅炉出汽口处蒸汽的温度，或指热水锅炉出水口处热水的温度，用符号 t 表示，单位为℃。

3）锅炉的热效率。锅炉热效率是指锅炉有效利用热量（热水和蒸汽所吸收的热量）与燃料输入热量的比值，用符号 η 表示。

（2）供暖锅炉房位置的确定

选定供暖锅炉房的位置，主要遵循以下原则：

1）锅炉房位置应力求处于供暖建筑热负荷的中心地带。

2）锅炉房一般位于建筑物供暖季主导风向的下风方向。

3）锅炉房的位置应便于运输。

4）在锅炉房内应合理布置锅炉间、泵房、值班室、厕所、浴室等。

5）锅炉房应有较好的自然采光和自然通风。

6）锅炉房的位置应符合安全防火的规定。

7）锅炉房应至少有两个单独通向室外的出入口，通向室外的门应向外开，锅炉房内生活间的门应向锅炉间开。

8）新建锅炉房要考虑扩建的可能性，留有发展余地。

（3）锅炉房的工艺布置

1）锅炉操作地点和通道的净高不应小于 2.0m。

2）锅炉前与建筑物之间的净距不应小于以下值：

1~4t/h 锅炉	3.0m
6~20t/h 锅炉	4.0m
35~65t/h 锅炉	5.0m

3）锅炉侧面和后面的通道净距不应小于以下值：

1~4t/h 锅炉	0.8m
6~20t/h 锅炉	1.5m
35~65t/h 锅炉	1.8m

4）水处理间主要设备操作通道的净距不应小于 1.5m，辅助设备操作通道的净距不应小于 0.8m。

2. 室内热用户与热水管网连接

室内热水供暖系统、热水供应系统与室外热水管网有以下几种连接方式。

1）当室内热用户与室外供暖管网的工况一致时，可采用设阀门的直接连接，如图 5-16（a）所示。

2）当室外供暖管网的供水温度高于室内热用户的供水温度，外网供水压力不高时，可采用设混合水泵的直接连接。供暖系统的部分回水通过混水泵与供水干管送来的热水混合，如图 5-16（b）所示。

3）当室外供暖管网压力较大，供水温度高于用户系统的要求时，采用水加热器的间接连接，如图 5-16（c）所示。

4）室内供暖系统和建筑内热水供应系统与室外热水管网都利用水加热器的间接连接，是目前国内普遍采用的双管闭式网路，如图 5-16（d）所示。

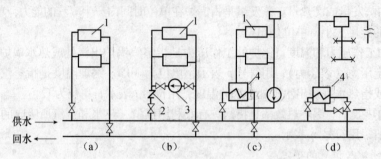

图 5-16　室内系统与室外热水管网的连接方式
1—热用户；2—止回阀；3—水泵；4—加热器

5.2　供暖热负荷的计算

供暖系统的热负荷是指在某一室外温度下，为了达到要求的室内温度，供暖系统在单位时间内向建筑物供暖的热量，是供暖系统设计的最基本依据。它的确定直接影响供暖系统方案的选择，供暖管道管径和设备的确定，并且关系到供暖系统的使用和经济效果。

5.2.1　设计热负荷的计算

在工程设计中，供暖系统的设计热负荷，一般由下式进行计算

$$Q = Q_{1b} + Q_{1e} + Q_2 + Q_3 \tag{5-2}$$

式中　Q_{1b}——围护结构的基本耗热量（kW）；

Q_{1e}——围护结构的附加（修正）耗热量（kW）；

Q_2——冷风渗透耗热量，是指加热由门、窗缝隙渗入室内的冷空气的耗热量（kW）；

Q_3——冷风侵入耗热量，是指加热由门、孔洞及相邻房间侵入的冷空气的耗热量（kW）。

1. 围护结构基本耗热量

围护结构的基本耗热量是通过墙壁、屋顶、地面、门窗等散失的热量，可按下式计算：

$$Q_{1b} = KF(t_i - t_o)\alpha \tag{5-3}$$

式中　Q_{1b}——围护结构的基本耗热量（W）；

K——围护结构的传热系数 [W/（m² · ℃）]；

F——围护结构的传热面积（m²）；

t_i——供暖室内计算温度（℃）；

t_o——冬季室外计算温度（℃）；

α——围护结构的温差修正系数。

126

整个房间的耗热量等于各个围护结构耗热量之和，式中各参数的确定方法如下：

（1）围护结构的传热系数 K 的确定

K 可按表 5-1 选用。

表 5-1　常用围护结构的传热系数 K

类型		K	类型		K
A. 门			金属框	单层	6.40
实体木制外门	单层	4.65		双层	3.26
	双层	2.33	单框二层玻璃窗		3.49
带玻璃门阳台外门	单层（木框）	5.82	商店橱窗		4.65
	双层（木框）	2.68	C. 外墙		
	单层（金属框）	6.40	内表面抹灰砖墙	24 砖墙	2.08
	双层（金属框）	3.26		37 砖墙	1.57
单层内门		2.91		49 砖墙	1.27
B. 外墙及天窗			D. 内墙（双面抹灰）		
木框	单层	5.82		12 砖墙	2.31
	双层	2.68		24 砖墙	1.72

（2）围护结构的传热面积 F 的计算

1）门窗面积。按外墙面上门、窗洞净空尺寸计算。

2）外墙的面积。高度按本层地面至上一层地面距离，宽度按轴线至轴线距离来计算。

3）屋顶和地面的面积。按轴线至轴线距离来计算。

（3）供暖室内计算温度 t_i 的确定

供暖室内计算温度 t_i 可从表 5-2 中查取。

表 5-2　供暖室内计算温度

建筑类别	房间名称	温度（℃）
居住建筑	住宅、宿舍、洗漱室	18
	宾馆的卧室、起居室	20
	浴室	25
	走廊、厕所	16
	厨房	10
	储藏室	5
办公楼	办公室	18
	小会议室、走廊、厕所	16
医院	诊疗室、理疗室、病房	20
	手术室、产房、浴室	25
	更衣室	22
	医务办公室、候诊室	18
	药品库	12
俱乐部	礼堂、观众厅、阅览室	16
	舞台、化妆室	18
	放映室	15
集体食堂	食堂	16
	厨房操作间	16
	储藏室	5

（4）供暖室外计算温度 t_o 的确定

供暖室外计算温度 t_o 可从表 5-3 中选取。

表 5-3　供暖室外计算温度

序号	地名	温度（℃）	序号	地名	温度（℃）
1	北京	−9	19	榆林	−16
2	上海	−2	20	西安	−5
3	天津	−9	21	银川	−15
4	哈尔滨	−26	22	西宁	−13
5	齐齐哈尔	−25	23	玛多	−22
6	海拉尔	−35	24	山丹	−18
7	长春	−23	25	兰州	−11
8	延吉	−20	26	乌鲁木齐	−23
9	沈阳	−20	27	吐鲁番	−15
10	锦州	−15	28	济南	−7
11	大连	−12	29	徐州	−6
12	承德	−14	30	合肥	−3
13	保定	−9	31	杭州	−1
14	石家庄	−8	32	南昌	−1
15	唐山	−11	33	郑州	−5
16	太原	−12	34	武汉	−2
17	呼和浩特	−20	35	拉萨	−6
18	锡林浩特	−28	36	甘孜	−9

（5）温度修正系数 α 的确定

α 值可按表 5-4 选用。

表 5-4　围护结构温差修正系数 α 值

围护结构特征	α
外墙、屋顶、地面以及与室外相通的楼板等	1.00
闷顶和室外空气相通的非供暖地下室上面的楼板等	0.90
非供暖地下室上面的楼板、外墙有窗时	0.75
非供暖地下室上面的楼板、外墙上无窗且位于室外地坪以上时	0.60
非供暖地下室上面的楼板、外墙上无窗且位于室外地坪以下时	0.40
与有外门窗的供暖房间相邻的隔墙	0.70
与无外门窗的非供暖房间相邻的隔墙	0.40
伸缩缝墙、沉降缝墙	0.30
防震缝墙	0.70

2. 围护结构附加（修正）耗热量

围护结构附加耗热量包括风力附加、朝向修正及高度附加等。

（1）风力附加

当冬季室外平均风速 $v_{pj}>3m/s$ 时，应对垂直围护结构如外墙、外门、外窗的基本耗热量进行风力附加。其值为：$v_{pj}<5m/s$，附加2%；$v_{pj}\geqslant5m/s$，附加5%。

（2）朝向修正

朝向修正可按图5-17的规定修正，朝向修正耗热量是负值。

（3）高度附加

当房间高度大于4m时，每高出1m，应对经过朝向及风力附加后的耗热量附加2%，但总的附加值不超过15%，对高层建筑的楼梯间不考虑高度附加。

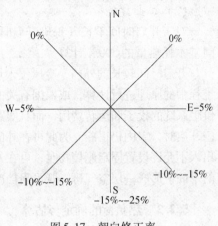

图5-17　朝向修正率

3. 冷风渗透耗热量

在风力和热压造成的室内外压差作用下，室外的冷空气通过门、窗等缝隙渗入室内，把这部分冷空气从室外温度加热到室内温度所消耗的热量，称为冷风渗透耗热量。

冷风渗透耗热量可按下式计算：

$$Q_2 = 0.278V\rho_w c_p(t_i - t_o) \qquad (5-4)$$

式中　Q_2——冷风渗透耗热量（W）；

V——流入的冷空气量（m^3/h）；

ρ_w——冷空气的密度（kg/m^3）；

c_p——空气的定压比热容，$c_p=1kJ/(kg\cdot℃)$；

其他符号意义同前。

由于流入的冷空气量不易确定，冷风渗透耗热量可按围护结构基本耗热量的百分数进行估算，具体数据按表5-5、表5-6选用。

表5-5　工业建筑冷风渗透耗热量占围护结构基本耗热量的百分数　　　　　　（%）

玻璃窗性质	建筑物的高度（m）		
	<4.5	4.5~10	>10
单层	25	35	40
单、双层均有	20	30	35
双层	15	25	30

表5-6　民用建筑及工业辅助建筑冷风渗透耗热量占围护结构基本耗热量的百分数　　（%）

玻璃窗性质	一面有窗的房间	二面有窗的房间	三面有窗的房间
单层	10	15	20
双层	5	8	10

4. 冷风侵入耗热量

在冬季，外门开启时，由于风压和热压的作用会有大量的冷空气侵入室内，把这部分空气加热到室内温度所消耗的热量，为冷风侵入耗热量。

冷风侵入耗热量可按经验确定。

（1）民用建筑和工厂的辅助建筑物

对于短时间开启的外门（不包括阳台门、太平门和设置空气幕的门），采用外门基本耗

热量乘以下列百分数来计算。当楼的总层数为 n 时

一道门	$65n\%$
二道门（有门斗）	$80n\%$
三道门（有两个门斗）	$60n\%$
公共建筑的主要出入口	500%

（2）工业建筑

对于开启时间不长（每班开启时间等于或小于 15min）的单层工业车间的外门，可按外门基本耗热量的 500% 计算。

开启时间较长的外门，冷风侵入量很大，消耗的热量也很大，冷风侵入的数量可根据通风工程中的原理进行计算，或根据有关的经验公式或图表确定。由于耗热量大，不仅大大增加了供暖系统的投资和运转费用，而且实践证明，即便散热器面积增加很多，直到布置不下，在大门开启时，室内仍很冷。为此可在外门处设置门斗或前室，装上厚实的门帘等。当由于车辆的出入不允许设置固定遮挡物时，可在外门处设置热风空气幕。利用喷出的高温热空气，在大门的平面上形成一层空气幕，既可阻挡冷空气侵入室内，又不妨碍车辆和人员出入。

5.2.2　热负荷的确定与估算

根据式（5-2）的计算，可以得到房间的供暖热负荷，将每个房间的供暖热负荷加在一起，即得到建筑物的供暖热负荷；将每栋建筑物的供暖热负荷加在一起，即得到集中供暖热负荷。

在供暖工程的规划或初步设计阶段，往往还没有建筑物的设计图纸，无法详细计算供暖热负荷。此外，采用公式计算供暖热负荷比较麻烦，通常采用以下两种民用建筑供暖热负荷估算法：

1. 单位面积热指标法

单位面积热指标，就是每小时每平方米建筑面积的平均耗热量，也就是供暖系统每小时应供给每平方米建筑面积的热量，可按下式计算。

$$Q = q_f F \tag{5-5}$$

式中　Q——建筑物供暖热负荷（W）；

q_f——单位面积耗热量指标（W/m²）；

F——总建筑面积（m²）。

这种估算方法常在选择锅炉及计算室外供暖管道时使用。单位面积耗热量指标可按表 5-7 选用。

表 5-7　民用建筑供暖单位面积耗热量指标

建筑性质	热指标 q_f（W/m²）	建筑性质	热指标 q_f（W/m²）
住宅	47 ~ 70	商店	64 ~ 87
办公楼、学校	58 ~ 80	单层住宅	80 ~ 105
医院	64 ~ 80	食堂、餐厅	116 ~ 140
幼儿园	58 ~ 70	影剧院	93 ~ 116
图书馆	47 ~ 76	大礼堂	116 ~ 163

注：1. 总建筑面积大，围护结构热工性能好，窗户面积较小时，采用较小指标；反之采用较大指标。

2. 此表适用于气温接近北京地区的地方。

2. 单位温差热指标法

单位温差热指标，就是当室内外温度相差1℃时，每平方米建筑面积每小时的耗热量，单位为 $J/(h \cdot m^2 \cdot ℃)$。民用建筑单位温差热指标按下式计算：

$$Q = q_t F(t_i - t_o) \qquad (5\text{-}6)$$

式中 Q——房间的供暖热负荷（W）；

　　q_t——单位温差热指标 $[W/(h \cdot m^2 \cdot ℃)]$；

　　F——房间的建筑面积（m^2）；

　　t_i——房间供暖室内计算温度（℃）；

　　t_o——当地冬季供暖室外计算温度（℃）。

单位温差热指标 q_t 可查表5-8，房间供暖室内温度 t_i 可查表5-2，当地冬季供暖室外计算温度 t_o 可查表5-3。

表 5-8　民用建筑单位温差热指标　　　　　　$[W/(h \cdot m^2 \cdot ℃)]$

楼层类别		楼层房间 （无天棚、地板耗热）		底层 （无天棚耗热）		顶层 （无地板耗热）	
房间	类别	非拐角房间	拐角房间	非拐角房间	拐角房间	非拐角房间	拐角房间
外墙 厚度 （mm）	240	1.5~1.7	2.9~3.3	1.7~1.9	3.3~3.6	2.7~2.8	4.1~4.5
	370	1.3~1.4	2.2~2.7	1.6~1.7	2.7~3.0	2.5~2.6	3.4~3.8
	490	1.2~1.3	1.9~2.2	1.5~1.6	2.5~2.7	2.2~2.3	3.0~3.4
	670	1.1~1.2	1.6~2.0	1.4~1.5	2.2~2.6	2.1~2.2	2.8~3.2

5.3　供暖系统设备及附件

供暖系统中的设备及附件主要有散热器、热水供暖系统中的膨胀水箱、热水供暖系统中的排出空气设备、散热器温控阀、蒸汽供暖系统中的疏水器和管道补偿器等。

5.3.1　散热器

散热器是安装在供暖房间里的一种放热设备，它把热媒（热水或蒸汽）的部分热量传给室内空气，用以补偿建筑物热损失，从而使室内维持所需要的温度，达到供暖目的。具有一定温度的热水或蒸汽在散热器内流过时，散热器内部的温度高于室内空气温度，热水或蒸汽的热量便通过散热器表面不断地传给室内空气。

1. 散热器的类型

散热器用铸铁或钢制成。近年来我国常用的散热器有柱型散热器、翼型散热器以及光面管散热器、钢串片对流散热器等。

（1）铸铁散热器

铸铁散热器过去被广泛应用，但其外形远不如钢制散热器美观，故目前市场份额有所减少。它具有结构比较简单、防腐性好、使用寿命长以及热稳定性好的优点；但它的突出缺点是金属耗量大，制造安装和运输劳动繁重。我国应用较多的铸铁散热器有柱型散热器和翼型散热器。目前新型的柱翼复合型铸铁散热器，外观有了很大的改进。

1）柱型散热器。呈柱状的单片散热器，根据散热面积的需要，可把各个单片组对在一起形成一组。我国目前常用的柱型散热器有四柱和二柱 M-132 型两种［图 5-18（a）、图 5-18（b）］。

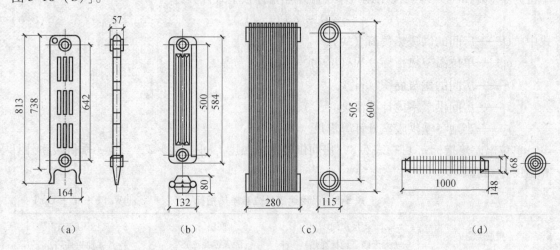

图 5-18　铸铁散热器

（a）四柱型散热器；（b）M-132 型散热器；（c）长翼型散热器；（d）圆翼型散热器

2）翼型散热器。分为圆翼型和长翼型两种［图 5-18（c）、图 5-18（d）］。长翼型散热器外表面具有许多竖向肋片，外壳内部为一扁盒状空间。

柱型散热器与翼型散热器相比，传热系数高，外观美观，易清除积灰，容易组成需要的散热面积，被广泛应用于住宅和公共建筑中。其主要缺点是制造工艺复杂。

翼型散热器的主要优点是制造工艺简单，耐腐蚀，造价较低。它的主要缺点是承压能力低，易积灰，不易清扫，不美观。此外，这种散热器每片（每根）散热面积大，设计选用时不易恰好组成所需要的面积。

（2）钢制散热器

随着人们对生活环境美观要求的提高，钢制散热器得到了越来越多的应用。钢制散热器与铸铁散热器相比，金属耗量少，耐压强度高，外形美观整洁，布置上较易适应不同要求的场合。钢制散热器的主要缺点是容易腐蚀，使用寿命比铸铁散热器短，因此在应用中更容易出现因腐蚀而漏水的问题。

目前我国生产的钢制散热器主要有光面管（排管）散热器、闭式钢串片对流散热器、板式散热器、钢制柱式散热器等。近年来钢制散热器发展迅速，出现了多种新型结构，同时更加注重外形的美观，不断增加单位体积换热能力，减少占地。各种不同类型的散热器互相吸取优点进行了改进，如有的散热器在柱型散热器的基础上增设斜鳍片，提高了换热能力；有的板式散热器内部或背后设置了钢串片等。

1）光面管（排管）散热器。这种散热器用钢管焊接而成，是一种最简易的散热器。由于钢管外表面没有翼片或翅片增加散热面积，因此散热能力较差，过去只在工厂中使用。近年来有一种做成毛巾架（图 5-19）、楼梯扶手等形状，外涂彩色油漆的光面管散热器，由于能与室内装潢理想配合，也得到了一定的应用。

2）闭式钢串片对流散热器。这种散热器是在用联箱连通的两根（或两根以上）钢管上串有许多长方形薄钢片制成的（图 5-20）。这种散热器的优点是承压高、体积小、重量轻、容易加工、安装简单和维修方便；其缺点是薄钢片间距离小，不易清扫，耐腐蚀性能不如铸铁好，薄钢片因热胀冷缩，容易松动，日久传热性能严重下降。

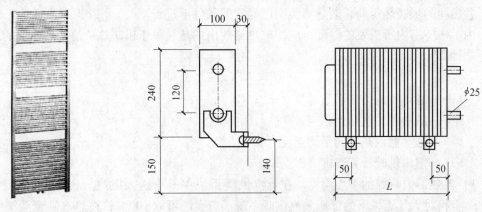

图 5-19　光面管散热器　　　　　　　　图 5-20　闭式钢串片对流散热器

3）板式散热器。板式散热器的特点是其正面为光滑平面或带凹凸槽的平面。由于外观美观，得到越来越多的应用。板式散热器由面板、对流钢串片、背板、进出口接头等组成，如图 5-21 所示。可以挂在墙上或用支架坐落在地板上。面板由冷轧钢板冲压成型，闭式钢串片置于散热器内部，串片的封闭面作为散热器的背面，散热器上部设置百叶散热通气口作为钢串片的热气出口。

4）钢制柱式散热器。钢制柱式散热器的构造和铸铁柱型散热器相似。柱式散热器的传热系数高，但制造工艺较复杂，其美观程度不如板式散热器。

（3）铜铝复合散热器

铝合金由于成型较易，可制成各种形状的散热器，外形较美观，但铝在碱性水中腐蚀严重，而钢制锅炉水质要求 pH 值为 10～12，因此无内防腐处理的铝质散热器不能用于锅炉直供的供暖。铜铝散热器是以铜管为过水部件，而以铝板为散热部件相结合的散热器。其耐腐蚀性好，对水质的适应能力强，故比铝质散热器得到了更多的应用。常用的铜铝复合散热器多为柱翼型（图 5-22），其内部为铜管，铜管外加设铝质翼板增加了散热面积，也使散热器更美观。

图 5-21　板式散热器　　　　　　　　图 5-22　柱翼型铜铝复合散热器

散热器类型多样，在设计供暖系统时应根据散热器的热工、经济、使用和美观各方面的条件，供热房间的用途、安装条件以及当地产品来源等因素来选用散热器。

2. 供暖房间内散热器数目的确定方法

主要是确定供暖房间所需散热器散热面积和其相应的散热器片数，需要在供暖系统形式、各房间的供暖热负荷、散热器类型已确定的条件下进行。

为了维持室内所需要的温度，应使散热器放出的热量等于供暖热负荷。散热器的放热量按下式计算

$$Q = KF(t_p - t_n) \tag{5-7}$$

式中　K——散热器的传热系数 $[W/(m^2 \cdot ℃)]$；

　　　F——散热器的散热面积（m^2）；

　　　t_p——散热器内热媒的平均温度（℃）；

　　　t_n——室内供暖计算温度（℃）。

1）散热器内热媒的平均温度。在蒸汽供暖系统中等于送入散热器内蒸汽的饱和温度，对 0.2 个相对大气压以下的低压蒸汽供暖系统而言，t_p 可取 100℃；在热水供暖系统中 t_p 取散热器进水与出水温度的算术平均值。

2）散热器的传热系数。受多种因素的影响，因此传热系数都是按一定的试验条件，对于不同的热媒用试验方法得到的。

所需要的散热面积为

$$F = \frac{Q}{K(t_p - t_n)} \tag{5-8}$$

式中　F——散热面积（m^2）；

　　　Q——散热器散热量，即供暖设计热负荷（W）。

散热器片数为

$$n = \frac{F}{f} \tag{5-9}$$

式中　f——每片散热器的散热面积（m^2）。

显然，n 只能是整数，由此而增减的部分散热面积，对柱型散热器不应超过 $0.1m^2$；对于长翼型散热器可通过大小搭配调整，但最后也不应超过计算面积的 10%。

5.3.2　膨胀水箱

膨胀水箱的作用是用来贮存热水供暖系统加热的膨胀水量，在自然循环上供下回式系统中，它还起着排气作用，用来恒定供暖系统的压力。

膨胀水箱一般用钢板制成，通常是圆形或矩形。图 5-23 为方形膨胀水箱的构造图。箱上连有膨胀管、溢流管、信号管、排水管及循环管等管路。

1）膨胀管与供暖系统管路的连接点，在自然循环系统中，应接在供水总立管的顶端；在机械循环系统中，一般接至循环水泵吸入口前。连接点处的压力，无论在系统不工作或运行时，都是恒定的，此点也称为定压点。

2）当系统充水的水位超过溢流水管口时，水通过溢流管自动溢流排出，溢流管一般可接到附近下水道。

3）信号管用来检查膨胀水箱是否存水，一般应引到管理人员容易观察到的地方（如接回锅炉房或建筑物底层的卫生间等）。

4）排水管用来清洗水箱时放空存水和污垢，它可与溢流管一起接至附近下水道。

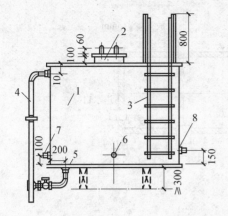
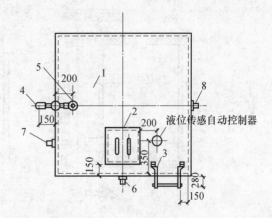

图 5-23　方形膨胀水箱

1—膨胀水箱；2—人孔；3—扶梯；4—溢流管；5—排水管；6—循环管；7—膨胀管；8—信号管

5）在机械循环系统中，循环管应接到系统定压点前的水平回水干管上，见图 5-24。该点与定压点（膨胀管与系统的连接点）之间应保持 1.5～3m 的距离。这样可让少量热水能缓慢地通过循环管和膨胀管流过水箱，以防水箱里的水冻结。同时，膨胀水箱应考虑保温。在自然循环系统中，循环管也接到供水干管上，并应与膨胀管保持一定的距离。

另外在膨胀管、循环管和溢流管上，严禁安装阀门，以防止系统超压、水箱水冻结或水从水箱溢出。

5.3.3　排出空气设备

系统的水被加热时，会分离出空气。在系统停止运行时，通过不严密处也会渗入空气，充水后也会有部分空气残留在系统内。系统中如果积存空气，就会形成气塞，影响水的正常循环。因此，系统中必须设置排出空气的设备，目前常见的排气设备，主要有集气罐、自动排气阀和冷风阀等几种。

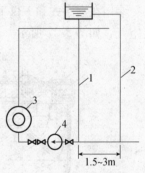

图 5-24　膨胀水箱与机械循环系统的连接方式

1—膨胀管；2—循环管；
3—锅炉；4—循环水泵

1. 集气罐

集气罐用直径 $\phi 100 \sim \phi 250mm$ 的短管制成，它有立式和卧式两种，如图 5-25 所示，顶部连接直径 $\phi 15mm$ 的排气管。集气罐的直径比它所连接的管道直径大很多，热水由管道流入集气罐时流速立刻降低，水中的气泡受浮力作用浮升到集气罐上部。

在机械循环上供下回式系统中，集气罐应设在系统各分支环路供水干管末端的最高处。在系统运行时，定期手动打开阀门将热水中分离出来并聚集在集气罐内的空气排出。

2. 自动排气阀

目前国内生产的自动排气阀形式较多，很多都是依靠水对浮体的浮力，通过杠杆机构传动，使排气孔自动启闭，来实现自动阻水排气的功能。

图 5-26 所示是 B11-X-4 型立式自动排气阀。当阀体 7 内无空气时，水将浮子 6 浮起，通过杠杆机构 1 将排气孔 9 关闭，而当空气从管道进入，积聚在阀体内时，空气将水面压下，浮子的浮力减小，依靠自重下落，排气孔打开，使空气自动排出，空气排出后，水再将浮子浮起，排气孔重新关闭。

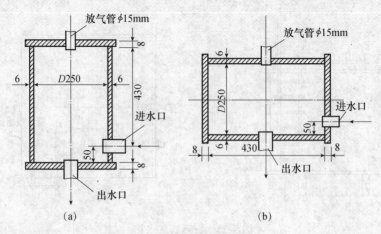

图 5-25　集气罐

（a）立式；（b）卧式

3. 冷风阀

多用在水平式和下供下回式系统中，它旋紧在散热器上部专设的丝孔上，以手动方式排出空气，如图 5-27 所示。

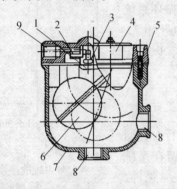

图 5-26　B11-X-4 型立式自动排气阀

1—杠杆机构；2—垫片；3—阀堵；4—阀盖；
5—垫片；6—浮子；7—阀体；8—接管；9—排气孔

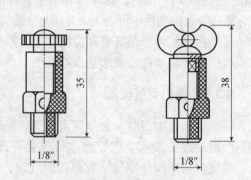

图 5-27　冷风阀

5.3.4　散热器温控阀

散热器温控阀是一种自动控制散热器散热量的设备，它由两部分组成，如图 5-28 所示。一部分为阀体部分，另一部分为感温元件控制部分。当室内温度高于给定的温度值时，感温元件受热，其顶杆就压缩阀杆，将阀口关小；进入散热器的水流量减小，散热器散热量减小，室温下降。当室内温度下降到低于设定值时，感温元件开始收缩，其阀杆靠弹簧的作用，将阀杆抬起，阀孔开大，水流量增大，散热器散热量增加，室内温度开始升高，从而保证室温处在设定的温度值上。温控阀控温范围在 13～28℃ 之间，控制精度为 ±1℃。

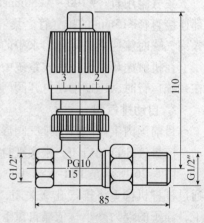

图 5-28　散热器温控阀

5.3.5 疏水器

疏水器是蒸汽供热系统中重要的设备。疏水器的作用是自动阻止蒸汽逸漏而且迅速地排出用热设备及管道中的凝水，同时能排出系统中积留的空气和其他不凝性气体。

根据疏水器的作用原理不同，可分为机械型疏水器、热动力型疏水器和热静力型（恒温式）疏水器。

1）机械型疏水器。利用蒸汽和凝水的密度不同，形成凝水液位，以控制凝水排水孔自动启闭工作的疏水器。主要产品有浮筒式、钟形浮子式、自由浮球式、倒吊筒式疏水器等。

2）热动力型疏水器。利用蒸汽和凝水热动力学（流动）特性的不同来工作的疏水器。主要产品有圆盘式、脉冲式、孔板或迷宫式疏水器等。

3）热静力型（恒温式）疏水器。利用蒸汽和凝水的温度不同引起恒温元件膨胀来工作的疏水器。主要产品有波纹管式、双金属片式和液体膨胀式疏水器等。

国内外使用的疏水器产品种类繁多，图 5-29 所示是低压疏水装置中常用的一种疏水器，称为恒温式疏水器。凝水流入疏水器后，经过一个缩小的孔口排出。此孔的启闭由一个能热胀冷缩的薄金属片波纹盒操纵。盒中装有少量受热易蒸发的液体（如酒精）。当蒸汽流入疏水器时，小盒被迅速加热，液体蒸发产生压力，使波纹伸长，带动盒底的锥形阀堵住小孔，防止蒸汽逸漏，直到疏水器内蒸汽冷凝成饱和水并冷却后，波纹盒收缩，阀孔打开，排出凝水。当空气或较冷的凝水流入时，阀门一直打开，它们可以顺利通过。

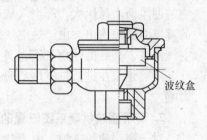

波纹盒

图 5-29　恒温式疏水器

5.3.6 管道补偿器

在供暖系统中，金属管道会因受热而伸长。每米钢管本身的温度每升高 1℃ 时，便会伸长 0.012mm。当平直管道的两端都被固定不能自由伸长时，管道就会因伸长而弯曲；当伸长量很大时，管道的管件就有可能因弯曲而破裂，因此需要在管道上补偿管道的热伸长。

管道补偿器主要有管道的自然补偿器、方形补偿器、波纹补偿器、套筒补偿器和球形补偿器等几种形式。

1）自然补偿。是利用供热管道自身的弯曲管道来补偿管道的热伸长。根据弯曲管段的弯曲形状不同，又分为 L 形或 Z 形补偿器，如图 5-30 所示。自然补偿不必另设补偿器，在考虑管道热补偿时，应尽量利用其自然弯曲的补偿能力。

2）方形补偿器。是由四个 90° 弯头构成倒 "U" 形的补偿器，如图 5-31 所示。靠其弯管的变形来补偿管段的热伸长。方形补偿器具有制造方便、不需专门维修、工作可靠等优点，在供热管道上应用普遍。

固定点

图 5-30　Z 形补偿器

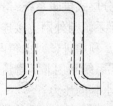

图 5-31　方形补偿器

5.4 高层建筑供暖系统

5.4.1 高层建筑供暖系统特点

1. 高层建筑供暖负荷计算应考虑的问题

1）高层建筑围护结构的传热系数与材料、材料的厚度及围护结构内外表面的换热系数有关。由于室外风速从地面到上空逐渐加大，高层建筑物的高层部分所受到的风速较大，高层部分围护结构外表面对流换热系数也较大。另外，高层建筑物的高层部分四周无其他建筑物做屏障，围护结构向外不断辐射出热量，高层部分围护结构外表面辐射换热系数也较大。在计算高层建筑供热负荷时需考虑这些特点。

2）风压对建筑物的冷风渗透耗热量计算有影响。室外风速随着高度而增大，高层建筑物的迎风面上风压大，冷空气从迎风面的缝隙渗入，冷空气渗入量增多，而热空气从建筑物的背风面缝隙渗出。由于热空气密度小，热空气向上升，热压作用使得高层建筑物低处有冷空气渗入，高处的热空气通过外围护结构渗出室外，在建筑物的中部区域形成中和面。因此，高层建筑在进行供暖热负荷计算时，要考虑风压和热压对建筑物门窗缝隙渗入冷空气的影响。

2. 高层建筑供暖系统设置的特点

对于高层建筑来说，由于建筑物高度的增加，供暖系统出现了一些新的问题。

1）随着建筑高度的增加，供暖系统内的静水压力也增加，而散热设备、管材的承受能力是有限的。因此，建筑物高度超过50m时，应竖向分区供热，上层系统采用隔绝式连接。

2）建筑物高度的增加，会使系统垂直失调的问题加剧。为减轻垂直失调，一个垂直单管供暖系统所供的层数不应大于12层，同时立管与散热器的连接可采用其他方式。

5.4.2 高层建筑热水供暖系统的主要形式

1. 分层式供暖系统

分层式供暖系统是在垂直方向上分成两个或两个以上相互独立的系统，如图5-32所示。该系统高度的划分取决于散热器、管材的承压能力及室外供热管网的压力。下层系统通常直接与室外管网连接，上层系统与外网通过加热器隔绝式连接。在水加热器中，上层系统的热水与外网的热水隔着换热器表面流动，互不相通，使上层系统中的水压与外网的水压隔离开来。而换热器的传热表面，却能使外网热水加热上层循环系统水，将外网的热量传给上层系统。这种系统是目前最常用的一种形式。

当外网供水温度较低，使用热交换器所需加热面过大而不经济合理时，可考虑采用如图5-33所示的双水箱分层式供暖系统。

双水箱分层式供暖系统，具有如下特点：

1）上层系统与外网直接连接。当供水压力低于高层建筑静水压力时，在用户供水管上设加压水泵。利用进、回水箱两个水位高差 h 进行上层系统的水循环。

2）上层系统利用非满管流动的溢流管6与外网回水管连接，溢流管下部的满管高度取决于外网回水管的压力。

3）由于利用两个水箱替代了用热交换器所起的隔绝压力作用，简化了入口设备，降低了系统造价。

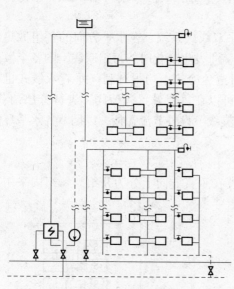

图 5-32　分层式供暖系统

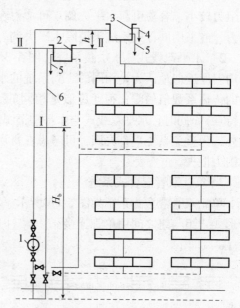

图 5-33　双水箱分层式供暖系统

1—加压水泵；2—回水箱；3—进水箱；

4—进水箱溢流管；5—信号管；6—回水箱溢流管

4）采用开式水箱，易使空气进入系统，造成系统的腐蚀。

2. 双线式系统

双线式系统有垂直式和水平式两种形式。

1）垂直双线式单管热水供暖系统（图 5-34）。垂直双线式单管热水供暖系统是由竖向的 Ⅱ 形单管式立管组成的。双线系统的散热器通常采用蛇形管或辐射板式（单块或砌入墙内形成整体式）结构。由于散热器立管是由上升立管和下降立管组成的，因此各层散热器的平均温度近似地可以认为是相同的。这种各层散热器的平均温度相同的单管式系统，尤其对高层建筑，有利于避免系统垂直失调。

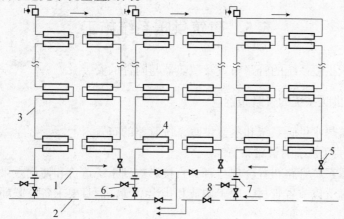

图 5-34　垂直双线式单管热水供暖系统

1—供水干管；2—回水干管；3—双线立管；4—散热器；

5—截止阀；6—排水阀；7—节流孔板；8—调节阀

139

垂直双线式系统的每一组Ⅱ形单管式立管最高点处应设置排气装置。此外，由于立管的阻力较小，容易引起水平失调。可考虑在每根立管的回水立管上设置节流孔板，增大立管阻力，或采用同程式系统来消除水平失调。

2）水平双线式热水供暖系统（图5-35）。水平双线式系统，在水平方向的各组散热器平均温度近似地认为是相同的。当系统的水温度或流量发生变化时，每组双线上的各个散热器的传热系数值的变化程度近似是相同的。因而对避免冷热不均很有利（垂直双线式也有此特点）。同时，水平双线式与水平单管式一样，可以在每层设置调节阀，进行分层调节。此外，为避免系统垂直失调，可考虑在每层水平分支线上设置节流孔板，以调节各水平环路的阻力损失。

3. 单、双管混合式系统

单、双管混合式系统如图5-36所示。将散热器在垂直方向上分为几组，每组内采用双管形式，组与组之间用单管连接。

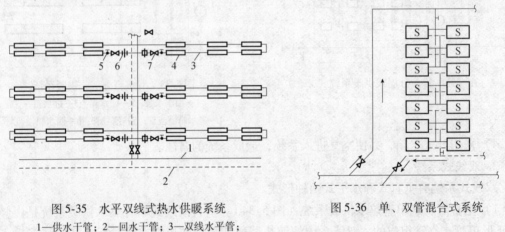

图5-35　水平双线式热水供暖系统　　　　　图5-36　单、双管混合式系统
1—供水干管；2—回水干管；3—双线水平管；
4—散热器；5—截止阀；6—节流孔板；7—调节阀

这种系统的特点是既避免了双管系统在楼层数过多时出现的严重垂直失调现象，同时又能避免散热器支管管径过大的缺点，而且散热器还能进行局部调节。

5.5　建筑供暖系统施工

主要介绍建筑供暖系统的管路布置及散热器与附件的安装。

5.5.1　建筑供暖系统的管路布置

分别介绍建筑热水供暖系统和蒸汽供暖系统管路的布置。

1. 建筑热水供暖系统的管路布置

建筑热水供暖系统管路布置合理与否，直接影响到系统造价和使用效果。因此，系统管道走向布置应合理，以节省管材，便于调节和排出空气，而且要求各并联环路的阻力损失易于平衡。

1）供暖系统的引入口宜设置在建筑物热负荷对称分配的位置，一般宜在建筑物中部。系统应合理地设若干支路，而且尽量使各支路的阻力易于平衡。图5-37是两种常见的供、回水干管的走向布置形式。图5-37（a）为有四个分支环路的异程式系统布置方式。图 5-37（b）为有两个分支环路的同程式系统布置形式。

2）建筑热水供暖系统的管路应明装，有特殊要求时才采用暗装。尽可能将立管布置在房间的角落。对于上供下回式系统，供水干管多设在顶层顶棚下。回水干管可敷设在地面上，地面上不容许敷设（如过门时）或净空高度不够时，回水干管设置在半通行地沟或不通行地沟内。地沟上每隔一定距离应设活动盖板，过门地沟也应设活动盖板，以便于检修。当敷设在地面上的回水干管过门时，回水干管可从门下小管沟内通过，此时要注意坡度以便于排气。

3）为了有效地排出系统内的空气，所有水平供水干管应具有不小于 0.002 的坡度（坡向根据自然循环或机械循环而定）。如因条件限制，机械循环系统的热水管道可无坡度敷设，但管中的水流速度不得小于 0.25m/s。

2. 蒸汽供暖系统管路的布置

建筑蒸汽供暖系统管道布置大多采用上供下回式。当地面不便布置凝水管时，也可采用上供上回式。实践证明，上供上回式布置方式不利于运行管理。系统停汽检修时，各用热设备和主管要逐个排放凝水，系统启动升压过快时，极易产生水击，且系统内空气也不易排出。因此，此系统必须在每个散热设备的凝水排出管上安装疏水器和止回阀。

1）在蒸汽供暖管路中，要注意排除沿途凝水，以免发生蒸汽系统常有的"水击"现象。在蒸汽供暖系统中，沿管壁凝结的沿途凝水可能被高速蒸汽流重新掀起形成"水塞"，并随蒸汽一起高速流动。在遇到阀门、拐弯或向上的管段等使流动方向改变时，水滴或水塞在高速下与管件或管子撞击，就产生"水击"，出现噪声、振动或局部高压，严重时能破坏管件接口的产密性和管路支架。为了减轻水击现象，水平敷设的供汽管路，必须具有足够的坡度，并尽可能保持汽、水同向流动，蒸汽干管汽水同向流动时，坡度 i 宜采用 0.003，不得小于 0.002。进入散热器支管的坡度 $i = 0.01 \sim 0.02$。

2）供汽干管向上拐弯处，必须设置疏水装置。通常宜装置耐水击的双金属片型的疏水器，定期排出沿途流来的凝水，如图 5-14 供汽干管入口处所示。当供汽压力低时，也可用水封装置，如图 5-13（b）下供式系统末端的连接方式。同时，在下供式系统的蒸汽立管中，汽、水呈逆向流动，蒸汽立管要采用比较低的流速，以减轻水击现象。

3）在图 5-13（a）所示的上供式系统中，供水干管中汽、水同向流动，干管沿途产生的凝水，可通过干管末端凝水装置排除。为了保持蒸汽的干度，避免沿途凝水进入供汽立管，供汽立管宜从供汽干管的上方或上方侧接出。

4）蒸汽供暖系统经常采用间歇工作的方式供热。当停止供汽时，原充满在管路各散热器内的蒸汽冷凝成水。由于凝水的容积远小于蒸汽的容积，散热器和管路内会因此出现一定的真空度。此时，应打开图 5-14 所示空气管的阀门，使空气通过凝水干管迅速地进入系统

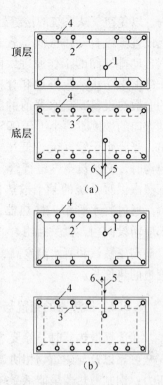

图 5-37　常见的供、回水干管走向布置方式

（a）四个分支环路的异程式系统；
（b）两个分支环路的同程式系统
1—供水总立管；2—供水干管；
3—回水干管；4—立管；
5—供水进水管；6—回水出水管

141

内，以免空气从系统的接缝处渗入，逐渐使接缝处生锈、不严密，造成渗漏。在每个散热器上设置蒸汽自动排气阀是较理想的补进空气的措施，蒸汽自动排气阀的工作原理，同样是靠阀体内的膨胀芯热胀冷缩来防止蒸汽外逸和让冷空气通过阀体进入散热器的。散热设备到疏水器前的凝水管中必须保证沿凝水流动方向的坡度不得小于0.005。同时，为使空气能顺利排出，当凝水干管（无论低压或高压蒸汽系统）通过过门地沟时，必须设空气绕行管，如图5-38所示。当室内高压蒸汽供暖系统的某个散热器需要停止供汽时，为防止蒸汽通过凝水管窜入散热器，每个散热器的凝水支管上都应增设阀门，供关断用。

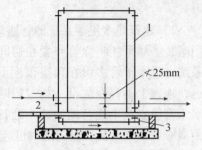

图5-38　凝水干管过门装置
1—φ15空气绕行管；
2—凝水管；3—泄水口

高压蒸汽和凝水温度高，在供汽和凝水干管上往往需要设置固定支架和补偿器，以补偿管道的热伸长。

5.5.2　散热器的布置与安装

在选择散热器时，除要求散热器能供给足够的热量外，还应综合考虑经济、卫生、运行安全可靠以及与建筑物相协调等问题。例如常用的铸铁散热器不能承受大于0.4MPa的工作压力；钢制散热器虽能承受较高的工作压力，但耐腐蚀能力却比铸铁散热器差。近年来，选用钢制散热器的民用建筑物在逐渐增多。

1. 散热器的布置

散热器设置在外墙窗口下最为合理。经散热器加热的空气沿外窗上升，能阻止渗入的冷空气沿墙及外窗下降，因而防止了冷空气直接进入室内工作地区。对于要求不高的房间，散热器也可靠内墙壁设置。

在一般情况下，散热器在房间内敞露设置，这样散热效果好，且易于清除灰尘。当建筑方面或工艺方面有特殊要求时，就要将散热器加以围挡。例如某些建筑物为了美观，可将散热器装在窗下的壁龛内，外面用装饰性面板把散热器遮住。另外，在采用高压蒸汽供暖的浴室中，也要将散热器加以围挡，防止人体被烫伤。

楼梯间的热负荷不分层计算，不进行高度修正，为了保持楼梯间上下温度较为均匀，楼梯间内散热器应尽量布置在下面几层，下层散热器所加热的空气上升，保持各层的温度较为均匀。各楼层散热器的分配比例见表5-9。

表5-9　楼梯间散热器的分配百分数

房屋层数	被考虑层数			
	1	2	3	4
2	65%	35%	—	—
3	50%	30%	20%	—
4	50%	30%	20%	—
5	50%	25%	15%	10%
6	50%	20%	15%	15%
7	50%	20%	15%	15%

为了防止冻裂，在双层门的外室以及门斗中不宜设置散热器。

2. 散热器的安装

散热器的安装形式有明装和暗装两种。明装为散热器裸露在室内，暗装则有半暗装（散热器的一半宽度置于墙槽内）、全暗装（散热器宽度方向完全置于墙槽内，加罩后与墙面平齐）、明装加罩及半暗装加罩等。对于全暗装的散热器罩，在散热器支管与立管交叉处，应设检修门。

散热器的种类很多，其连接方法也不同。总的来看，钢制散热器都是由钢管或钢板焊制而成的。除圆翼型用法兰连接外，其他铸铁散热器都是用反正丝的零件，将片状的散热器组对成一个整体后再进行安装。

1）散热器的组对片数和长度一般不宜超过下列数值：柱型（每片长 50～60mm）25 片；柱型（每片长 80mm）20 片；长翼型（每片长 280mm）6 片；长翼型（每片长 200mm）8 片；其他片式散热器的组装长度 1.6m。圆翼型散热器不宜超过 4 排，每排不宜超过 4 根。光面管散热器长度不宜超过 4.0m。钢串片散热器组装时，垂直方向不宜大于 2 排。

2）组对带腿的散热器（如柱型散热器）在 15 片以下时用两片带腿的；15～25 片时，中间加上一片。

3）有放气阀的散热器，热水和高压蒸汽采暖系统放气阀应安装在散热器的顶部。低压蒸汽采暖系统放气阀应安装在散热器下部 1/3～1/4 高度上。

散热器离墙、离地、离窗台板的距离应符合施工及验收规范要求，可参阅标准图集，应有利于清扫散热器及下部地面积尘。同一房间散热器安装高度应一致。散热器中心线应与窗台口中心线相重合，正面水平，侧面垂直。散热器离墙的距离对散热量稍有影响，实验证明离墙 30mm 左右为宜。如未特意说明，安装时参照表 5-10。

表 5-10　散热器中心离墙表面距离

散热器型号	长翼型	M-$\frac{132}{150}$型	四柱型	圆翼型	扁管、板式（外沿）	串片	
						平放	竖放
中心距表面距离（mm）	115	115	130	115	30	95	60

5.5.3　采暖管道支架的种类及安装

管道支架是直接支承管道并承受管道作用力的管路附件。它的作用是支承管道和限制管道位移。支座承受管道重力和由内压、外载和温度变化引起的作用力，并将这些荷载传递到建筑结构或地面的管道构件上。

1. 支架的种类

管道支架按其对管道的制约作用力分为活动支架和固定支架；按支架本身的构造不同分为托架、吊架。

（1）活动支架

活动支架的作用是使管道热胀冷缩时在允许的范围内沿轴向自由移动，不被卡死。室内采暖管道的活动支架有托架和吊架两种形式。

1）托架。托架的主要承重构件是横梁。不保温管道用低支架安装（图 5-39）；保温管道用高支架安装（图 5-40）。

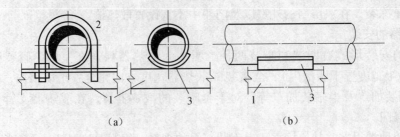

图 5-39　不保温管道的低支架安装

（a）卡环式；（b）弧形滑板式

1—托架横梁；2—卡环（U）螺栓；3—弧形滑板

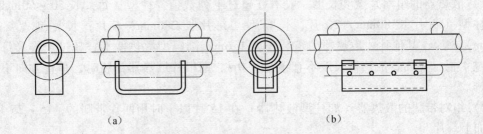

图 5-40　保温管道的高支架安装

（a）DN20～50 管道的高支架；（b）DN65～150 管道的高支架

2）吊架。由升降螺栓、吊杆、吊环三部分组成，如图 5-41 所示。吊架的支撑体可为型钢横梁、楼板、屋面等建筑物实体。

（2）固定支架

固定支架的作用是使管道在该点卡死，不能移动，整个采暖系统的位置基本固定，固定点两边管道的热胀冷缩由伸缩器来吸收。固定支架还要承受管道由于热胀所产生的轴向推力，因此固定支架在设计和安装中都要考虑有足够的强度和刚度。

室内采暖系统常用的固定支架为卡环式，如图 5-42 所示。

（3）立管支架

立管支架采用管卡，有单、双立管卡两种，分别用于单根立管，并行的两根立管的固定，规格为 DN15～50。立管管卡结构见图 5-43。

立管管卡安装，层高小于或等于 5m，每层须安装 1 个；层高大于 5m，每层不得少于 2 个。

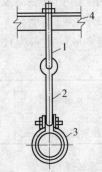

图 5-41　吊架

1—升降螺栓；2—吊杆；
3—吊环；4—横梁

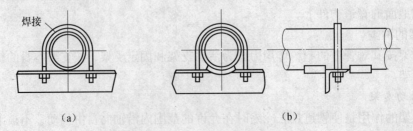

焊接

（a）　　　　　　　　　（b）

图 5-42　卡环式固定支架

（a）卡环式；（b）带弧形挡板的卡环式

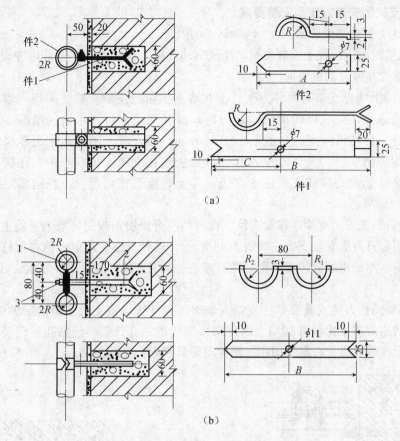

图 5-43　立管管卡（单位：mm）

(a) 单管立管管卡；(b) 双管立管管卡

2. 管道支架安装位置的确定

（1）活动支架安装位置的确定

活动支架安装位置一般设计不予明确，必须由施工现场参照表 5-14 的规定值具体定位。

表 5-11　活动支架的最大间距　（m）

公称直径（mm）	15	20	25	32	40	50	65	80	100	125	150	200	250	300
保温管	1.5	2.0	2.0	2.5	3.0	3.0	4.0	4.0	4.5	5.0	6.0	7.0	8.0	8.5
不保温管	2.5	3.0	3.5	4.0	4.5	5.0	6.0	6.0	6.5	7.0	8.0	9.5	11.0	12.0

（2）固定支架的安装位置

采暖系统固定支架的安装位置是由设计确定的。一般在伸缩器工作的直管道的两端、节点分支处、热源出口和用户入口处应布置固定支架。固定支架的最大间距应不超过表 5-12 的规定。

表 5-12　固定支架的最大间距　（m）

公称直径（mm）		15	20	25	32	40	50	65	80	100	125	150	200	250	300
方形补偿器		—	—	30	35	45	50	55	60	65	70	80	90	100	115
套筒补偿器		—	—	—	—	—	—	—	—	45	50	55	60	70	80
L型	长臂最大长度	15	18	20	24	24	30	30	30	30					
	短臂最小长度	2	2.5	3	3.5	4	5	5.5	6	6					

145

3. 管道支架的安装方法和安装要求

（1）管道支架的安装方法

1）在钢筋混凝土构件上安装支架。浇筑钢筋混凝土构件时，在构件内埋设钢板，支架安装时将支架焊在埋设的钢板上。

2）在砖墙上埋设支架有两种方法。①在墙上预留或凿洞，将支架埋入墙内，支架在埋墙的一端劈成燕尾。在埋设前清除洞内的碎砖和灰尘，再用水清洗墙洞。支架的埋入深度应该符合设计图纸规定，一般不小于100mm。埋入时，用1:3水泥砂浆填塞，填塞时要求砂浆饱满密实。②支架的埋入部分事先浇筑在混凝土预制块中，在砌墙时，按规定位置和标高一起砌在墙体上。这个方法需与土建施工密切配合，在砌墙时找准、找正支架的位置和标高。

3）用射钉方法安装支架。在没有预留孔洞和没有预埋钢板的砖墙、混凝土构件上安装支架时，可用射钉方法安装支架，如图5-44所示。这种方法使用射钉枪将射钉射入砖墙或混凝土构件中，然后用螺母将支架固定在射钉上。安装支架一般选用带外螺纹射钉，以便于安装螺母。

4）用膨胀螺栓方法安装支架。支架安装时，先挂线确定支架横梁的安装位置及标高，用已加工好的角型横梁比量并在墙上画出膨胀螺栓的钻孔位置。经钻孔后轻轻打入膨胀螺栓，套入横梁底部孔眼，将横梁用膨胀螺栓的螺母紧固，见图5-45。

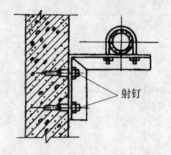

图5-44 射钉法安装支架

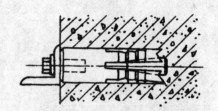

图5-45 膨胀螺栓法安装支架

（2）管道支架安装应注意的事项

管道支、吊、托架的安装，应符合下列规定：

1）位置应正确，埋设应平整牢固。

2）与管道接触应紧密，固定应牢靠。

3）滑动支架应灵活，滑托与滑槽两侧间应留有3～5mm的间隙，并留有一定的偏移量。

4）无热伸长管道的吊架、吊杆应垂直安装；有热伸长管道的吊杆，应向热膨胀的反方向偏移。

5）固定在建筑结构上的管道支、吊架，不得影响结构的安全。

5.5.4 采暖管道防腐及保温

1. 管道防腐

1）采暖管道不论明装、暗装，均应进行调直、除锈和刷防锈漆等工序。

2）管道、管件及支架等刷底漆前，先清除表面的灰尘、污垢、锈斑及焊渣等物。

3）室内明装不保温的管道、管件及支架刷一道防锈漆、两道耐热色漆或银粉漆。

4）保温管道刷两道防锈底漆后再做保温。

2. 管道保温

为防止采暖管道被冻坏或减少热损失，下列情况适应做保温：

1）采暖入口装置。

2）敷设在地下管沟、屋顶管沟、设备层、闷顶及竖向管井内的管道。

3）敷设在不采暖房间内的管道。

5.5.5 室内采暖管道的安装

1. 室内采暖管道安装要求

1）采暖管道采用低压流体输送钢管。

2）管道穿越基础、墙和楼板应配合土建预留孔洞。预留孔洞尺寸如设计无明确规定时，可按表 5-13 的规定预留。

表 5-13　预留孔洞尺寸　　　　　　　　　　　　　　　　（mm）

管道名称及规格		明管留洞尺寸 长×宽（mm×mm）	暗管墙槽尺寸 长×宽（mm×mm）	管外壁与墙面 最小净距（mm）
采暖立管	DN < 32	100 × 100	130 × 130	25 ~ 30
	DN = 32 ~ 50	150 × 150	150 × 130	35 ~ 50
	DN = 65 ~ 100	200 × 200	200 × 200	55
	DN = 125 ~ 150	300 × 300	—	60
两根立管	DN ≤ 32	150 × 100	200 × 130	
散热器支管	DN ≤ 25	100 × 100	60 × 60	15 ~ 25
	DN = 32 ~ 50	150 × 130	150 × 100	30 ~ 40
采暖主干管	DN ≤ 80	300 × 250	—	—
	DN = 100 ~ 150	350 × 300	—	—

3）管道从门窗或其他洞口、梁柱、墙垛等处绕过，转角处如高于或低于管道水平走向，在其最高点和最低点应分别安装排气或泄水装置。

4）管道穿墙壁和楼板时，应分别设置铁皮套管和钢套管。安装在内墙壁的套管，其两端应与饰面相平，见图 5-46（a）。管道穿过外墙或基础时，应加设钢套管，套管直径比管道直径大两号为宜，见图 5-46（b）。

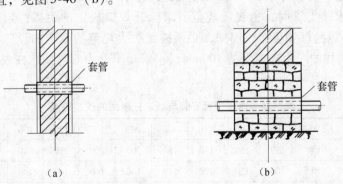

图 5-46　水平穿墙套管
（a）穿内墙套管；（b）穿外墙套管

安装在楼板内的套管，其顶部应高出地面20mm，底部与楼板相平。管道穿过厨房、厕所、卫生间等容易积水的房间楼板，应加设钢套管，其顶部应高出地面不小于30mm，见图5-47。

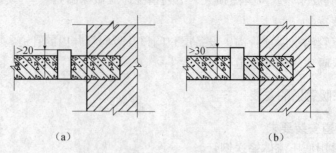

图 5-47　穿楼板管道
（a）穿一般房间楼板的套管；（b）容易积水房间楼板的套管

5）明装钢管成排安装时，直线部分应互相平行，曲线部分曲率半径应相等。

6）水平管道纵、横方向弯曲、立管垂直度、成排管段和成排阀门安装允许偏差要符合表5-14的规定。

表 5-14　管道、阀门安装的允许偏差　　　　　　　　　　　　　　　（mm）

项次	项目		允许偏差
①	水平管道纵横方向弯曲，10m	DN≤100	5
		DN>100	10
②	立管垂直度	每1m	2
		5m 以上	≥8
③	成排管段和成排阀门在同一直线上距离		3

7）安装管道 DN≤32mm 的不保温采暖双立管，两管中心距应为80mm，允许偏差5mm。热水或者蒸汽立管应该置于面向的右侧，回水立管置于左侧。

2. 室内采暖管道的安装

（1）干管安装

干管的安装应符合下列要求：①横向干管的坡向和坡度，要符合设计图纸的要求和施工验收规范的规定，要便于管道泄水和排气；②干管的弯曲部位，有焊口的部位不要接支管。设计上要求接支管时，也要按规范要求躲开焊口规定的距离；③当热媒温度超过100℃时，管道穿越易燃和可燃性墙壁，必须按照防火规范的规定加设防火层。一般管道与易燃和可燃建筑物的净距离需保持100mm；④采暖干管中心与墙、柱表面的距离应符合表5-15的规定。

表 5-15　水平干管安装与墙、柱表面的安装距离　　　　　　　　　　　（mm）

公称直径（mm）	25	32	40	50	65	80	100	125	150	200	250	300
保温管中心	150	150	150	180	180	200	200	220	240	280	310	340
不保温管中心	100	100	120	120	140	140	160	160	180	210	240	270
钢立管净距	25～30	35～50				55		60		—		

（2）立管安装

立管安装要符合下列要求：①管道外表面与墙壁抹灰面的距离规定为：当 DN≤32 时为 25～35mm；DN＞32 时为 30～50mm；②立管上接支管的三通位置，必须能满足支管的坡度要求；③立管卡子安装：层高不超过 4m 的房间，每层安装一个立管卡子，距地面高度为 1.5～1.8m。立管卡子的安装方法如同栽支架；④立管与支管垂直交叉时，立管应设半圆形让弯（也叫抱弯）绕过支管，如图 5-48 所示；⑤主立管用管卡或托架安装在墙壁上，其间距为 3～4m。主立管的下端要支撑在坚固的支架上。管卡和支架不能妨碍主立管的胀缩。

（3）采暖立管与干管的连接

顶棚内立管与干管连接形式见图 5-49。

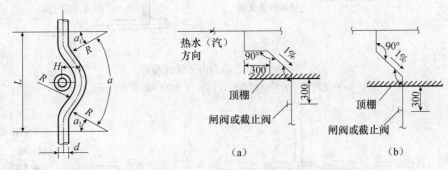

图 5-48　让管加工图

图 5-49　顶棚内立管与干管连接图
（a）四层以上蒸汽采暖或五层以上热水采暖；
（b）三层以上蒸汽采暖或四层以上热水采暖

室内干管与立管的连接形式见图 5-50。

主干管与分支干管的连接形式见图 5-51。

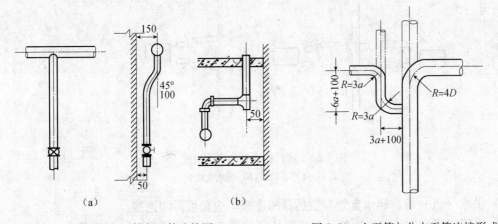

图 5-50　干管与立管连接图
（a）与热水（汽）连接；（b）与回水干管连接

图 5-51　主干管与分支干管连接形式

地沟内干管与立管的连接形式见图 5-52。

（4）散热器支管的安装

散热器支管应在散热器安装并经稳固、校正合格后进行。散热器支管安装的基本技术要求是：

1）散热器支管的安装必须具有良好坡度（图 5-53），当支管全长小于或等于 500mm，坡度值为 5mm；大于 500mm，坡度值为 10mm。当一根立管接往两根支管，任意一根超过

500mm，其坡度值均为 10mm。

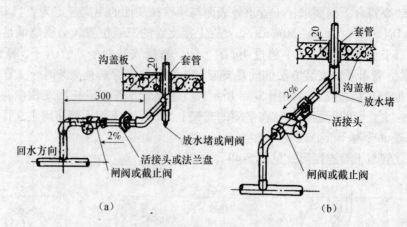

图 5-52　地沟内干管连接形式

(a) 地沟内干管与立管连接；(b) 在 400×400 管沟内干立管连接

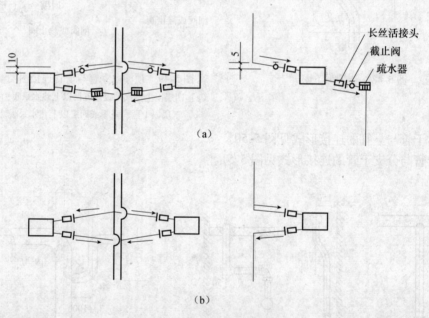

图 5-53　散热器支管的安装坡度

(a) 蒸汽支管；(b) 热水支管

2）供水（汽）管、回水支管与散热器的连接均应是可拆卸连接。

3）采暖支管与散热器连接时，对半暗装散热器应用直管段连接，对明装和全暗装散热器，应用煨制或弯头配制的弯管连接。用弯管连接时，来回弯管中心距散热器边缘尺寸不宜超过 150mm。

4）当散热器支管长度超过 1.5m 时，中部应加托架（或钩钉）固定。水平串联管道可不受安装坡度限制，但不允许倒坡安装。

5）散热器支管应采用标准化管段，进行集中加工预制以提高工效和安装质量。量尺下料应准确，不得与散热器强制性连接，或改动散热器安装位置以迁就管子的下料长度，这样才能确保安装的严密性，消除漏水的缺陷。

150

6）散热器支管安装，一般应在散热器与立管安装完毕后进行，也可与立管同时进行安装。安装时一定要把管子调整合适后再进行碰头，以免弄歪支立管。

【思考题与习题】

1. 供暖系统如何分类？热水供暖系统与蒸汽供暖系统有哪些区别？
2. 供暖系统中散热器、膨胀水箱、集气罐、疏水器、管道补偿器的作用分别是什么？
3. 叙述自然循环热水采暖系统的工作原理。
4. 试画出双管上供下回式热水供暖系统的压力分布图。
5. 在高层建筑中如何考虑围护结构的传热系数？高层建筑有哪些热水供暖系统的主要形式？

第6章 空气调节工程

学习目标和要求

了解空调负荷及送风量的确定方法；

掌握空气处理过程的原理及主要的处理设备；

掌握常用的空调系统及其安装。

学习重点和难点

掌握空气处理过程的原理及主要的处理设备；

掌握常用的空调系统及其安装。

6.1 空气调节概述

空气调节就是将室内的空气进行冷却、加热、加湿、除湿、净化等处理，以达到消除室内的余热、余湿、有害物质，或为室内提供一定的新鲜空气，使室内的温度、相对湿度、洁净度、气流速度等空气参数达到一定的要求，来满足生产工艺或人体舒适的需求。

室内空气计算参数主要指温度和相对湿度。参数的控制指标有空调基数和空调精度。空调基数指空调区域内设计规定的空气基准温度和基准相对湿度；空调精度指空调区域内偏离空调基数最大允许值。例如某房间注有 $t = (20 \pm 0.5)℃$，表明该空调房间的基准温度为 $t_n = 20℃$，空调精度为 $\pm 0.5℃$。换言之，空调房间的温度不超过 20.5℃，也不低于 19.5℃，只要在这个范围内即满足空调的设计要求。

6.1.1 空气调节系统的组成与分类

1. 空气调节系统的组成

一个完整的空调系统应由空气处理设备，输配系统，冷热源及被调房间这四部分组成，如图6-1所示。

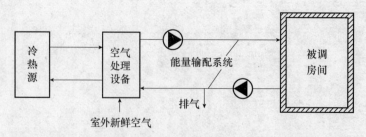

图6-1 空调系统的组成

（1）空气处理设备

作为空调系统的核心组成部分，室内空气与室外新鲜空气被送到这里进行热湿交换与净化，以达到要求的温湿度与洁净度，再被送回到室内。一般包括组合式空调机组和风机盘管等。

（2）输配系统

包括空气和水的能量输配系统。空气的输配系统指空气进入空气处理设备，送至空调房间形成的输送和分配系统，包括风道、风机、风口及其他配管等装置。水的输配系统指输送冷热源产生的冷量和热量的水泵、水管等。

（3）冷热源

空气处理设备所需要的冷热源包括制冷机组（冷水机组、风冷热泵机组等）、锅炉、电加热器等。

（4）被调房间

指空调空间或房间，既可以是封闭的，也可以是敞开的。

2. 空调系统的分类

空调系统有很多类型，分类方法也很多。

（1）按服务对象划分

空气调节系统可分为舒适性空调和工艺性空调两类。

1）舒适性空调是以室内人员为服务对象，以创造舒适环境为目的的空调。如住宅、办公室、宾馆、商场、图书馆、体育馆等场所应用的空调。我国《采暖通风与空气调节设计规范》（GB 50019—2003）规定，对于舒适性空调：夏季温度 22 ~ 28℃，相对湿度 40% ~ 65%；冬季温度 18 ~ 24℃，相对湿度 30% ~ 60%。

2）工艺性空调是以满足生产工艺或储存物品，或以室内运行的机器、设备保持最佳的室内条件为目的，应用于如精密机械加工业、仪器制造业、医药食品、纺织工业、无菌手术室、计算机房等场所。工艺性空调一般来说对温湿度、洁净度的要求比舒适性空调高，而对新鲜空气量没有特殊的要求。如精密机械加工业与精密仪器制造业要求空气温度的变化范围不超过 ±0.1 ~ 0.5℃，相对湿度变化范围不超过 ±5%。

（2）按空气处理设备的集中程度划分

空气调节系统可分为集中式空调系统、半集中式空调系统和分散式空调系统。

1）集中式空调系统是指空气处理设备（风机、冷却器、加热器、加湿器与过滤器等）集中设置在空调机房内，空气经过处理后，再由风道送入各个房间的系统形式。集中式空调系统也称为全空气系统，俗称中央空调。

2）半集中式空调系统是指将空调机房集中处理的部分或全部空气，送到空调房间，再由分散在各空调房间内的二次设备（也称末端装置，一般为风机盘管）进行处理后经风管或直接送入室内的形式，如风机盘管加新风系统、诱导器系统。

3）分散式空调系统又称为局部空调系统，这种系统的空气处理设备全部分散在空调房间或空调房间附近。空调房间使用的空调机组就属于此类，如家用窗式空调器、分体式空调器。

（3）按带走空调负荷的介质形式划分

空气调节系统分为全空气系统、全水系统、空气-水系统及制冷剂系统。

1）全空气系统是指完全由处理过的空气来承担室内热湿负荷的空调系统。全空气空调系统的空气处理基本上集中于空调机房内的空气调节箱中完成，因此常称为集中空调系统。由于空气的比热和密度较小，因此，要达到消除余热、余湿的目的，需要使用较多的空气。因此这种系统经常要求风道断面较大或风速较高，从而可能占据较多的建筑空间。

2）全水系统是指空调房间的热湿负荷全部用冷水或热水来负担的系统，如风机盘管系统。由于水的比热和密度比空气大，所以在室内负荷相同的情况下，需要水管断面、建筑空间都比全空气系统小，但由于缺少新风系统，不能满足房间的通风换气要求。

3）空气-水系统是指空调负荷由水和空气共同承担，由处理过的空气负担部分空调负荷并带走室内产生的各种污染物，而由水承担其余负荷的系统。例如集中处理新风送到房间，由处理过的新风负担部分室内负荷，再由设置在各房间的风机盘管承担其余的室内负荷的风机盘管加新风系统。这种方法既可以减少集中式空调机房与风道所占据的建筑空间，又能满足室内的通风换气的要求。

4）制冷剂系统又称直接蒸发式系统，是指由制冷剂直接作为承载空调负荷介质的系统。例如分散安装的局部空调器，制冷剂通过直接蒸发器与房间空气进行热湿交换，达到冷却除湿的目的，因此属于制冷剂系统。直接蒸发式空调机组一般制冷量较小，主要在中小型建筑中应用。

6.1.2 空调房间的气流组织

经处理后的空气送入空调房间，在与周围空气进行热质交换后又被排出，在此过程中形成了一定的温湿度、洁净度与流速的分布场。其中送风口的形式、数量、位置、排（回）风口的位置、送风参数、风口尺寸、空间的几何尺寸等均对房间内气流参数的分布场有显著的影响，其中以送风口的空气射流及送风参数对气流组织影响最大。

1. 空调房间的送风口

空调房间气流流型主要取决于送风射流。而送风口形式将直接影响气流的混合程度、出口方向及气流断面形状，对送风射流具有重要作用。根据空调精度、气流形式、送风口安装位置以及建筑装修的艺术配合等方面的要求，可以选用不同形式的送风口。送风口种类繁多，按送出气流形式分主要有辐射形送风口、轴向送风口、线形送风口和面形送风口四种类型：

1）辐射形送风口。送出气流呈辐射状向四周扩散，如盘式散流器、片式散流器等。

2）轴向送风口。气流沿送风口轴线方向送出，这类风口有格栅送风口、百叶送风口、喷口、条缝送风口等。

3）线形送风口。气流从狭长的线状风口送出，如长宽比很大的条缝形送风口。

4）面形送风口。气流从大面积的平面上均匀送出，如孔板送风口。

2. 几种常见的送风方式

（1）侧送

侧送是一种最常用的气流组织方式，具有结构简单、布置方便和节省投资等优点。一般采用贴附射流形式，工作区处于回流区内。常用贴附射流形式有下列几种：①单侧上送上回；②单侧上送下回，或走廊回风；③双侧内送下回或上回风；④中部双侧内送上下回或下回、上排风；⑤双侧外送上回风，如图6-2所示。

一般层高的小面积空调房间宜采用单侧送风；若房间长度较长，单侧送风射程不能满足要求时，宜采用双侧送风。其中中部双侧送回风适用于高大厂房。

侧送风的风口一般选用百叶式风口。风口可设置在房间侧墙上部，与墙面齐平；也可在风管一侧或两侧壁面上开设若干个孔口，或者将该风口直接安装在风管一侧或两侧的壁面上。单层百叶风口可调节送风气流风向；双层百叶风口还能在一定范围内调节气流的速度。

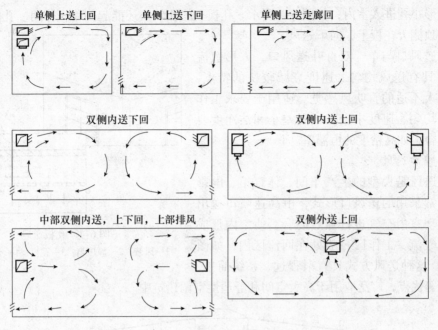

图 6-2　侧送方式气流组织

（2）散流器送风

散流器是安装在顶棚上的一种送风口，有平送和下送两种方式，送风射程和回流流程都比侧送短，通常沿着顶棚和墙形成贴附射流。平送散流器送出的气流贴附着顶棚向四周扩散，见图 6-3（a），适用于房间层高低、恒温精度要求较高的场合；下送散流器送出的气流向下扩散，见图 6-3（b），适用于房间层高较高、净化要求较高的场合。散流器的形式有盘式散流器、圆形直片式散流器、方形片式散流器、直片形送吸式散流器和流线型散流器等。

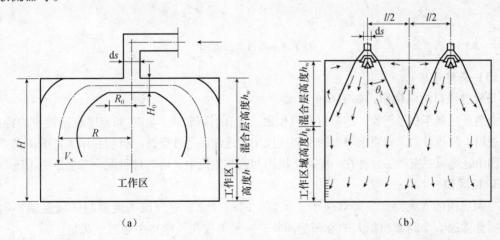

图 6-3　散流器送风流型
（a）散流器平送流型；（b）散流器下送流型

（3）孔板送风

孔板送风是将空调送风送入顶棚上的稳压层后，再靠稳压层的静压作用，流经风口面板

155

上若干圆形小孔进入室内，如图6-4所示。孔板上的孔较小还能起到稳压作用。孔板送风口一般装在顶棚天花板上，向下送风。

孔板送风口与单、双百叶送风口，方形散流器相比，具有送风均匀，速度衰减较快的特点，消除了使人不适的直吹风感觉。适用于要求工作区域气流均匀、速度小、区域温差小和洁净度要求高的场合，如高精度的恒温室。

（4）喷口送风

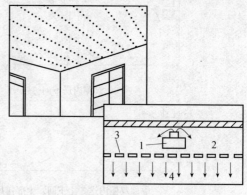

图6-4　孔板送风
1—风管；2—静压箱；3—孔板；4—空调房间

喷口送风是大型的生产车间、体育馆、电影院等建筑常采用的送风口形式，由高速喷口送出的射流带动室内空气进行强烈混合，使室内形成大的回旋气流，工作区一般处在回流区内，如图6-5所示。这种送风方式具有射程远、系统简单、节省投资等优点，广泛应用于高大空间和舒适性空调建筑中。

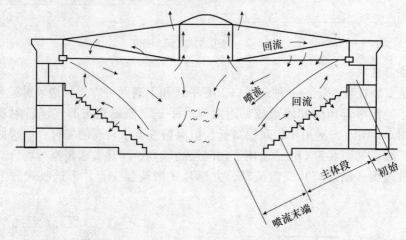

图6-5　喷口送风流型

（5）条缝送风

条缝送风口的结构形式如图6-6所示。

条缝送风属于扁平射流，与喷口送风相比，具有射程较短、温差和速度衰减较快的特点，因此适用于散热量大，只要求降温的房间或民用建筑的舒适性空调。目前我国大部分的纺织厂均采用条缝送风式空调。另外在一些高级民用和公共建筑中，可与灯具配合布置条缝送风口。

3. 回风口

空调房间的气流流型主要取决于送风口，回风口位置对气流的流型与区域温差影响很小，因此除高大空间或面积大的空调房间外，一般可仅在一侧集中布置回风口。

1）侧送方式的回风口一般设在送风口同侧下方。

2）孔板和散流器送风的回风口应设在房间的下部。

3）高大厂房上部有一定余热时，宜在上部增设排风口或回风口。

4）有走廊的多间空调房间，如对消声、洁净度要求不高，室内又不需要排除有害气体时，可在走廊端头布置回风口集中回风，而各空调房间与走廊邻接的门或内墙下侧应设置百叶栅口以便回风通过进入走廊。走廊回风时为防止外界空气侵入，走廊两端应设密闭性较好的门。

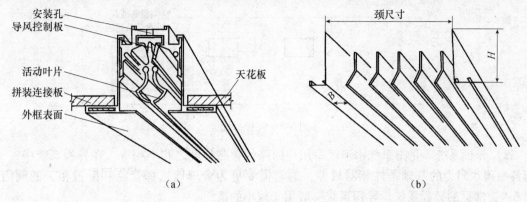

图6-6　条缝送风口
（a）条缝形散流器；（b）单面流风口

回风口由于汇流速度衰减很快，作用范围小，且回风口吸风速度的大小对室内气流组织的影响很小，因此回风口的类型并不多，空调常用的回风口有格栅（图6-7）、单层百叶、金属网格等形式。

6.1.3　空调水系统

建筑物的冷负荷和热负荷大多由集中冷、热源设备制备的冷冻水和热水（有时为蒸汽）来承担。因此，大型建筑物内的空调水系统庞大而复杂。空调水系统按其功能分为冷冻水系统（输送冷量）、热水系统（输送热量）和冷却水系统（排除冷水机组的冷凝热量）。由于空调热水系统在原理上与空调冷水系统基本相同，因此以下主要介绍空调冷冻水系统与冷却水系统。

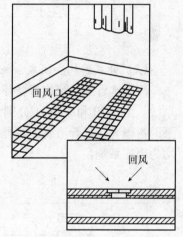

图6-7　格栅式回风口

1. 冷冻水系统

冷冻水系统指由冷水机组供应的冷水为介质并送至末端空气处理设备的水路系统。按照空调末端设备的水流程，可分为同程系统和异程系统；按系统水压特征，可分为开式系统和闭式系统；按冷热管道的设置方式，可分为两管制和四管制系统；按照末端用户侧水流量特征，可分为定流量系统和变流量系统；按系统中水泵是否有串联布置，可分为一次泵和二次泵系统。

（1）同程系统和异程系统

空调冷冻水管由总管、干管及支管组成。各支管与空调末端装置相连接，构成一个个并联回路。为了保证每个末端装置应有的水量，除了需要选择合适的管径外，合理布置各回路的走向是非常重要的。各并联支路只有在设计水阻力接近相等时，才能基本获得各自的设计水量，从而能够保证为末端装置提供出设计的冷量。由于管道管径的规格有限，完全通过管径的选择来实现各支路的水阻力平衡是较为困难的，因此，在一定程度上需要利用阀门调节。特别需要指出的是，由于阀门存在一定的能量损失，不能随意到处增加，而只能是在系统设计合理的基础上适当考虑。

1）同程系统。是指系统水流经各用户回路的管路长度相等（或接近）。这种系统水力平衡比较好，调试比较方便，图 6-8 为常见的同程系统。

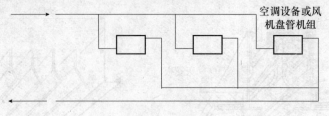

图 6-8　同程系统

2）异程系统。是指系统水流经每用户回路的管路长度之和不相等。在异程系统中，平衡各回路水阻力的基础条件相对较差，通常需要更为合理地选择管径和配置相关的阀门。图 6-9 为常见的异程系统。异程系统一般用于较小的系统。

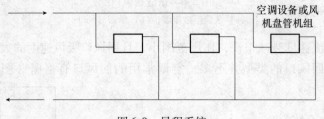

图 6-9　异程系统

（2）开式系统和闭式系统

冷冻水管道系统均为循环式系统，根据用户需求情况的不同，可以分为开式系统和闭式系统。图 6-10 和图 6-11 分别为开式和闭式系统的示意图。开式系统的回水进入贮水池，水泵的扬程大，且管道腐蚀较严重，故一般较少采用。一般空调水系统与热水采暖系统一样，均为闭式系统。

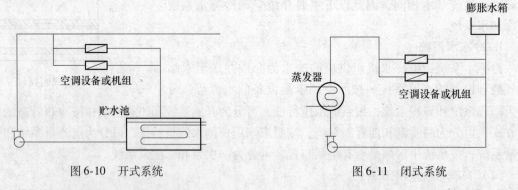

图 6-10　开式系统　　　　　　　　　　　　图 6-11　闭式系统

（3）两管制系统和四管制系统

1）两管制系统。为冷、热源利用同一组供、回水管路为末端装置的盘管提供空调冷水或热水的系统，只有两根输送管路，如图 6-12（a）所示。其特点是：冷、热源交替使用（季节切换），不能同时向末端装置供冷水和热水，适用于建筑物功能较单一、舒适性要求相对较低的场所。它的投资相对较低。

2）四管制系统。是冷、热源分别通过各自的供、回水管路，为末端装置的冷盘管和热盘管提供空调冷水和热水的系统，系统中共有四根输送管路，如图 6-12（b）所示。其特点是：冷、热源可同时使用，末端装置内可以配置冷、热两组盘管，以实现向末端装置同时供

158

应空调冷水和热水,可以对空气进行冷却、再热处理,满足相对湿度的要求。此外,在分内、外区的房间或供冷、供热需求不同的房间,通过配置冷、热盘管或单冷盘管等措施,完全可以实现"各取所需"的愿望。因此,四管制系统适合于对室内空气参数要求较高的场合,有时甚至是一种必要的手段。但它的投资比较高。

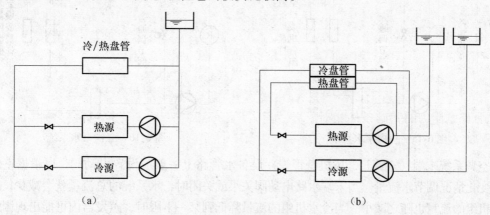

图 6-12　两管制和四管制系统
(a) 两管制系统;(b) 四管制系统

(4) 定流量与变流量水系统

通常将空调水系统从位置构成上分为两部分,即冷、热源侧水系统和用户侧水系统。而"定流量与变流量"的区分是针对用户侧而言。如果用户侧的系统水量处于实时的变化过程中,则将此水系统定义为变流量水系统;反之,则称为定流量水系统。

1) 定流量系统。是指空调水系统中输配管路的流量保持恒定,如图 6-13 所示,末端设电动三通阀,或不设任何阀门。

2) 变流量系统。是在末端设两通电动阀,流量可随两通电动阀的调节而改变,如图6-14 所示。

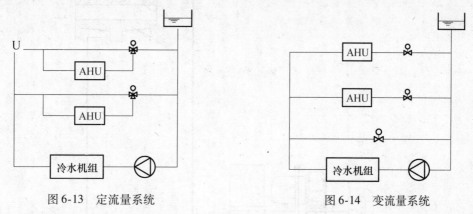

图 6-13　定流量系统　　　　　　　　图 6-14　变流量系统

(5) 一次泵水系统和二次泵水系统

1) 一次泵水系统。水泵均为并联连接,一般布置在冷水机组前后附近,是最常用的连接方式,如图 6-15 所示。

2) 二次泵水系统。通常在较大的空调系统中,各分区环路之间阻力损失相差悬殊(100kPa 以上) 或环路之间使用功能有重大区别以及区域供冷时采用,如图 6-16 所示。在二次泵水系统中,一次泵只承担冷水机组等机房水系统的阻力,二次泵根据各环路阻力的不同选择不同的扬程。

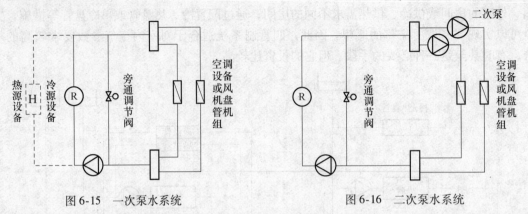

图 6-15　一次泵水系统　　　　　　　图 6-16　二次泵水系统

空调系统末端（空调箱、风机盘管等）设备水管路上一般应设置电动阀，以根据室内负荷的变化情况调节水流量。当末端水路电动阀关小或关闭时，水系统的总流量就会减少，通过冷水机组的流量也随之减小。当冷水机组的流量降低到某一下限时，蒸发器内可能出现因水流速度过低导致局部结冰的事故。因此，机房水系统的供回水管之间（一般为分水器和集水器之间）应设置压差旁通调节阀。压差旁通的通水能力应为一台冷水机组的冷冻水流量。

2. 冷却水系统

冷却水系统是为水冷冷水机组或水冷制冷剂空调机组设置的。

空调系统通常采用循环水冷却系统，即将来自冷凝器的冷却回水送入冷却塔，利用室外空气使之冷却降温，然后再送回冷凝器循环使用，如图 6-17 所示。

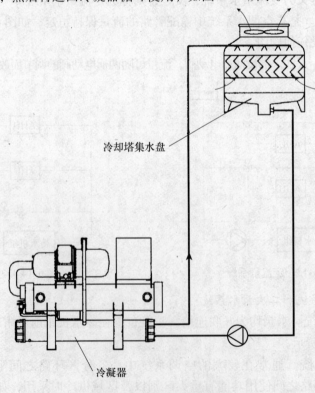

图 6-17　冷却水系统示意图

6.1.4 空调负荷及送风量的确定方法

1. 夏季冷负荷估算

在民用建筑方案设计阶段，空调房间的夏季冷负荷可根据空调负荷概算指标进行估算。空调负荷概算指标是指折算到建筑物中每一平方米空调面积所需制冷机或空调器提供的冷负荷值。将负荷概算指标乘以建筑物内的空调面积，即得夏季空调制冷系统总负荷的估算值。国内部分建筑空调冷负荷概算指标见表6-1。

表6-1　国内部分建筑空调冷负荷概算指标

序号	建筑类型及房间名称	冷负荷指标 （W/m²）	序号	建筑类型及房间名称	冷负荷指标 （W/m²）
1	旅游旅馆；标准客房	80～100	17	医院：高级病房	80～100
2	酒吧、咖啡厅	100～180	18	一般手术室	100～150
3	西餐厅	160～200	19	洁净手术室	300～500
4	中餐厅、宴会厅	180～350	20	X光、B超、CT室	120～150
5	商店、小卖部	100～160	21	影剧院：观众席	180～350
6	中庭、接待厅	90～120	22	休息厅（允许吸烟）	300～400
7	小会议室（允许少量抽烟）	200～300	23	化妆室	90～120
8	大会议室（不允许吸烟）	180～280	24	体育馆：比赛馆	120～250
9	理发室、美容室	120～180	25	观众休息室（允许吸烟）	300～400
10	健身房、保龄球	100～200	26	贵宾馆	100～120
11	弹子室	90～120	27	展览厅、陈列室	130～200
12	室内游泳池	200～350	28	会堂、报告厅	150～200
13	交谊舞厅	200～250	29	图书阅览室	75～100
14	迪斯科舞厅	250～350	30	科研、办公楼	90～140
15	办公室	90～120	31	公寓、住宅	80～90
16	商场、百货大楼、营业室	150～250	32	餐馆	200～350

2. 冬季热负荷估算

民用建筑空气调节系统冬季的热负荷，可按冬季采暖热负荷指标估算后，乘以空调系统冬季用室外新风量的加热系数1.3～1.5即可。当只知道总建筑面积时，其采暖指标可参考下列数值：

住宅	47～70W/m²
办公、学校	58～81W/m²
医院、幼儿园	64～81W/m²
旅馆	58～70W/m²
图书馆	47～70W/m²
商店	64～87W/m²
单层住宅	81～105W/m²
食堂、餐厅	116～140W/m²

影剧院 $93 \sim 116 \mathrm{W/m^2}$

大礼堂、体育馆 $116 \sim 163 \mathrm{W/m^2}$

一般总建筑面积大，外围护结构热工性能好，窗户面积小，采用较小的指标；反之，采用较大的指标。

3. 送风量的计算

空调系统送风量的大小制约着送、回、排风管道的断面积的大小，从而影响风道所需占据建筑空间的大小。由于空调风道与水管、电缆等相比断面尺寸大得多，所以对于有吊顶的建筑，空调送风管道的大小是决定吊顶空间最小高度的主要因素。

对于集中空调系统，空调系统的总处理风量取决于空调负荷以及送风与室内空气的温差，见式6-1。

$$L = \frac{Q}{\rho c_p (t_n - t_0)} \tag{6-1}$$

式中　L——送风量，$\mathrm{m^3/s}$；

　　　Q——空调显热负荷，W；

　　　ρ——空气的密度，$\mathrm{kg/m^3}$；

　　　c_p——空气的定压比热容，$\mathrm{J/(kg \cdot ℃)}$；

　　　t_n——室内设计温度基数，℃；

　　　t_0——送风温度，℃。

1）如果减小送风量，则增大了送风温差，使夏季送风温度过低，使人感受冷气流作用而感到不适，同时室内温湿度分布的均匀性与稳定性也会受到影响，因此需限制夏季送风温差值。

2）由于冬季送热风时的送风温差值可以比送冷风时的送风温差值大，所以冬季送风量可以比夏季小。

所以空调送风量一般是先用冷负荷确定夏季送风量，在冬季采用与夏季相同的送风量，也可小于夏季。冬季的送风温度一般以不超过45℃为宜。

送风量除需要满足处理负荷的要求外，还需满足一定的换气次数，即房间通风量与房间体积的比值。对于有净化要求的车间，换气次数有的可能高达每小时百次。

《采暖通风与空气调节设计规范》（GB 50019—2003）规定了夏季送风温差的建议值与推荐的换气次数，见表6-2。由于送风温差对送风量及空调系统的初投资与运行费用有显著的影响，因此宜在满足规范要求的前提下尽量选用较大的送风温差。

表6-2　送风温差与换气次数

室温允许波动范围	送风温差（℃）	最小换气次数（次/h）
$> \pm 1.0$	$\leqslant 15$	
± 1.0	$6 \sim 10$	5（高大房间除外）
± 0.5	$3 \sim 6$	8
$\pm 0.1 \sim 0.2$	$2 \sim 3$	12（工作时间不送风的除外）

6.2　空调制冷系统

在夏季为了维持空调房间内一定的空气温度和湿度，必须利用空调冷源提供的冷量，并

162

通过空气处理设备处理空气，源源不断地向室内输送冷风，来抵消室外空气和太阳辐射对空调房间的热湿干扰和室内灯光、设备、人体等散发的热湿量。

空调中所使用的冷源包括天然冷源和人工冷源两种。天然冷源包括地下水、深湖水、深海水、天然冰、地道风等。

由于天然冷源受时间、地点的限制，不可能经常满足空调工程的需要，因此常采用人工冷源。制冷就是利用人工的方法，使某一物体和空间达到比环境介质更低的温度，并保持这个低温。人工制冷的设备叫制冷机，空调工程中目前采用最多的是压缩式制冷和吸收式制冷。

6.2.1 蒸汽压缩式制冷的工作原理与设备

蒸汽压缩式制冷是空调系统中使用最多、应用最广的制冷方法。

1. 制冷的工作原理

蒸汽压缩式制冷是利用液汽化时要吸收热量这一物理特性来制取冷量，其工作原理如图6-18所示。

点划线外的部分是制冷段，贮液器中高温高压的液态制冷剂经膨胀阀降温、降压后进入蒸发器，在蒸发器中吸收周围介质的热量汽化后回到压缩机。同时，蒸发器周围的介质因失去热量，温度降低。

点划线内的部分称为液化段，其作用是使在蒸发器中吸热汽化的低温、低压气态制冷剂重新液化后用于制冷。方法是先用压缩机将其压缩为高温、高压的气态制冷剂，然后在冷凝器中利用外界常温下的冷却剂（如水、空气等）将其冷却为高温、高压的液态制冷剂，重新回到贮液器循环使用。

由此可见，蒸汽压缩式制冷系统是通过制冷剂（如氨、氟利昂等）在蒸汽压缩式制冷系统中的压缩机、冷凝器、节流阀、蒸发器等热力设备中进行压缩、放热、节流、吸热等热力过程，完成一个完整的制冷循环，如图6-19所示。

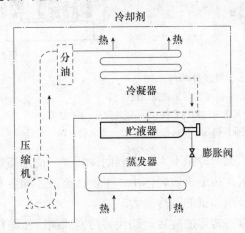

图6-18　液体汽化制冷原理示意图

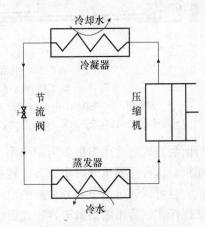

图6-19　蒸汽压缩式制冷系统

2. 蒸汽压缩式制冷循环的主要设备

（1）制冷压缩机

制冷压缩机的作用是从蒸发器中抽吸低温、低压的气态制冷剂并将其压缩为高温、高压的气态制冷剂，以保证蒸发器中具有一定的蒸发压力和提高气态制冷剂的压力，以便使气态制冷剂在较高的冷凝温度下被冷却剂冷凝液化。

1）制冷压缩机的类型。根据工作原理的不同，可分为容积式和离心式两类：①容积式制冷压缩机：靠改变工作腔的容积，把吸入的气态制冷剂压缩。活塞式压缩机、回转式压缩机、螺杆式压缩机等都属于容积式制冷压缩机。②离心式制冷压缩机：靠离心力的作用，连续地吸入气态制冷剂和对气态制冷剂进行压缩。

2）常用的制冷压缩机有活塞式制冷压缩机、螺杆式制冷压缩机和离心式制冷压缩机。

①活塞式制冷压缩机是广泛应用的一种制冷压缩机，它的压缩装置由活塞和气缸组成，活塞在气缸内往复运动从而压缩吸入的气体，如图6-20所示。

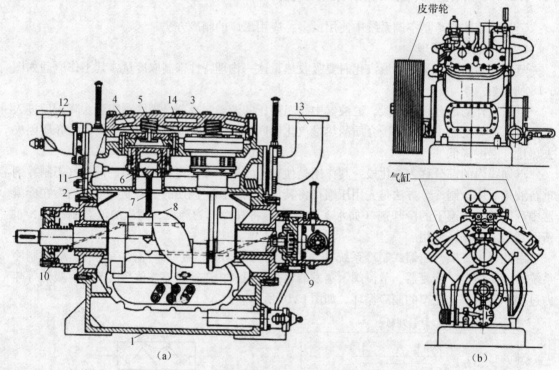

图6-20　活塞式制冷压缩机的外形与原理
（a）活塞式压缩机工作原理；（b）4缸V形活塞式压缩机外形
1—曲轴箱；2—进气腔；3—气缸盖；4—气缸套及进排气阀组合件；5—缓冲弹簧；6—活塞；
7—连杆；8—曲轴；9—油泵；10—轴封；11—油压推杆机构；12—排气管；13—进气管；14—水套

目前活塞式制冷压缩机多为中小型，空调工况制冷量不大。空调制冷装置多使用高速多缸压缩机，这种压缩机气缸小而多，转数高，因此压缩机质轻体小，平衡性能好，噪声和振动较低，且可以通过调节部分气缸的启停来调节压缩机的制冷能力。

②螺杆式制冷压缩机属于容积式压缩机，靠回转体的旋转运动代替活塞式制冷压缩机活塞的往复运动，以改变气缸的工作容积，周期性地将一定数量的气态制冷剂进行压缩。

螺杆式制冷压缩机有单螺杆和双螺杆两种形式。图6-21为一双螺杆制冷压缩机。

与活塞式制冷压缩机相比，其特点是构造简单、容积效率高且运转平稳，实现了高速和小型化，制冷量也更大，且可在10%～100%负荷之间无级调节。但由于螺杆压缩机为滑动密封，加工精度要求高。

164

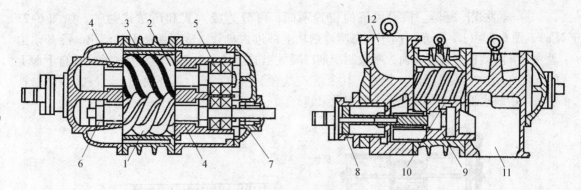

图 6-21　喷油式螺杆制冷压缩机

1—阳转子；2—阴转子；3—机体；4—滑动轴承；5—止推轴承；6—平衡活塞；

7—轴封；8—能量调节用卸载活塞；9—卸载滑阀；10—喷油孔；11—排气口；12—进气口

③离心式制冷压缩机的构造与离心水泵相似，如图 6-22 所示。低压气态制冷剂从侧面进入叶轮中心后靠叶轮高速旋转产生的离心力作用获得动能和压能，流向叶轮外缘，然后通过扩压器再进入蜗壳，将动能转化为压能，从而获得高压，排出压缩机。

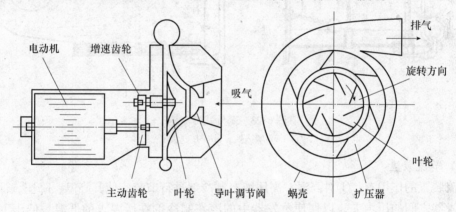

图 6-22　单级离心式压缩机示意图

离心式制冷压缩机的特点是制冷能力大、结构紧凑、质量轻、占地面积小；运行平稳、工作可靠、维护费用低；可在 30% ~ 100% 负荷之间无级调节；制冷效率高，但在低负荷下易喘振。因小型离心式制冷压缩机的总效率低于活塞式制冷压缩机，因此更适用于大型或特殊用途的场合，且往往与调节性能好的螺杆机等搭配。近年来在国内外集中空调系统中，离心式制冷机组的应用约占总制冷量的 90%。

（2）冷凝器

冷凝器的作用是把压缩机排出的高温、高压的气态制冷剂冷却并使其液化。根据所使用冷却介质的不同，可分为水冷冷凝器、风冷冷凝器、蒸发式和淋水式冷凝器等类型。

1）水冷式冷凝器。冷却水使用地下水、地表水，经冷却后（如使用冷却塔）再利用的循环水。水冷式冷凝器换热效率高，多用于大中型制冷空调系统。

2）风冷式冷凝器。完全不需要冷却水，而是利用空气使气态制冷剂冷凝。与水冷式冷凝器相比，尤其在冷却水充足的地方，水冷式冷凝器设备初投资和运行费用均低于风冷式设备。而采用风冷式冷凝器的制冷系统由于其组成简单并可缓解水源紧张等特点，而得到了广泛应用。目前中小型氟利昂制冷机组多采用风冷式冷凝器。

3）蒸发式冷凝器。根据风机的位置不同，可分为吸入式和压送式两种，如图 6-23（a）、图 6-23（b）所示。高压气态制冷剂从上部进入盘管，冷凝后从下部流出。冷却水由盘管上方淋洒在盘管外表面，吸收制冷剂冷凝放出的热量，一部分蒸发为水蒸气被自下而上的空气（动力由风机提供）带走，其余落入盘管下方的水槽，循环使用。蒸发式冷凝器特别适用于缺水地区，气候越干燥使用效果越好。

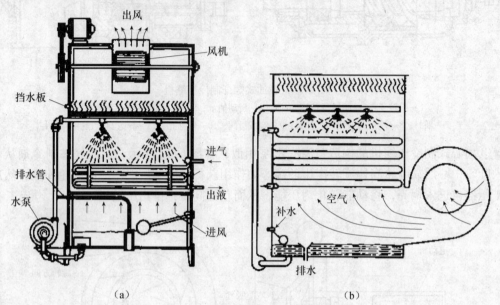

图 6-23　蒸发式冷凝器
(a) 吸入式；(b) 压送式

（3）节流装置

节流装置的作用有：①对高温、高压液态制冷剂进行节流，使其降温、降压，保证冷凝器和蒸发器之间的压力差，以便使蒸发器中的液态制冷剂在所要求的低温、低压下吸热汽化，制取冷量；②调整进入蒸发器的液态制冷剂的流量，以适应蒸发器热负荷的变化，使制冷装置更加有效地运行。

常用的节流装置有手动膨胀阀、浮球式膨胀阀、热力式膨胀阀和毛细管等。

（4）蒸发器

蒸发器的作用是使进入其中的低温、低压液态制冷剂吸收周围介质（水、空气等）的热量汽化，同时，蒸发器周围的介质因失去热量，温度降低。

蒸发器的类型很多，按照供液方式不同可以分为满液式蒸发器、非满液式蒸发器、循环式蒸发器和淋激式蒸发器四种。这里主要介绍满液式蒸发器。

满液式蒸发器主要分卧式壳管蒸发器和水箱式蒸发器两种形式，分别见图 6-24、图 6-25。

1）卧式壳管蒸发器。多用于氨制冷系统，载冷剂（如冷冻水）从位于筒体内的管组中流过，而制冷剂充满管外的筒体空间，吸热后形成气泡升至液面。

2）水箱式蒸发器。水箱内充满载冷剂，制冷剂从浸在水箱内的管组中流过，与管外的载冷剂进行热交换。

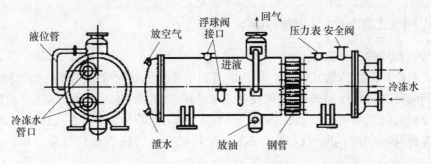

图 6-24　氨卧式壳管蒸发器

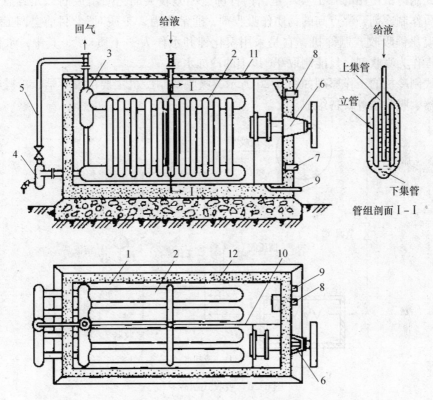

图 6-25　氨立管式水箱式蒸发器

1—水箱；2—管组；3—液体分离器；4—集油罐；5—均压管；

6—螺旋搅拌器；7—出水口；8—溢流口；9—泄水口；10—隔板；11—盖板；12—保温层

3. 制冷剂、载冷剂和冷却剂

1）制冷剂。制冷剂指在制冷装置中进行制冷循环的工作物质，目前常用的制冷剂有氨、氟利昂等。

2）载冷剂。为了把制冷系统制取的冷量远距离输送到使用冷量的地方，需要有一种中间物质在蒸发器中冷却降温，然后再将所携带的冷量输送到其他地方使用。这种中间物质称为载冷剂，常用的载冷剂有水、盐水和空气等。

3）冷却剂。为了在冷凝器中把高温、高压的气态制冷剂冷凝为高温、高压的液态制冷剂，需要用温度较低的冷却物质带走气态制冷剂凝结时放出的热量，这种工作物质称为冷却剂。常用的冷却剂有水（如井水、河水、循环冷却水等）和空气等。

6.2.2 吸收式制冷的工作原理与设备

1. 吸收式制冷的工作原理

吸收式制冷和蒸汽压缩式制冷一样，也是利用液体气化时吸收热量的物理特性进行制冷。所不同的是，蒸汽压缩式制冷机使用电能制冷，而吸收式制冷机是使用热能制冷。吸收式制冷机的优点是可利用低位热源，在有废热和低位热源的场所应用较经济。此外，吸收式制冷机既可制冷，也可供热，在需要同时供冷、供热的场合可以一机两用，节省机房面积。

吸收式制冷机使用的"工质"是由两种沸点相差较大的物质组成的二元溶液，其中沸点低的物质作制冷剂，沸点高的物质作吸收剂，通常称为"工质对"。目前空调工程中使用较多的是溴化锂吸收式制冷机，它是采用溴化锂和水作为"工质对"，其中，水作为制冷剂，溴化锂作为吸收剂，只能制取 0℃ 以上的冷冻水。

吸收式制冷机的工作原理如图 6-26 所示，吸收式制冷机主要由发生器、冷凝器、节流阀、蒸发器、吸收器等设备组成。

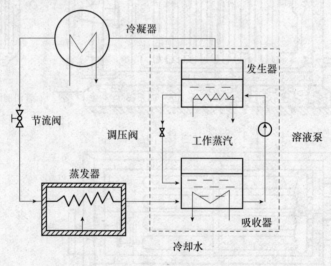

图 6-26　吸收式制冷系统

1）制冷剂循环。图 6-26 中点划线外的部分是制冷剂循环，从发生器出来的高温、高压的气态制冷剂在冷凝器中放热后凝结为高温、高压的液态制冷剂，经节流阀降温降压后进入蒸发器。在蒸发器中，低温、低压的液态制冷剂吸收被冷却介质的热量汽化制冷，汽化后的吸收剂返回吸收器，进入点划线内的吸收剂循环。

2）吸收剂循环。图 6-26 中点划线内的部分称为吸收剂循环。在吸收器中，从蒸发器来的低温、低压的气态制冷剂被发生器来的浓度较高的液态吸收剂溶液吸收，形成制冷剂-吸收剂混合溶液，通过溶液泵加压后送入发生器。在发生器中，制冷剂-吸收剂混合溶液利用外界提供的工作蒸汽加热，升温升压，其中沸点低的制冷剂吸热汽化成高温、高压的气态制冷剂，与沸点高的吸收剂溶液分离，进入冷凝器作制冷剂循环。发生器中剩下的浓度较高的液态吸收剂溶液则经调压阀减压后返回吸收器，再次吸收从蒸发器来的低温、低压的气态制冷剂。

在整个吸收式制冷循环中，吸收器相当于压缩机的吸气侧，发生器相当于压缩机的排气侧，图中点划线内吸收器、溶液泵、发生器和调压阀的作用相当于压缩机，把制冷循环中的低温、低压气态制冷剂压缩为高温、高压气态制冷剂，使制冷剂蒸汽完成从低温、低压状态到高温、高压状态的转变。

2. 溴化锂吸收式制冷机

溴化锂吸收式制冷剂的原理是以溴化锂溶液为吸收剂，以水为制冷剂，利用水在高真空下蒸发吸热达到制冷的目的，具体工作过程如图6-27所示。

溴化锂吸收式制冷机主要由吸收器、发生器、冷凝器和蒸发器四部分组成。在吸收器中，蒸发后的冷却水蒸气被溴化锂溶液所吸收，溶液变稀，然后以热能为动力，在发生器中将溶液加热使其水分分离出来，使溶液变浓。发生器中得到的蒸汽在冷凝器中凝结成水，经节流后再送至蒸发器中蒸发，如此循环达到连续制冷的目的。

从吸收器出来的稀溶液温度较低，而稀溶液的温度越低，则在发生器中需要更多热量。从发生器出来的浓溶液温度较高，而浓溶液温度越高，在吸收器中则需要更多的冷却水量。因此可设置溶液交换器，用温度较高的浓溶液加热温度较低的稀溶液，这样既减少了发生器的加热负荷，也减少了吸收器的冷却负荷。

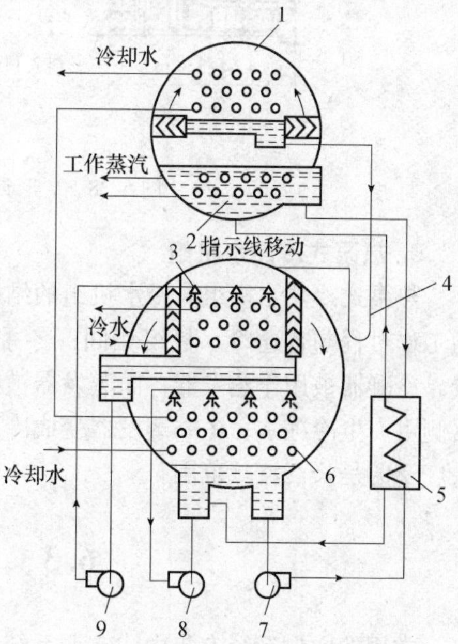

图 6-27 单效溴化锂吸收式制冷机工作原理
1—冷凝器；2—发生器；3—蒸发器；
4—U形管；5—溶液热交换器；6—吸收器；
7—发生器泵；8—吸收器泵；9—蒸发器泵

6.2.3 制冷机组

制冷机组就是将制冷系统中的部分设备或全部设备配套组装在一起，成为一个整体。这种机组结构紧凑、使用灵活、管理方便，且具有占地面积小、安装简单的优点。下面简要介绍空调工程中常用的制冷机组。

1. 冷水机组

冷水机组是生产冷水的制冷装置，它将制冷系统中设备（如一台或数台压缩机、电动机、制冷设备、调节控制设备及各种安全保护设备等）全部配套组装在一起，成为一个整体，可提供 5～15℃冷水。

根据机组中的制冷压缩机不同可分为活塞式冷水机组（空调工况制冷量小于 580kW）、螺杆式冷水机组（空调工况制冷量 121～1119kW）、离心式冷水机组（空调工况制冷量一般不小于 350kW）。

2. 直燃式溴化锂吸收式制冷机组

直燃式溴化锂吸收式制冷机集燃气或燃油锅炉和溴化锂吸收式制冷机于一体，如图6-28所示。其原理是夏天进行吸收制冷，冬天采用燃气或燃油燃烧供热水。具有体积小、结构紧凑的优点，同时它能够同时制冷和供热，适用于同时需要供热和供冷的场合。另外它耗电较少，适用于缺电或油、燃气价格便宜的地区。

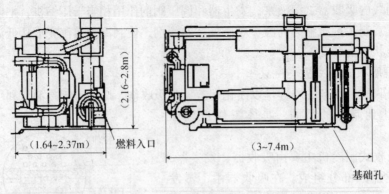

（2.16~2.8m）

（1.64~2.37m） 燃料入口

（3~7.4m）

基础孔

图 6-28　Ⅴ形直燃式溴化锂吸收式制冷机外形

3. 热泵式冷热水机组

热泵式冷热水机组与冷水机组的结构基本相同，系统组成仅相差一个四通换向阀。夏季的工作过程与普通冷水机组相同；冬季制热水时，旋转四通换向阀，改变制冷剂的流动路线，冷凝器被用作蒸发器，而蒸发器被用作冷凝器。因此在夏季，热泵式冷热水机组的蒸发器侧可产生冷冻水；冬季蒸发器变成冷凝器，将流过的水加热用于供热需要。目前我国应用最广泛的是长江流域范围。

6.3　常用的空调系统

常用的空调系统有集中式空调系统、风机盘管加新风空调系统和分散式空调系统等。

6.3.1　集中式空调系统

集中式空调系统也称全空气系统。它是一种最早出现的基本空调方式。由于它的服务面积大，处理的空气量多，技术上比较容易实现，现在仍然用得很广泛，特别用在有恒温、恒湿要求的房间及洁净室等工艺性空调场合。

1. 集中式空调系统的组成

集中式空调系统的组成，如图 6-29 所示。空气处理所需的冷、热源为集中设置的冷冻站、锅炉房或热交换站，冷热媒的输送媒介为水。

2. 集中式空调系统的分类

（1）根据使用室外新风的情况划分

集中式空调系统根据所使用室外新风的情况分为直流式空调系统、封闭式空调系统和回风式空调系统，见图 6-30。

1）封闭式空调系统。封闭式空调系统处理的空气全部来自室内，将室内空气抽回到空调箱中处理后再送到房间内，可以节约大量能量，但没有新鲜空气输入，故仅用于库房等很少有人进入的房间。

2）直流式空调系统。直流式空调系统是百分之百地使用新风的系统，一般应用于有较多污染物产生的生产车间，由于处理空气全部为室外新鲜空气，因而能耗巨大。

3）混合式空调系统。混合式空调系统大部分空气经风管抽回空调箱处理，少量空气排出室外并补充等量的新鲜空气，以保证人体在室内环境活动所需的氧气和空气新鲜度，又称为回风式系统，是最常见的空气调节系统。

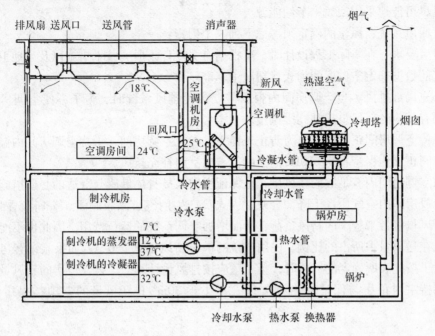

图 6-29 集中式空调系统

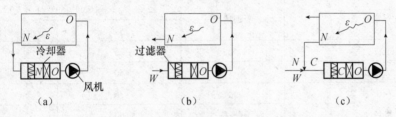

图 6-30 集中式空调系统的三种形式

（a）封闭式系统；（b）直流式系统；（c）混合式系统

N—室内空气；W—室外空气；C—混合空气；O—冷却器后的空气状态

（2）根据使用回风次数划分

在工程上根据使用回风次数的多少可分为一次回风系统和二次回风系统两种形式，如图 6-31 所示。

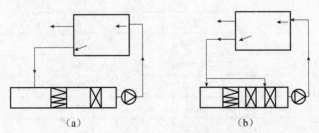

图 6-31 回风式系统示意图

（a）一次回风式；（b）二次回风式

1）一次回风空调系统。是空调工程中最常用的一种空调系统。一次回风系统综合了直流式系统和封闭式系统的优点，它既能满足室内人员所需的卫生要求，向室内提供一定量的新风，又尽可能地采用回风来节约能源。

一次回风系统新风量的确定须考虑下列三个因素：

①卫生要求。在实际工程设计时，可根据有关设计手册、技术措施以及当地卫生防疫部门所规定的数据确定空调房间内人均新风量标准。

②补充局部排风。当空调房间内根据需要设置排风系统时，为了不使空调房间产生负压，必须有相应的新风量来补充排风量。

③保持空调房间正压要求。为防止外界空气渗入空调房间，干扰空调房间内温、湿度或使空调房间正压值保持在 5~10Pa 范围内，需向室内补充新风。

确保空调房间内有足够的新风量，是保证室内人员身体健康与舒适的必要措施。新风量不足，造成房间内空气质量下降，会使室内人员产生闷气、黏膜刺激、头痛及昏睡等症状。但增加新风量将带来较大的新风负荷，从而增加空调系统的运行费用，因此也不能无限制地增加新风在送放量中所占的比例。民用建筑的最小新风量见表 6-3。如果旅馆客房等卫生间排风量大于按此表所确定的数值时，新风量应按排风量计算。工艺性厂房的新风量应按补偿排风、保持室内正压与保证室内人员每人不小于 $30m^3/h$ 新风量的三项结果中的最大值确定。

表 6-3　民用建筑最小新风量

建筑物类型	吸烟情况	新风量 [$m^3/(h \cdot 人)$]	
		适当	最少
一般办公室	无	25	20
个人办公室	有一些	50	35
会议室	无	35	30
	有一些	60	40
	严重	80	50
百货公司、零售商店、影剧院	无	25	20
会堂	有一些	25	20
舞厅	有一些	33	20
医院大病房	无	40	35
医院小病房	无	60	50
医院手术室	无	$37m^3/(m^2 \cdot 人)$	
旅馆客房	有一些	50	30
餐厅、宴会厅	有一些	30	20
自助餐厅	有一些	25	20
理发厅	大量	25	20
体育馆	有一些	25	20

2）二次回风系统。把回风分成两个部分，第一部分（也称为一次回风）与新风直接混合后经盘管进行冷、热处理，第二部分（也称为二次回风）则与经过处理后的空气进行二次混合。

172

一次回风系统一般利用再热来解决送风温差受限制的问题，即为了保证必需的送风温差，一次回风系统在夏季有时需要再热，从而会产生冷热抵消的现象。而二次回风系统则采用二次回风来减小送风温差，以达到节约能量的目的。二次回风系统多用于恒温、恒湿空调等工艺性空调。

3. 集中式空调系统的特点及适用条件

（1）集中式空调系统的特点

集中式空调系统的主要优点有：①空调设备集中设置在专用空调机房里，管理维修方便，消声防振容易；②可根据季节变化调节空调系统的新风量，节约运行费用；③使用寿命长，初投资和运行费比较少。

集中式空调系统的主要缺点有：①风量大，风道粗，占用建筑空间，施工安装麻烦；②一个系统只能处理一种状态的空气，各房间的热、湿负荷的变化规律差别较大时，不便于运行调节；③空调房间多，各房间单独调节难。如若采用各房间可调节的 VAV 变风量空调系统则造价过于昂贵。

（2）集中式空调系统的适用条件

集中式空调系统适合服务面积大、各房间热湿负荷的变化规律相近、房间使用时间较一致的场合，如商场、展览馆、体育馆、影剧院、酒店大堂等民用建筑，或恒温、恒湿空调、净化空调等要求较高的工艺性空调。

6.3.2 风机盘管加新风空调系统

风机盘管加新风空调系统是空气-水系统中一种主要形式，也是目前我国民用建筑中采用最为普遍的一种空调形式。它投资少，使用灵活广泛。由集中设置在空调机房的空调机组处理新风后送到室内，由设置在各空调房间的风机盘管循环处理室内空气并带走主要冷热负荷。由于新风需要通过新风机组集中处理，而风机盘管又分散在各个空调房间内，故又称为半集中式空调系统。

1. 风机盘管加新风空调系统的组成

风机盘管机组是空调系统的一种末端装置，由风机、盘管（换热器）、电动机、空气过滤网、室温调节装置及箱体组成，如图 6-32 所示。它有立式、卧式及壁挂式等，安装方式有明装和暗装。风机盘管出口可以接一段短管直接送风，也可以通过一段不太长的风管连接 1～3 个风口送风。

风机盘管机组中盘管内冬季循环的是 50～60℃ 的热水，夏季循环 7～12℃ 的冷冻水，借助于风机不断地让室内空气通过盘管被加热或降温，维持房间里的温度在人们所要求的范围内。夏季循环的冷冻水和冬季循环的热水分别由冷冻机房和锅炉房提供。机组温控器设有三档（高、中、低档）变速装置，通过转速选择开关调节转速可以调节风机风量，达到调节盘管冷、热量和噪声的目的。温控器配有室温自动调节装置，根据室内温度的高低自动开关流向盘管的热水或冷水。

2. 风机盘管系统的特点及适用条件

风机盘管系统的优点是：①布置灵活，各房间可独立调节室温而不影响其他房间；②噪声较小；③占建筑面积小；④室内无人时可停止运行，经济节能。

风机盘管系统缺点是：①机组分散设置，台数较多时维护管理工作量大；②由于除湿时有凝水产生，故防止霉菌产生是必要的工作，否则将污染室内空气；③风机静压小，因此不能使用高效过滤器，故无法控制空气洁净度，而且气流分布受限制；④由于新风处理系统的风量小，故过渡季很难完全利用新风降温。

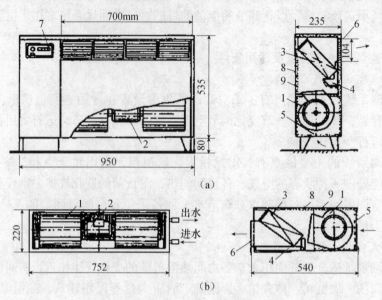

图 6-32　风机盘管机组

（a）立式；（b）卧式

1—风机；2—电动机；3—风机盘管；4—凝水盘；5—循环风进口及空气过滤器；

6—出风格栅；7—控制器（电动阀）；8—吸声材料；9—箱体

风机盘管加新风空调系统主要适用于以下场合：①空调房间多，空间小，各房间要求单独调节；②建筑物面积较大，但主风管敷设困难。

6.3.3　分散式空调系统——空调机组

在一些建筑物中，如果只是少数房间有空调要求，这些房间又很分散，或者各房间负荷变化规律有很大的不同时，显然采用分散式空调系统是较合适的。分散式系统实际上是一个小型空调系统，它将空气处理各部件（换热器、风机、空气过滤器、制冷机与控制设备）组合成一个整体，又称为空调机组，具有结构紧凑、安装方便、使用灵活的特点，所以在空调工程中得以广泛应用。

空调机组的形式多样，种类繁多，以下介绍一些常见的空调机组。

1. 窗式空调机组

图 6-33 是窗式空调机组原理图。

它由空气处理和制冷两部分组成。空气的循环路线为：室内空气经过过滤器过滤处理后进入蒸发器进行降温除湿处理并与通过新风阀进入的室外空气混合后，一部分经离心风机送至被调房间，一部分通过排风阀排出室外。制冷剂的循环路线为：制冷剂经过压缩机加压后成为高温、高压制冷剂蒸汽，送至冷凝器被冷凝为高压常温制冷剂液体，再经过毛细管降压（降温）后送入蒸发器加热后变成蒸汽再送至压缩机。

根据供热方式不同，窗式空调器可分为普通式和热泵式。普通式空调器冬季用电加热空气。热泵式空调器在冬季仍然用制冷机工作，只是通过一个四通换向阀使制冷剂作供热循环，这时原来的蒸发器变为冷凝器，空气通过冷凝器时被加热送入房间，如图 6-34 所示。

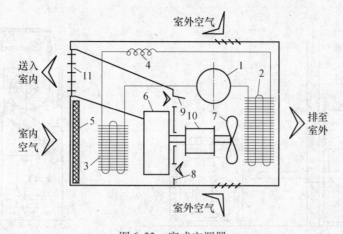

图 6-33　窗式空调器

1—制冷压缩机；2—室外侧换热器；3—室内侧换热器；

4—毛细管；5—过滤器；6—离心式风机；7—轴流式风机；

8—新风阀；9—排风阀；10—电机；11—送风口

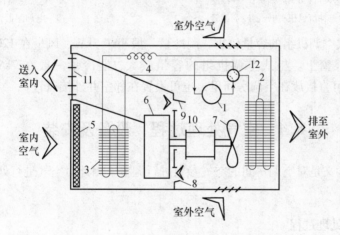

图 6-34　热泵式窗式空调器工作原理图

1—制冷压缩机；2—室外侧换热器；3—室内侧换热器；

4—毛细管；5—过滤器；6—离心式风机；7—轴流式风机；

8—新风阀；9—排风阀；10—风机电机；11—送风口；12—四通换向阀

2. 分体式空调机组

图 6-35 为分体式空调机组，冷凝器与压缩机一起组成一个机组，置于室外，称室外机；空气处理设备组成另一机组，置于室内，称室内机。

3. 柜式空调机组

柜式空调机组是由空气处理设备、制冷设备、风机和自控系统组成的一个单元整体式机组，如图 6-36 所示。可直接对空气进行加热、冷却、加湿、去湿等处理。柜式空调机组结构紧凑，占地面积小，安装和使用方便，被越来越多地应用到民用和工业建筑中。

由于采用分体式结构，室内机组噪声较低，越来越多的原来采用整体式结构的空调机也出现了分体式的形式，室内机布置在空调房间里，内置压缩机等部件的主机布置在走廊吊顶等处，这样室内噪声也比较小。

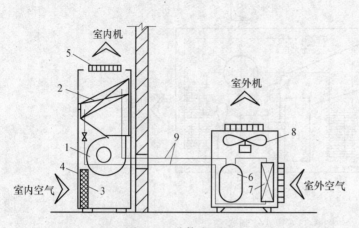

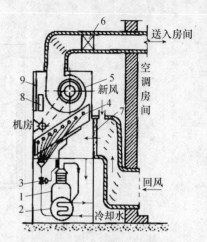

图 6-35　分体式空调
1—离心式风机；2—蒸发器；
3—过滤器；4—进风口；
5—送风口；6—压缩机；7—冷凝器；
8—轴流风机；9—制冷剂配管

图 6-36　柜式空调机组
1—压缩机；2—冷凝器；3—膨胀阀；
4—蒸发器；5—风机；
6—电加热器；7—空气过滤器；
8—电加湿器；9—自动控制屏

窗式和分体式空调机组的容量较小，制冷量一般小于 7kW，风量在 1200m³/h 以下，适合安装在外墙或外窗上。柜式空调机组的容量较大，制冷量一般在 7kW 以上，风量在 1200m³/h 以上，可直接放在空调房间里，也可设置在邻室并外接风管。

6.4　空气处理过程、设备及安装

空气调节的含义是对空调房间的空气参数进行调节，因此对空气进行处理是空气调节必不可少的过程。

6.4.1　空气处理过程

对空气的主要处理过程包括热湿处理和净化处理两大类。

1. 空气的热湿处理

热湿处理是最基本的处理方式。最简单的空气热湿处理过程可分为四种：加热、冷却、加湿、除湿。而在实际的空气处理过程中有些过程往往不能单独实现，例如降温有时伴随着除湿或加湿。因此所有实际的空气处理过程都是上述单一过程的组合，如夏季常用的冷却除湿过程就是降温与除湿过程的组合，而喷水室中等熵加湿过程就是加湿与降温过程的组合。

（1）加热

空气的加热可通过表面式空气加热器、电加热器加热空气实现。

（2）冷却

采用表面式空气冷却器或用温度低于空气温度的水喷淋空气均可使空气温度下降。如果表面式空气冷却器的表面温度高于空气的露点，或喷淋水的水温等于空气的露点温度，则可实现单纯的降温过程。如果表面式空气冷却器的表面温度或喷淋水的水温低于空气的露点温度，则空气在冷却过程中同时还会被除湿。如果喷淋水的水温高于空气的露点温度，则空气在被冷却的同时还会被加湿。

（3）加湿

单纯的加湿过程可通过向空气加入干蒸汽来实现。此外利用喷水室喷循环水也是常用的加湿方法，而通过直接向空气喷入水雾（高压喷雾、超声波雾化）可实现等焓加湿过程。

（4）除湿

除了可用表冷器与喷冷水对空气进行减湿处理外，还可以使用液体或固体吸湿剂来进行除湿。液体吸湿是利用某些盐类水溶液对空气中的水蒸气的强烈吸收作用来对空气进行除湿，可根据要求的空气处理过程的不同（降温、加热还是等温）用一定浓度和温度的盐水喷淋空气。固体吸湿则是利用大量孔隙的固体吸附剂如硅胶，通过对空气中水蒸气的表面吸附作用来除湿。由于吸附过程近似为一个等焓过程，故空气在干燥的过程中温度会升高。

2. 空气净化处理

所谓的净化处理，主要是去除空气中的悬浮尘埃，在某些场合还有除臭、增加空气离子等要求。室内空气的净化要求是以含尘浓度来划分的。根据生产要求和人们工作生活的要求，通常将空气净化分为一般净化、中等净化和超净化三类。

1）一般净化。只要求一般净化处理，保持空气清洁即可，对室内含尘浓度无确定的控制指标要求。大多数的以温湿度要求为主的民用与工业建筑空调工程均属此类。

2）中等净化。对室内空气含尘浓度有一定的要求，通常提出质量浓度指标。例如提出在大型公共建筑物内，空气中悬浮微粒的质量浓度不大于 $0.15mg/m^3$（推荐值）。

3）超净化。对室内空气含尘浓度提出严格要求。由于尘粒对生产工艺的有害程度与尘粒的大小和数量有关，所以均以粒径颗粒浓度作为控制指标。

空气净化的主要设备是空气过滤器。

6.4.2 典型的空气处理设备

1. 空气热、湿处理设备

在所有的热、湿交换设备中，主要有喷水室、表面式换热器、电加热器、加湿与除湿设备等。

（1）喷水室

喷水室是空调系统中夏季对空气冷却除湿、冬季对空气加湿的设备。它是通过水直接与被处理的空气接触来进行热、湿交换，在喷水室中喷入不同温度的水，可以实现空气的加热、冷却、加湿和减湿等过程。用喷水室处理空气的主要优点能够实现多种空气处理过程，冬夏季工况可以共用一套空气处理设备，具有一定的净化空气的能力，金属耗量小，容易加工制作。缺点是对水质条件要求高，占地面积大，水系统复杂，耗电较多。在空调房间的温、湿度要求较高的场合，如纺织厂等工艺性空调系统中，得到了广泛的应用。

图 6-37（a）、图 6-37（b）分别是应用较多的、单级卧式和立式喷水室的结构示意图。立式喷水室占地面积小，空气是从下而上流动，水则是从上向下喷淋。因此，空气与水的热、湿交换效果比卧式喷水室好。一般用于要处理的空气量不大或空调机房的层高较高的场合。此外，根据空气热湿处理的要求，还有带旁通风道的喷水室和加填料层的喷水室。前者可使一部分空气不经喷水室处理，直接与经过喷水室处理的空气混合，达到要求的空气参数。后者可进一步提高空气的净化和热湿交换效果。

在喷水室中，被处理的空气先经过前挡水板（其作用是挡住可能飞溅出来的水滴，并使进入喷水室的空气能均匀地流过整个断面），与喷嘴喷出的水滴接触进行热湿交换，处理后的空气经过后挡水板流出（后挡水板的作用是把夹在空气中的水滴分离出来，减少空气带走的水量）。

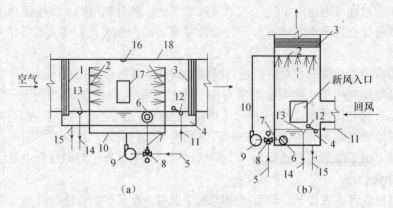

图 6-37　喷水室的组成示意图

（a）单级卧式；（b）单级立式

1—前挡水板；2—喷嘴与排管；3—后挡水板；4—底池；5—冷水管；6—滤水器；
7—循环水管；8—三通混合阀；9—水泵；10—供水管；11—补水管；12—浮球阀；
13—溢水器；14—溢水管；15—泄水管；16—防水灯；17—检查门；18—外壳

喷淋段通常设有 1～3 排喷嘴，喷水方向根据与被处理空气的流动情况分为顺喷、逆喷和对喷。喷出的水滴与空气进行热湿交换后落入底池中。

（2）表面式换热器

用表面式换热器处理空气时，对空气进行热湿交换的工作介质不直接和被处理的空气接触，而是通过换热器的金属表面与空气进行热湿交换。在表面式换热器中通入热水或蒸汽，可以实现空气的等湿加热过程；通入冷水或制冷剂，可以实现空气的等湿和减湿冷却过程。

表面式换热器具有构造简单、占地面积少、水质要求不高、水系统阻力小等优点，因而在机房面积较小的场合，特别是高层建筑的舒适性空调中得到了广泛的应用。

表面式换热器的构造，如图 6-38 所示。为了增强传热效果，表面式换热器通常采用肋片管制作，在空气一侧设置肋片，增大空气侧的换热面积。

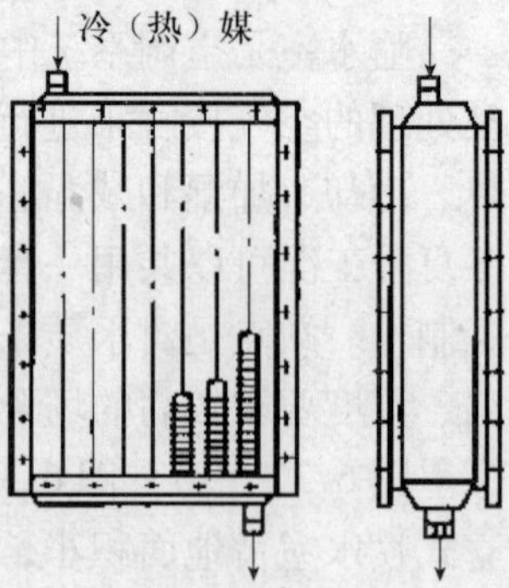

表面式换热器通常垂直安装，也可以水平或倾斜安装。但是，以蒸汽做热媒的空气加热器不宜水平安装，以免集聚凝结水而影响传热效果。此外，垂直安装的表面式冷却器必须使肋片处于垂直位置，以免肋片上部积水而增加空气阻力。表面式冷却器的下部应装设集水盘，以接收和排除凝结水。

表面式换热器根据空气流动方向可以并联或串联安装。通常是通过的空气量大时采用并联，需要的空气温升（或温降）大时采用串联。

为了便于使用和维修，在冷、热媒管路上应装设阀门、压力表和温度计。在蒸汽加热器管路上还应装设蒸汽压力调节阀和疏水器。为了保证换热器正常工作，在水系统的最高点应设排空气装置，最低点设泄水和排污阀门。

图 6-38　肋片管式换热器

（3）电加热器

电加热器是让电流通过电阻丝发热来加热空气的设备。具有结构紧凑、加热均匀、热量稳定、控制方便等优点。但由于电费较贵，通常只在加热量较小的空调机组等场合采用。在恒温精度要求较高的空调系统里，常安装在空调房间的送风支管上，作为控制房间温度的调节加热器。

电加热器分为裸线式和管式两种。

1）裸线式电加热器。构造如图6-39所示，它具有结构简单、热惰性小、加热迅速等优点。但由于电阻丝容易烧断，安全性差。使用时必须有可靠的接地装置。为方便检修，常做成抽屉式的。

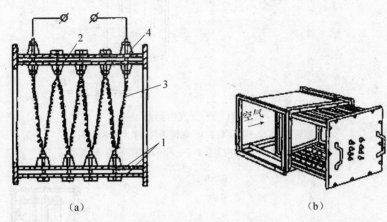

图6-39　裸线式电加热器
（a）裸线式电加热器；（b）抽屉式电加热器
1—钢板；2—隔热层；3—电阻丝；4—瓷绝缘子

2）管式电加热器。构造如图6-40所示，它是把电阻丝装在特制的金属套管内，套管中填充有导热性好，但不导电的材料，这种电加热器的优点是加热均匀、热量稳定、经久耐用、使用安全性好，但它的热惰性大，构造也比较复杂。

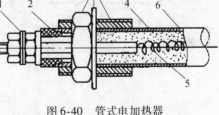

图6-40　管式电加热器
1—接线端子；2—瓷绝缘子；3—紧固装置；
4—绝缘材料；5—电阻丝；6—金属套管

（4）加湿与除湿设备

加湿器是用于对空气进行加湿处理的设备，常用的有干蒸汽加湿器和电加湿器两种类型。

1）干蒸汽加湿器。构造如图6-41所示，它是使用锅炉等加热设备生产的蒸汽对空气进行加湿处理。为了防止蒸汽喷管中产生凝结水，蒸汽先进入喷管外套，对喷管中的蒸汽加热、保温，然后经导流板进入加湿器筒体，分离出产生的凝结水后，再经导流箱和导流管进入加湿器内筒体，在此过程中，使夹带的凝结水蒸发，最后进入喷管，喷出的便是没有凝结水的干蒸汽。

2）电加湿器。使用电能生产蒸汽来加湿空气。根据工作原理不同，有电热式和电极式两种，如图6-42所示。

①电热式加湿器是在水槽中放入管状电热元件，元件通电后将水加热产生蒸汽。补水通过浮球阀自动控制，以免发生断水空烧现象。

②电极式加湿器是利用三根铜棒或不锈钢棒插入盛水的容器中作电极，当电极与三相电源接通后，电流从水中流过，水的电阻转化的热量把水加热产生蒸汽。

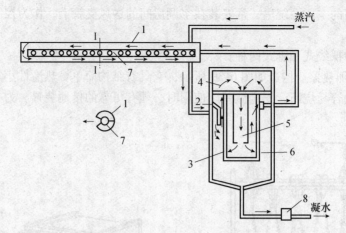

图 6-41　干蒸汽加湿器
1—喷管外套；2—导流板；3—加湿器筒体；4—导流箱；
5—导流管；6—加湿器内筒体；7—加湿器喷管；8—输水器

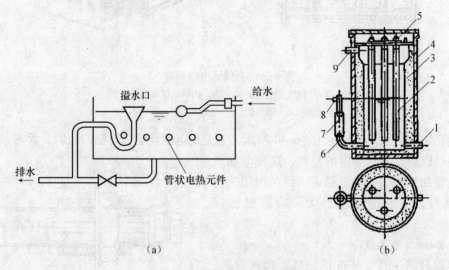

（a）　　　　　　　　　　　（b）

图 6-42　电加湿器
（a）电热式加湿器；（b）电极式加湿器
1—进水管；2—电极；3—保温层；4—外壳；
5—接线柱；6—溢水管；7—橡皮短管；
8—溢水嘴；9—蒸汽出口

电极式加湿器结构紧凑，加湿量容易控制。但耗电量较大，电极上容易产生水垢和腐蚀。因此，适用于小型空调系统。

3）冷冻除湿机。实际上是一个小型的制冷系统，其工作原理如图6-43所示。当潮湿空气流过蒸发器时，由于蒸发器表面的温度低于空气的露点温度，空气温度降低，将空气在蒸发器外表面温度下所能容纳的饱和含湿量以上的那部分水分凝结出来，达到除湿目的。减湿降温后的空气随后再流过冷凝器，吸收高温气态制冷剂凝结放出的热量，使空气的温度升高、相对湿度减小，然后进入室内。

从除湿机的工作原理可知，它的送风温度较高。因此，适用于既要减湿，又需要加热的场所。当相对湿度低于50%，或空气的露点温度低于4℃时不可使用。

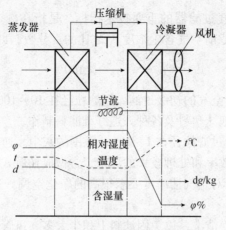

图 6-43　冷冻除湿机工作原理

2. 空气净化设备

空气过滤器是用来对空气进行净化处理的设备，按过滤效率通常分为初效、中效和高效过滤器三种类型。为了便于更换，一般做成块状，如图 6-44 所示。此外，为了提高过滤器的过滤效率和增大额定风量，可做成抽屉式（图 6-45）或袋式（图 6-46）。

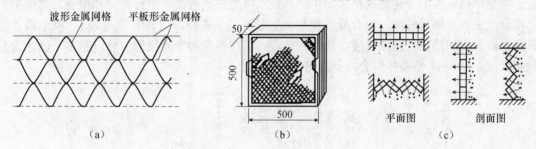

图 6-44　初效过滤器（块状）

（a）金属网格滤网；（b）过滤器外形；（c）过滤器安装方式

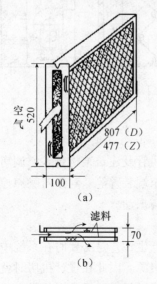

图 6-45　抽屉式过滤器

（a）外形；（b）断面形状

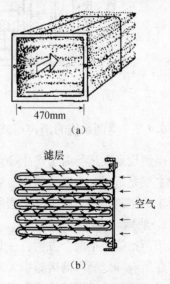

图 6-46　袋式过滤器

（a）外形；（b）断面形状

181

过滤效率 η 是各种空气过滤器的重要技术指标，是指在额定风量下过滤器前、后空气含尘浓度之差 $c_1 - c_2$ 与过滤前空气含尘浓度 c_1 之比的百分数，即

$$\eta = \frac{c_1 - c_2}{c_1} \times 100\% \tag{6-2}$$

1）初效过滤器。用于空气的初级过滤，过滤粒径在 $10 \sim 100\,\mu m$ 范围的大颗粒灰尘。通常采用金属网格、聚氨酯泡沫塑料及各种人造纤维滤料制作。

2）中效过滤器。用于过滤粒径在 $1 \sim 10\,\mu m$ 范围的灰尘。通常采用玻璃纤维、无纺布等滤料制作。为了提高过滤效率和处理较大的风量，常做成抽屉式或袋式等形式。

3）高效过滤器。用于对空气洁净度要求很高的净化空调。通常采用超细玻璃纤维，超细石棉纤维等滤料制作。

空气过滤器应经常拆换清洗，以免因滤料上积尘太多、风管系统的阻力增加，使空调房间的温、湿度和室内空气洁净度达不到设计的要求。

3. 组合式空气处理室

组合式空气处理室也称为组合式空调箱，是集中设置各种空气处理设备的专用小室或箱体。可选用定型产品，也可自行设计。组合式空调箱把各种空气处理设备、风机、消声装置、能量回收装置等分别做成箱式的单元，按空气处理过程需要进行选择和组合。空调箱的标准分段主要有回风机段、混合段、预热段、过滤段、表冷段（冷却除湿段）、喷水段、蒸汽加湿段、再加热段、送风机段、能量回收段、消声器段和中间段等。分段越多，设计选配就越灵活，图 6-47 是一种组合式空调箱的示意图。

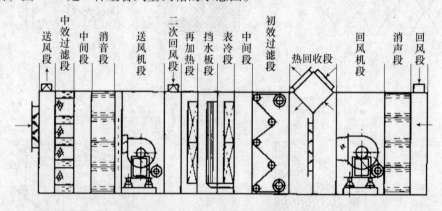

图 6-47　组合式空调箱

6.4.3　空调系统的消声与减振

空调设备在运行时会产生噪声与振动，并通过风管及建筑结构传入空调房间。噪声与振动源主要是风机、水泵、制冷压缩机、风管、送风末端装置等。对于对噪声控制和防止振动有要求的空调工程，应采取适当的措施来降低噪声与振动。

1. 消声与消声器

消声措施包括两个方面：一是设法减少噪声的产生；二是必要时在系统中设置消声器。

在所有降低噪声的措施中，最有效的是削弱噪声源。因此在设计机房时就必须考虑合理安排机房位置；机房墙体采取吸声、隔声措施；选择风机时尽量选择低噪声风机，并控制风道的气流流速。

182

（1）减小风机噪声的方法

为减小风机的噪声，可采取下列一些措施：

1）选用高效率、低噪声形式的风机，并尽量使其运行工作点接近最高效率点。

2）风机与电动机的传动方式最好采用直接连接，如不可能，则采用联轴器连接或带轮传动。

3）适当降低风管中的空气流速，有一般消声要求的系统，主风管中的流速不宜超过8m/s，以减少因管中流速过大而产生的噪声；有严格消声要求的系统，不宜超过5m/s。

4）将风机安装在减振基础上，并且风机的进、出风口与风管之间采用软管连接。

5）在空调机房内和风管中粘贴吸声材料，以及将风机设在有局部隔声措施的小室内等。

（2）常用的消声器

消声器的构造形式很多，按消声原理可分为阻性消声器、共振型消声器、抗性消声器和宽频带复合式消声器。

1）阻性消声器。是用多孔松散的吸声材料制成的，如图 6-48（a）所示。当声波传播时，将激发材料孔隙中的分子振动，由于摩擦阻力的作用，使声能转化为热能而消失，起到削减噪声的作用。

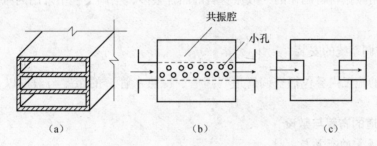

图 6-48　消声器构造示意图
(a) 阻性消声器；(b) 共振性消声器；(c) 抗性消声器

这种消声器对于高频和中频噪声有一定的消声效果，但对低频噪声的消声性能差。

2）共振性消声器。如图 6-48（b）所示，小孔处的空气柱和共振腔内的空气构成一个弹性振动系统。当外界噪声的振动频率与该弹性振动系统的振动频率相同时，引起小孔处的空气柱强烈共振，空气柱与孔壁发生剧烈摩擦，声能就因克服摩擦阻力而消耗。这种消声器有消除低频的性能，但频率范围很窄。

3）抗性消声器。当气流通过风管截面积突然改变时，将使沿风管传播的声波向声源方向反射回去而起到消声作用，这种消声器如图 6-48（c）所示，对消除低频噪声有一定效果。

4）宽频带复合式消声器。宽频带复合式消声器是上述几种消声器的综合体，以便集中它们各自的性能特点和弥补单独使用时的不足，如阻、抗复合式消声器和阻、共振式消声器等。这些消声器对于高、中、低频噪声均有较良好的消声性能。

2. 减振

为减弱风机运行时产生的振动，可将风机固定在型钢支架上或钢筋混凝土板上并安装减振器，如图 6-49 所示。前者风机本身的振幅较大，机身不够稳定；后者可以克服这个缺点，但施工较为麻烦。

183

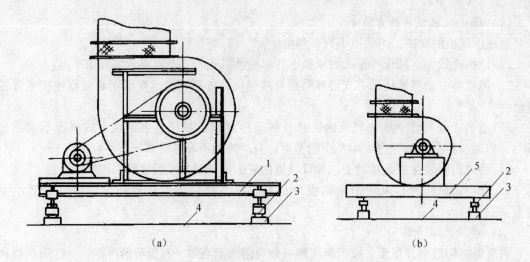

图 6-49　减振

（a）风机固定在型钢支架上；（b）风机固定在钢筋混凝土板上

1—型钢支架；2—减振器；3—混凝土支架；4—支承结构；5—钢筋混凝土板

减振器是用减振材料制作的，减振材料的品种很多，空调工程中常用的减振材料有橡胶和金属弹簧。

6.4.4　空调系统的安装

空调工程的施工内容包括空调管道（风管、冷热水管）的布置与敷设以及空调处理设备的安装等。

1. 空调管道的布置与敷设

（1）空调风管的布置与敷设

空调工程中有关空调风管的布置与敷设基本同通风工程，另外还需考虑以下因素：

1）要求风管短而直，避免不必要的转弯；风管的布置要考虑运行调节和阻力平衡。

2）风道一般布置在吊顶内、建筑的剩余空间、设备层吊顶内，净空高度至少为风道高度加 100mm。

3）钢板风管间法兰连接，为防止漏风，中间夹软衬垫；为防锈，内、外涂漆。

4）风管需保温，防结露。

（2）空调水管的布置与敷设

空调水管的布置与给排水、热水管道要求相近。但在管道支架处要注意防止冷桥的产生，因此在管道与支架固定处需采用木哈夫（木托）。

（3）制冷剂管道的布置与敷设

1）与压缩机或其他设备相接的管道不得强迫对接。

2）管道穿过墙或楼板应设钢制套管，焊缝不得置于套管内。钢制套管应与墙面或楼板底面平齐，但应比地面高 20mm。管道与套管的空隙应用隔热材料填塞，不得作为管道的支撑。

3）制冷剂管道的弯管及三通应符合下列规定：①弯管弯曲半径宜为 3.5～4D，椭圆率不应大于 8%，不得使用焊接弯管（虾壳管）及褶皱弯管；②三通的弯管应按介质流向弯成 90°弧形与主管相连，不得使用弯曲半径为 1D 或 1.5D 的压制弯管。

4）直接蒸发式系统中的铜管安装应符合下列规定：①铜管切口表面应平整，不得有毛刺、凹凸等缺陷，切口平面允许倾斜偏差为管子直径的1%；②铜管及铜合金管的弯管可用热弯或冷弯，椭圆率不应大于8%；③铜管管口翻边后应保持同心，不得出现裂纹、分层豁口及褶皱等缺陷，并应有良好的密封面；④铜管可采用对焊、承插式焊接及套管式焊接，其中承插口的扩口深度不应小于管径，扩口方向应迎向介质流向。

2. 空气处理设备的安装

（1）空调机组的安装

常见的空调机组的安装主要有吊顶式、柜式、组合式三种。

1）吊顶式空调机组安装。吊顶式空调机组不单独占用机房，而是吊装在楼板之下、吊顶之上，因此机组高度尺寸较小；风机为低噪声风机。一般在 $4000m^3/h$ 以上机组有两个或两个以上风机，为了吊装方便，将其底部框架的两根槽钢做得较长，并打有4个吊装孔，其孔径根据机组重量和吊杆直径确定。

2）柜式空调机组的安装。机组箱体为框板式结构，框架采用轧制型钢，螺栓连接，可现场组装。壁板为双层钢板，中间粘贴超细玻璃棉板。框、板间用密封腻子密封。机组应进行防腐处理。换热器采用 CR 型铜管铝片型热交换器，具有换热性能好，耐压高，风、水阻力小，紧凑，重量轻等特点。风机为低噪声风机。初效过滤器滤料为锦纶网，插拔式结构，拆装方便。

3）组合式空调机组的安装。这种空调器的各部件是散装供货，在现场按设计图纸进行组装后安装。空调机组应分段组装，从空调机组的一段开始，逐一将段体抬上底座，校正位置后，加上衬垫，再将相邻的两个段体用螺栓连接紧密、牢固。各段组装完毕后，则按要求配置相应的冷热介质管道、给排水管道、冷凝水排出管等。

（2）风机盘管机组的安装

风机盘管的安装方式一般有卧式明装（吊装在天花板下或门窗上方）、卧式安装（吊装在顶棚内，回风口方向可在下部或后部）、立式明装（设置在室内地面上）和立式暗装（设置在窗台下，送风口方向可在上方或前方）。

（3）空气过滤器的安装

空气过滤器的安装应做到以下几点：①对于框式及袋式的初、中效空气过滤器，安装时要便于拆除和更换滤料，还要注意过滤器的内部机器与风管或空气处理室间的严密性；②对于亚高效、高效过滤器，应注意按标志方向搬运、存放于干燥洁净的地方；③必须在其他安装工程完毕，并全面清扫后，将系统连续运行 12h 后进行安装；④安装时，外框箭头应与气流方向一致，带波纹板的过滤器，波纹板应垂直于地面，网孔尺寸沿气流方向逐渐缩小，不得装反；⑤过滤器与框架间应严格密封。

3. 空调机房的设置

空调机房是安置集中式空调系统的空气处理设备及送、回风机的地方。空调机房的设置应符合以下原则：

1）空调机房要考虑设置在送风管路不要太长，便于与冷热水管连接和可以引入室外新风的地方。

2）对于室内声学要求高的建筑（如广播电台、电视台的录音室等场所），以及体育馆之类的大空间公共建筑，空调机房宜设置在地下室。一般的办公楼、旅馆公共部分（裙房）的空调机房可分散设置在每层楼上。但注意不要设置在紧靠会议室、报告厅、贵宾室等室内噪声要求严格的房间。

3）空调机房的划分不应穿越防火分区。大、中型建筑应在每个防火分区内设置空调机房，最好位于防火分区的中心部位。

4）各层的空调机房应尽量布置在同一垂直位置，并靠近管道井，这样可缩短热水管道的长度，减少与其他管道的交叉。

【思考题与习题】

1. 分析图 6-1 所示的集中式空调系统的工作原理。
2. 窗式空调器为什么一半置于室内，一半置于室外？
3. 估算北京地区某 200m² 办公室的空调冷负荷？
4. 常见的气流组织形式有哪几种？简述各自的主要特点和适用场合。
5. 风机盘管空调系统由哪几部分组成，它们的作用是什么？
6. 蒸汽压缩式制冷机的制冷原理是什么？
7. 吸收式制冷机由哪些主要设备组成，它们的作用是什么？
8. 主要的空气处理方式有哪些？给出两种适用于南方潮湿地区除湿的方法。

第7章 建筑供配电系统

学习目标和要求

　了解电力系统及建筑供配电系统的组成及用电负荷的计算；

　掌握负荷分级及其供电要求；

　掌握低压配电线路的布置与敷设及变配电所的设置。

学习重点和难点

　掌握负荷分级及其供电要求；

　掌握低压配电线路的布置与敷设及变配电所的设置。

7.1 电力系统概述

由各种电压的电力线路将发电厂、变电所和电力用户联系起来的一个发电、变电、配电和用电的整体，统称电力系统，如图7-1所示。

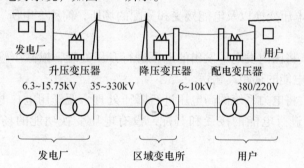

图7-1 电力系统示意图

7.1.1 电力系统的组成

电力系统主要包括电源、变配电所、电力网。

1. 电源

电力系统的电源主要指发电厂。其作用是将自然界蕴藏的各种其他形式的能源转换为电能并向外输出。按其所利用的能源不同，可分为水力发电厂、火力发电厂、核能发电厂、风力发电厂、潮汐发电厂、地热发电厂和太阳能发电厂等，其能量转化过程基本都是：各原能源→机械能→电能。

1）火力发电。火力发电的基本原理是在锅炉里产生高温、高压水蒸汽推动汽轮机发电。火力发电的燃料可以是煤炭、石油、天然气等，甚至可能是城市垃圾焚烧。火力发电的优点是初期投资少，建设周期短并靠近电力用户；缺点是能耗高、成本大且污染比较严重。

2）水力发电。水力发电的基本原理是利用江河水力（具有势能）推动水轮机发电。其优点是利用广泛，可再生，无污染。某些大型的水电项目还具有防洪、灌溉、航运等综合效益。缺点是电源往往远离用电负荷密集的地区，且可能造成一定程度的生态破坏。

3）核能发电。核能发电的基本原理是利用核燃料（如铀 235 和铀 238）在核反应堆发生核裂变反应放出的巨大热量，将水加热为高温、高压蒸汽，推动汽轮机发电。优点是核燃料体积小，运输量小，无灰渣；缺点是一旦核物质泄漏会造成放射性污染。

4）风力发电。风力发电的基本原理是通过风轮（螺旋桨叶）带动发电机发电。优点是灵活分散且可再生，特别适合无电网覆盖且缺乏燃料、交通不便的沿海岛屿、草原牧区等。缺点是噪声较大且对无线通信有一定的干扰。

5）地热发电。地热发电的原理与火力发电相似，但不需要燃料和锅炉，蒸汽来自地热资源，直接推动汽轮机发电。

6）潮汐发电。原理与水力发电相似，利用海湾、河口等作为储水库，修建拦水堤坝，涨潮时保存海水，落潮时放出海水，利用潮位落差推动水轮机发电。优点是可再生、无污染、不占耕地，而且不像江河水电站易受枯水季节影响。

7）太阳能发电。一种是利用光电半导体的光电效应发电，另一种是将太阳光集聚到蒸汽锅炉，产生蒸汽推动汽轮机发电。太阳能发电方式往往容量较小，发电量不高。

除上述几种电源外，建筑物通常还利用柴油发电机组作为应急电源或备用电源。

在我国，绝大部分电能来自火力发电和水力发电。而在一些发达国家，核能发电、风力发电等新能源的发电量已经占到了相当大的比重。

2. 变配电所

变配电所是进行电压变换以及电能接受和分配的场所，简称变电所。变电所有升压变电所和降压变电所之分。

1）升压变电所。将国内发电厂发出的电压进行升压处理，以减少输送过程中的电压损失和电能损耗，便于电能的远距离输送。

2）降压变电所。将电力系统的高电压进行降压处理，便于用电户电气设备的使用。在电力系统中，把仅仅进行电能的接受和分配，没有电压变换功能的场所作为配电站或配电所。

3. 电力网

电力网是输送电能的线路，有输电线路和配电线路之分。

（1）电力网电压等级

根据《电压标准》（GB 156—2003）的规定，标准电压包括以下等级：0.75kV、3kV、6kV、10kV、35kV、66kV、110kV、220kV、330kV、500kV、750kV。

就整个电力网而言，0.75kV 作为低压配电电压，3kV、6kV、10kV 作为中压配电电压，35kV、66kV、110kV 作为高压配电电压，220kV、330kV、500kV 作为高压输电（送电）电压，750kV 及以上作为超高压输电（送电）电压。

整个电力网的电压等级不宜过多，多一级电压就会多一级变电所和相应的电力设备以及电网网损，造成资源（能源）的浪费；电压等级也不宜过少，如果电网电压等级过少会造成输电容量无法合理分配，使变电所高压侧出线太多给布线带来困难。我国电力网目前一般使用五级电压，即 0.4/10/35/110/220 或 330kV。

对于建筑电气而言，电压大于等于 1kV 都称为高压，小于 1kV 称为低压。

（2）电网设施

电网设施包括整个输配电环节上的各级变电所、开闭所、电力线等。其中电力线包括架空线路和埋地电缆线路。对于 35kV 及以上的架空线路需要考虑高压电力线走廊的位置和宽度。

（3）接线方式

电力网中线路的接线方式有放射型、环型、网孔型。

7.1.2 电能质量

电压偏移和频率两项指标是衡量电能质量的基本参数，电力系统的电压和频率直接影响电气设备的运行。

1. 电压偏移

电压偏移是指在正常运行情况下，用电设备受电端的电压偏差允许值（以额定电压的百分数表示）。

不同用电负荷对电压偏移的限制不同。正常运行情况下，部分用电设备受电端的电压允许偏离值见表 7-1。

表 7-1　用电设备受电端电压偏差允许值

用电设备名称	电压偏差允许值（%）		用电设备名称	电压偏差允许值（%）	
电动机	正常情况下	±5	照明灯	一般工作场所	±5
	特殊情况下	+5		远离变电所的小面积一般场所	+5
		−10			−10
	频繁启动时	−10		应急照明、安全特低电压	+5
	不频繁启动时	±5			−10
	配电母线上未接照明灯对电压波动较敏感的负荷，且不频繁启动时	−20	其他用电设备无特殊要求时		±5

可采用正确选择变压器的变比、合理设计变配电系统、尽量保持三相平衡和合理补偿无功功率等措施来减少电压偏移。

2. 频率

我国电力工业的标准频率为 50Hz，如果电力频率偏离标准值，将影响用电设备的正常工作。

电能生产的特点是产、供、销同时发生和同时完成。既不能中断也不能储存，电力系统的发电、供电之间始终保持平衡。

如果发电厂发出的有功功率不足，就使得电力系统的频率降低，不能保持额定 50Hz 的频率，使供电质量下降；如果电力系统中发出的无功功率不足，会使电网的电压降低，不能保持额定电压。如果电网的电压和频率继续降低，反过来又会使发电厂的出力降低，严重时会造成整个电力系统崩溃。

7.2　建筑供配电系统概述

建筑供配电系统包括从电源进户起，到用电设备的输入端止的整个电路。主要功能是完成在建筑内接受电能、变换电压、分配电能、输送电能的任务。

7.2.1 建筑供配电系统的组成

民用建筑供配电系统一般由母线、配电装置、变电装置、电缆等组成，如图 7-2 所示。

1. 配电装置

配电装置指配电柜，用于安装配电设备，高、低压开关，保护装置和辅助设备等的箱柜。其中用于安装高压电气设备的称高压配电柜，安装布置高压配电柜的房间称高压配电室；用于安装低压电气设备的称低压配电柜，安装布置低压配电柜的房间称低压配电室。一些用电容量不大的用户，也有高压配电室、变压器室和低压配电室合一的。

图 7-3 所示为 GG 系列高压配电柜。

2. 母线

母线是各级电压配电装置中通过大电流的主干导线。它用于汇集、分配和传输电能，又称汇流排。母线按材质分有铜、铝、铝合金和钢几种，建筑工程中最常用铜质矩形母线。

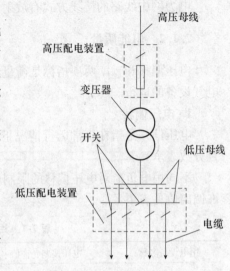

图 7-2　供配电系统的组成

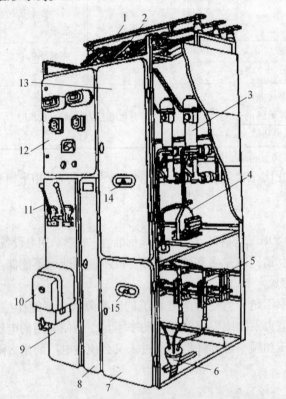

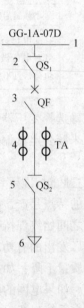

图 7-3　GG 系列高压配电柜

1—母线；2—母线隔离开关；3—少油断路器；4—电流互感器；5—线路隔离开关；6—电缆头；

7—下检修门；8—端子箱门；9—操作板；10—断路器的电磁操动机构；11—隔离开关的操动机构手柄；

12—仪表继电器屏；13—上检修门；14、15—观察窗口

190

3. 变电装置

变电装置指变压器，变压器是一种静止电器，它是利用电磁感应作用将一种电压和电流的交流电能转换成同频率的另一种电压和电流的交流电能。

变压器有升压变压器和降压变压器两种，前者用于远距离的高压（电能）输送，后者用于建筑工程或小区供电中的降压变电。建筑内部常用类型为干式变压器，如图7-4所示。

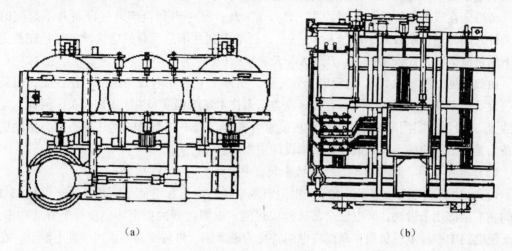

（a）　　　　　　　　　　　　　　　　　　（b）

图7-4　干式变压器

（a）变压器平面；（b）变压器立面

4. 电缆

电缆一般由导电线芯、绝缘层及保护层构成，在电路中起着输送和分配电能的作用。电缆可以架空敷设、电缆沟敷设和埋地敷设，不同的敷设方式对电缆的绝缘层和保护层有着不同的要求。

7.2.2　用电负荷的计算

建筑物的用电负荷又称电力负荷，是指通过供电线路的电流和功率。

1. 用电负荷计算的目的

1）通过计算流过各主要电器设备的负荷电流（隔离开关、负荷开关、断路器、熔断器、母线、互感器等），作为选择这些电器设备的依据。

2）通过计算流过各供配电线路的负荷电流，作为选择这些线路导线截面的依据。

3）通过计算通过配电变电所的负荷功率，作为选择电力变压器额定容量的依据。

2. 基本概念

（1）计算负荷

计算负荷也称为最大负荷，是指消耗电能最多的30分钟时间内的平均功率。因为电气设备连续运行半个小时一般就能达到稳定的温升，所以用最大负荷来作为按发热条件选择电气设备的依据。

计算负荷是负荷计算的基本依据，计算负荷确定得是否合理，直接影响到电气设备和导线的选择是否合理，如果计算负荷确定得过小，将增加电能损耗，产生过热，引起绝缘过早老化，甚至烧毁设备；如果计算负荷确定得过大，又将使控制设备和导线选择过大，造成投资和有色金属的浪费。

各计算负荷的表示方法和单位分别是：有功计算负荷 P_{js}，千瓦（kW）；无功计算负荷 Q_{js}，千乏（kvar）；视在计算负荷 S_{js}，千伏安（kVA）；计算电流 I_{js}，安培（A）。

（2）需要系数 K_x

每个用电设备的安装容量就是其铭牌上标的额定容量 P_e，即该用电设备在额定条件下的最大输出功率。建筑内所有用电设备的总容量为 P_s，$P_{js} = P_s = \Sigma X P_e$。

考虑到在线路中传输的能量损失，$P_{js} = \eta \cdot P_s$；又考虑到全部电气设备并不是同时运行，计入同时运行系数 K_t，$P_{js} = K_t \cdot \eta \cdot P_s$；再考虑到并不是所有的电气设备都是在额定条件下满负荷运行，计入系数 K_f，$P_{js} = K_f \cdot K_t \cdot \eta \cdot P_s$。

由此可见，需要系数 K_x 的确定十分复杂，实际上它与用电设备组的工作性质、设备台数、设备功率和线路损耗等因素有关，也与工人技术熟练程度和生产组织有关。因此，需要系数 K_x 一般通过实测来确定，以便尽可能符合实际。对不同类型的建筑和不同类型的用电设备，整理出相应的需要系数表，可供设计中查用。

（3）有功功率、无功功率、视在功率和功率因数

1）有功功率与无功功率。对于纯电阻负载来说，电压和电流是同相位的，消耗在负载上的功率全部用来做功，即电能全部转换成热能，电阻负载的额定功率就等于有功功率 P。而交流电路中的纯电感负载，只能将电能转化为磁场能，再转变为电能回馈到电源上，在此过程中并不做功，记为无功功率 Q。

2）视在功率。在实际的电气系统中，由于大量电感性负载的存在（如交流电机），使得整个电路中产生无功电流和无功功率，使供电线路造成电压降并消耗电能。这种电气设备的额定功率并不是完全做功的，包括有功功率和无功功率两部分，其数值等于有功功率和无功功率的几何平均值。这时设备的额定功率就是视在功率 S，即 $P_e = S$。

3）功率因数。功率因数定义为有功功率 P 和视在功率 S 的比值，用来反映无功功率损耗情况。功率因数有瞬时功率因数、平均功率因数和最大负荷时功率因数。由于在进行供电设计时的计算负荷均为半小时最大负荷（即年最大负荷），因此，在负荷计算中所指的功率因数一般为最大负荷时功率因数。

3. 负荷的计算

负荷计算的方法有需要系数法、单位建筑面积安装功率法、二项式法和利用系数法等。在民用建筑电气设计中，一般采用需要系数法和单位建筑面积安装功率法。

（1）需要系数法

首先确定用电设备的容量。

1）动力设备容量 P_N。只考虑工作设备，不包括备用设备和不同时工作设备；长期工作的动力设备容量，就是其铭牌上标的额定容量；短期和反复短期工作动力设备的容量，应根据其工作状态换算至标准状态下。

2）照明设备容量 P_N。白炽灯等热辐射光源取其铭牌上标的额定功率；气体放电灯，金属卤化物灯除灯泡的功率外，还应考虑镇流器的功率损耗，如荧光灯应增加20%，高压水银灯一般应增加8%等。

然后确定用电设备组的计算负荷。

由于用电设备组的需要系数就是用电设备组在最大负荷时需要的有功功率与其设备容量

的比值，即：$K_x = \dfrac{P_{js}}{P_N}$。由此可得，确定用电设备组有功计算负荷的基本公式为：

$$P_{js} = K_x \cdot P_N \tag{7-1}$$

式中　P_N——用电设备组的总设备容量，P_N 的计算应先根据用电设备的工作性质进行分类，除去备用和不同时工作的，其余设备的额定功率相加即可得到；

　　　K_x——该用电设备组的需要系数，它与用电设备组的工作性质、设备台数、设备功率和线路损耗等因素有关，也与工人技术熟练程度和生产组织有关。

在求出有功计算负荷后，可按下列各式分别求出其余计算负荷。

无功计算负荷：$Q_{js} = P_{js} \cdot \tan\varphi\,(\text{kvar})$ $\tag{7-2}$

视在计算负荷：$S_{js} = \dfrac{P_{js}}{\cos\varphi}$ （kVA） $\tag{7-3}$

或　　　　　$S_{js} = \sqrt{P_{js}^2 + Q_{js}^2}$ （kVA）

计算电流：三相负荷时 $I_{js} = \dfrac{S_{js}}{\sqrt{3}\,U_N}$ （A） $\tag{7-4}$

单相负荷时 $I_{js} = \dfrac{S_{js}}{U_L}$ （A） $\tag{7-5}$

当单相负荷接入三相电路中时，应尽量做到在三相内均匀分配。当单相负荷的总容量超过计算范围内三相对称负荷总容量的 15% 时，应将单相负荷换算为等效三相负荷，其等效三相负荷应取最大相负荷的 3 倍。

以上各式中　$\cos\varphi$——用电设备组的功率因数；

　　　　　　$tg\varphi$——用电设备组的功率因数所对应的正切值；

　　　　　　U_N——三相用电设备的端电压（民用建筑中一般为 380V）；

　　　　　　U_L——单相用电设备的端电压（民用建筑中一般为 220V）。

最后确定多组用电设备组的计算负荷（配电干线或变电所）：

$$P_{js} = K_{\Sigma P} \sum (K_x \cdot P_N) \tag{7-6}$$

$$Q_{js} = K_{\Sigma q} \sum (K_x \cdot P_N \cdot \tan\varphi) \tag{7-7}$$

$$S_{js} = \sqrt{P_{js}^2 + Q_{js}^2} \tag{7-8}$$

式中　$K_{\Sigma P}$——有功功率的同时系数，一般取 0.8～0.9；

　　　$K_{\Sigma q}$——无功功率的同时系数，一般取 0.93～0.97。

（2）按单位面积功率法确定计算负荷

首先按下式计算有功计算负荷：

$$P_{js} = \dfrac{K_s \cdot A}{1000} \qquad (\text{kW}) \tag{7-9}$$

式中　P_{js}——有功计算负菏（kW）；

　　　A——建筑面积（m²）；

　　　K_s——用电指标（W/m²）。

K_s 的确定要建立在科学调查的基础上，表 7-2 列出了部分民用建筑的用电指标。

表 7-2 　各类建筑的用电指标

建筑类别	供电指标（W/m²）	建筑类别	供电指标（W/m²）
①公寓	30 ~ 50	⑦医院	40 ~ 70
②旅馆	40 ~ 70		
③办公	40 ~ 80	⑧大专院校	20 ~ 40
④商业		⑨中小学	12 ~ 20
一般	40 ~ 80	⑩展览馆	50 ~ 80
大中型	70 ~ 130	⑪演播室	250 ~ 500
⑤体育	40 ~ 70	⑫汽车库	8 ~ 15
⑥剧场	50 ~ 80		

根据上述公式确定有功计算负荷后，再根据式（7-2）~式（7-5）确定其他各项计算负荷。

（3）无功功率补偿

我国《民用建筑电气设计规范》（JGJ 16—2008）规定，对高压供电的用电单位，功率因数应在 0.8 以上。当达不到上述要求时，就应进行无功功率补偿。通过无功功率补偿，可以有效地降低电力系统的电能损耗和电压损耗，不仅可以节约电能，提高电压质量，还可以选用较小的电线或电缆，节约有色金属。

进行无功补偿就是要提高功率因数。如图 7-5 所示，在有功功率 P_{js} 基本不变的情况下，将功率因数 $\cos\varphi$ 提高至 $\cos\varphi'$，无功功率 Q_{js} 和视在功率 S_{js} 将相应减小，从而负荷电流 I_{js} 也减小。

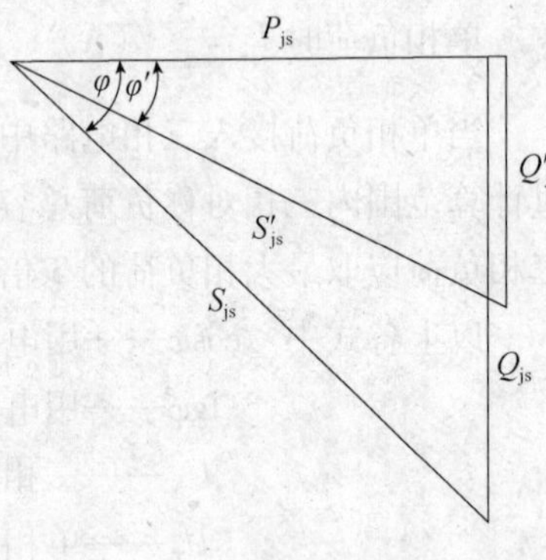

无功补偿的办法之一就是装设并联电容器，其补偿容量 Q_c 根据下式来确定：

$$Q_c = Q_{js} - Q_{js}' = P_{js}(\tan\varphi - \tan\varphi') \qquad (7\text{-}10)$$

图 7-5　功率因数提高与无功和视在功率变化的关系

7.2.3　负荷的分级和供电要求

电力负荷应根据对供电可靠性的要求及中断供电在政治、经济上所造成损失或影响的程度进行分级。

1. 负荷的分级

（1）一级负荷

1）一级负荷是指中断供电将造成人身伤亡、重大政治影响、重大经济损失的用电负荷。例如：重大设备损坏、重大产品报废、重要原料生产的产品大量报废、国民经济中重点企业的连续生产过程被打乱需要长时间才能恢复等。

2）中断供电将影响有重大政治、经济意义的用电单位的正常工作及秩序的一级负荷为特别重要负荷。例如：重要的交通枢纽、重要的通信枢纽、重要宾馆、大型体育场馆、经常用于重要国际活动的大量人员集中的公共场所。

中断供电将影响实时处理计算机及计算机网络正常工作或中断供电将发生爆炸、火灾以及严重中毒的一级负荷亦为特别重要负荷。

194

（2）二级负荷

二级负荷指中断供电将造成较大政治影响、较大经济损失、公共场所秩序混乱的用电单位的重要负荷。例如：主要设备损坏、大量产品报废、连续生产过程被打乱需较长时间才能恢复等。

（3）三级负荷

不属于一级和二级的负荷。

具体建筑物的负荷分级应参阅现行设计规范、规程。按照负荷要求的供电可靠性等级采取相应的供电方式，区别对待，可达到提高经济效益、社会效益、环境效益的目的。

2. 供电要求

1）一级负荷应由两个电源独立供电，当一个电源发生故障时，另一个电源应不会同时受到损坏。一级负荷容量较大或有高压用电设备时，应采用两路高压电源。一级负荷中的特别重要负荷，除上述两个电源外，还应增设应急电源。为保证对特别重要负荷的供电，严禁将其他负荷接入应急供电系统。

2）二级负荷的供电系统，宜由两回路供电。在负荷较小或地区供电条件困难时，二级负荷可由一路6kV及以上专用架空线路或电缆供电。当采用架空线供电时，可采用一路架空线供电；当采用电缆线路时，应采用两根电缆组成的线路供电，其每根电缆应能承受100%的二级负荷。

3）三级负荷对供电无特殊要求。

3. 应急电源供电系统

当用电户为一、二级负荷，为了保证负荷的可靠运用，用户需要设置应急电源。应急电源与平时正常电源在电气上相互独立，两供电系统不允许并列运行，在供配电设备上实施电气和机械联锁。当正常工作电源停电时，备用应急电源在最末一级配电箱处自动切换。通常采用应急电源系统有：

1）应急电源系统与正常电源的供电干线分别接自两台及两台以上变压器。

2）应急电源系统属于独立于正常电源的自备发电机组。

3）应急电源系统由中心集式带直流逆变器的蓄电池组供电。

4）在安装一台变压器时，应急电源系统形成与普通正常供电干线自变电所低压配电屏上（或母线上）分开的两个供电回路。

在大型建筑工程中，为了使各种应急电源密切配合，充分发挥作用，往往同时使用几种应急电源。如图7-6所示，蓄电池、不间断供电装置、柴油发电机同时使用。10(6)kV电源与电网电源之间、两台电源变压器与应急柴油发电机之间均可在负荷侧进行切换。

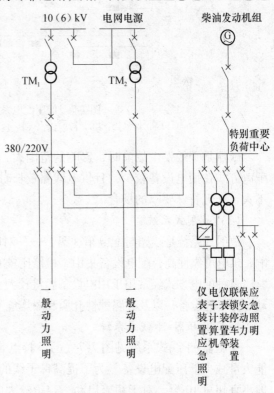

图7-6 自备发电机组和蓄电池的应急供电系统

7.3 建筑低压配电线路

建筑低压配电系统的设计应满足：①供电可靠性、安全性、电压质量的要求；②采用的技术标准和装备水平应与工程性质、规模、负荷容量、功能要求以及建筑环境设计相适应；③系统接线不宜复杂，在操作安全、检修方便的前提下，应有一定的灵活性，配电系统以三级保护为宜。

7.3.1 低压配电系统的接电方式

低压配电系统的接电方式有多种，应根据具体情况选择使用，常用的有下面几种形式：

（1）树干式系统

树干式系统如图7-7（a）所示，从供电点引出的每条配电线路连接几个用电设备或配电箱。

树干式配电系统比放射式系统线路的总长度短，可以节约有色金属，比较经济；供电点的回路数量较少，配电设备也相应减少；配电线路安装费用也相应减少。

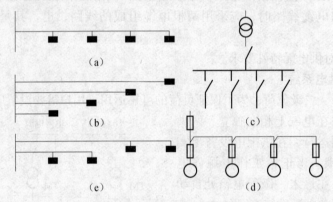

图7-7　低压配电系统的基本形式示意图

（a）树干式；（b）放射式；（c）变压器-干线式；（d）链式；（e）混合式

缺点是干线发生故障时，影响的范围大，供电可靠性较差，导线的截面面积较大。这种配电方式在用电设备较少，且供电线路较长时采用。或用于用电设备的布置比较均匀、容量不大、又无特殊要求的场合。

（2）放射式系统

放射式系统是线路与配电箱（盘）——对应，见图7-7（b），特点是配电线路故障互不影响，供电可靠性高，配电设备集中，检修比较方便，缺点是系统灵活性差，导线消耗量较多。

这种配电方式经常用于用电设备容量较大、负荷集中或重要的用电设备；需要集中联锁启动、停车的设备；以及有腐蚀性介质和爆炸危险等不宜将配电及保护设备放在现场的场所。

（3）变压器-干线式系统

变压器-干线式系统见图7-7（c），特点是除了具有树干式系统的优点外，接线更简单，能大量减少低压配电设备。为了提高母干线的供电可靠性，应当减少接出的分支回路数，一般不宜超过10个。对于频繁启动、容量较大的冲击负荷，以及对电压质量要求严格的用电设备，不宜采用此方式供电。

（4）链式系统

链式系统如图7-7（d）所示，它除了具有与树干式相似的特点外，这种供电形式适用于设备距配电柜较远而彼此相距又较近的、不重要的、容量较小的用电设备，保持干线线径不变，这种方式连接的用电设备组在5台以下，总容量不超过10kW。连接照明配电箱宜为3~4个。

（5）混合式系统

混合式系统见图7-7（e），它具有放射式与树干式系统的共同特点。这种供电方式适用于用电设备多或配电箱多，容量又比较小，用电设备分布比较均匀的场合。

7.3.2 电线电缆的选择

用作电线电缆的导电材料，通常有铜和铝两种。铜材的导电率高，载流量相同时，铝线芯截面约为铜的1.5倍。采用铜线芯损耗比较低，铜材的机械性能优于铝材，延展性好，便于加工和安装，抗疲劳强度约为铝材的1.7倍。但铝材密度小，在电阻值相同时，铝线芯的质量仅为铜的一半，铝线、缆明显较轻。

导体材料应根据负荷性质、环境条件、市场货源等实际情况选择铜芯或铝芯。

1. 普通电缆选择

（1）聚氯乙烯（PVC）绝缘电线、电缆

1）聚氯乙烯绝缘及护套电力电缆有1kV及6kV两级，线芯长期允许工作温度70℃，短路热稳定允许温度：在300mm² 以下截面为160℃，300mm² 及以上截面为140℃。

2）没有敷设高差限制，重量轻，弯曲性能好。

3）耐油、耐酸碱腐蚀，不延燃。

4）具有内铠装结构，使钢带或钢丝免受腐蚀。

5）价格便宜。

聚氯乙烯（PVC）绝缘电线、电缆已经在很大范围内代替了油浸纸绝缘电缆、滴干绝缘和不滴流浸渍纸绝缘电缆。但其绝缘电阻较油浸纸绝缘电缆低，介质损耗高，因此6kV的较重要回路电缆，不宜用聚氯乙烯绝缘型。

聚氯乙烯对气候适应性能差，低温时变硬发脆。普通型聚氯乙烯绝缘电缆的适应温度范围为 +60 ~ -15℃之间。在其他场合时，宜选用耐寒型或耐热型等特种聚氯乙烯电线或电缆。普通聚氯乙烯虽然有一定的阻燃性能，但在燃烧时释放有毒烟气，故对于需满足在一旦着火燃烧时的低烟、低毒要求的场合，如地下商业区、高层建筑和特别重要公共设施等人流较密集场所，或者重要性高的厂房，不宜采用聚氯乙烯绝缘或者护套类电线、电缆，而应采用低烟、低卤或无卤的阻燃电线电缆。

（2）交联聚乙稀（XLPE）绝缘电线、电缆

普通的交联聚乙烯材料不含卤素，不具备阻燃性能，但燃烧时不会产生大量毒气及烟雾，用它制造的电线、电缆称为"清洁电线、电缆"。

1）线芯长期允许工作温度90℃，短路热稳定允许温度250℃。

2）6~35kV交联聚乙烯绝缘护套电力电缆，介质损耗低，性能优良，结构简单，制造方便，外径小，质量轻，载流量大，不受高差限制，耐腐蚀，做终端和中间接头较简便而被广泛采用。

3）由于交联聚乙烯材料轻，故1kV的电缆价格与聚氯乙烯绝缘电缆相差有限，故低压交联聚乙烯电缆有较好的市场前景。

（3）橡皮绝缘电力电缆

1）线芯长期允许工作温度 60℃，短路热稳定允许温度 200℃。

2）橡皮绝缘电缆弯曲性能较好，能够在严寒气候下敷设，特别适应于水平高差大和垂直敷设的场合。它不仅适用于固定敷设的线路，也可用于定期移动的固定敷设线路。移动式电气设备的供电回路应采用橡皮绝缘橡皮护套软电缆。

3）普通橡胶遇到油类及其化合物时，很快就被损坏，因此在可能经常被油浸泡的场所，宜使用耐油型橡胶护套电缆。

4）普通橡胶耐热性能差，允许运行温度较低，故对于高温环境又有柔软性要求的回路，不宜采用。

2. 阻燃电缆

阻燃电缆是指在规定实验条件下燃烧，具有使火焰蔓延仅在限定范围内，撤去火源后残焰和残灼能在限定的时间内自行熄灭的电缆。阻燃电缆分为 A、B、C、D 四级。阻燃电缆的性能主要用氧指数和发烟性能两项指标来评价。

3. 耐火电线、电缆

耐火电缆按耐火特性分成 A 类和 B 类两种；按绝缘材质可分成有机型和无机型两种。

耐火电线、电缆主要用于凡是在火灾时，仍需保证正常运行的线路，如工业及民用建筑的消防系统、应急照明系统、救生系统、报警及重要的监测回路。常用于：①消防泵、喷淋泵、消防电梯的供电线路及控制线路；②防火卷帘门、电动防火门、排烟系统风机、排烟阀的供电控制线路；③消防报警系统的手动报警线路，消防广播及电话线路；④高层建筑或机场、地铁等重要设施中的安保闭路电视线路；⑤集中供电的应急照明线路，控制及保护电源线路；⑥大、中型变配电所重要的继电保护线路及操作保护线路；⑦计算机监控线路。

4. 电线、电缆的选择

电线、电缆的选择除应满足允许温升、电压损失、机械强度等要求外，电线、电缆的绝缘额定电压要大于线路的工作电压，并应符合线路安装方式和敷设环境的要求。

电缆外护层及铠装的选择见表7-3。

表7-3 各种电缆外护层及铠装的适用敷设场合

护套或外护层	铠装	代号	敷设方式								环境条件					
			室内	电缆沟	电缆桥架	隧道	管道	竖井	埋地	水下	火灾危险	移动	多砾石	一般腐蚀	严重腐蚀	潮湿
一般橡套	无		√	√	√	√	√					√		√		√
不延燃橡套（耐油）	无	F	√	√	√	√	√				√	√		√		
聚氯乙烯护套	无	V	√	√	√	√	√	√	√			√		√	√	√
聚乙烯护套	无	Y	√	√	√	√	√	√				√		√	√	√
铜（矿物绝缘电缆）	无		√	√	√	√	√									
聚氯乙烯护套	钢带	22	√	√	√	√			√					√		√
聚乙烯护套	钢带	23	√	√	√	√			√					√	√	√
聚氯乙烯护套	细钢丝	32				√	√	√	√	√			√	√		√
聚乙烯护套	细钢丝	33				√	√	√	√	√			√	√	√	√
聚氯乙烯护套	粗钢丝	42						√	√	√			√	√		√
聚乙烯护套	粗钢丝	43						√	√	√			√	√	√	√

7.3.3 电线电缆截面选择

（1）按温升选择截面

电线、电缆本身是一个阻抗，当负荷电流通过时，就会发热，使温度升高，当所流过的电流超过其允许电流时，就会破坏导线的绝缘性能，影响供电线路的安全性与可靠性。为了保证电线、电缆的实际工作温度不超过允许值，电线、电缆按发热条件的允许长期工作电流大于或等于线路的计算电流。

（2）按温升选择截面

由于电缆或电线本身有一定的阻抗，所以当电流通过时，会发热引起温度升高。而当电流超过其允许的额定电流或当其温度过高时，都会破坏线缆的绝缘性能，甚至造成击穿短路，烧毁线缆，保护不当时还会引起火灾。即使不构成短路，长期使线缆在高温的状态下工作，也会加速线缆的老化，影响供电线路的安全性和可靠性。

（3）按电压损失校验截面

电流通过导体时，由于线路上有电阻和电抗存在，除产生电能损耗外，还产生电压损失。当电压损失超过一定的数值后，将导致用电设备端子上的电压不足，严重地影响用电设备的正常运行。为了保证电气设备的正常运行，必须根据线路的允许电压损失来选择导线的截面。当达不到其允许电压损失条件时，应适当放大电缆或电线的截面。用电设备端子允许电压损失见表7-1。

（4）按机械强度要求选择截面

导线截面选择必须满足机械强度的要求，因为导线本身的重量，以及自然界的风、雨、冰、雪现象，会使导线承受一定的应力，只有导线选择足够大，才能保证供电线路的安全运行。

（5）按经济电流选择截面

在寿命期内的总费用最少，即初始投资和经济寿命期内线路损耗费用之和最少。

在具体选择导线截面时，必须综合考虑电压损耗、发热条件和机械强度等要求。高压线路按经济电流密度选择，低压动力供电线路，因负荷电流较大，所以一般先按载流量（即发热温升条件）来选择导线截面，再校验电压损耗和机械强度。低压照明供电线路，因照明对电压水平要求较高，所以一般先按允许电压损耗来选择截面，然后校验其发热条件和机械强度。

（6）中性线、保护线截面的选择

中性线 N、保护线 PE 及中性保护线 PEN 宜按下述原则选择：

1）变压器低压母线、低压开关柜中性母线 N 及保护母线 PE 的截面积不小于其相线截面的一半。

2）电力、照明干线电缆、电线的 N、PE 及 PEN 的截面的选用可参照表7-4。

表 7-4　中性线、保护线的选择

相线截面 S	N、PE、PEN
$S < 16$	S
$16 \leqslant S \leqslant 35$	16
$S > 35$	$S/2$

3）照明箱、动力箱进线的 N、PE、PEN 线的最小截面不小于 $6mm^2$。

4) 对于三相四线制，配电线路符合下列情况之一时，其 N、PE、PEN 的截面应不小于相线截面：①以气体放电源为主的配电线路；②单相配电回路；③可控硅调光回路；④计算机电源回路。

7.3.4 低压配电线路的敷设

电线、电缆的敷设应根据建筑的功能、室内装饰的要求和使用环境等因素，经技术、经济比较后确定。

1. 线缆的敷设方式

在配电系统中，用来传输电能的导线主要是电线和电缆两大类（室内传输大电流时也会采用各种母线或配电柜内采用的母排）。按其敷设地点不同又可分为室外线路和室内线路。

1) 室外线路的敷设可采用电缆线路或架空线路。其中电缆线路又可分为直埋、电缆沟、电缆隧道、电缆排管（管块）等不同的敷设方式；架空线路则多采用杆、塔。

2) 室内线路的敷设分为明敷和暗敷两种。其中明敷的直敷、瓷夹板方式因为较简陋、不安全，故在城市内的新建建筑中已较少使用。而采用金属（塑料）线槽或桥架布线一般只是在机房、配电间、电气竖井及吊顶等无碍观瞻的区域。采用各种金属管、硬质或半硬质塑料管以及金属线槽既可以在机房、竖井或吊顶内明敷，也可以埋在墙、板以及混凝土预制楼板的板孔内。

2. 电缆的敷设

（1）室外电缆的敷设

室外电缆架空敷设造价低，施工容易，检修方便。但与电缆沟敷设相比，美观性较差。电缆可在排管、电缆沟、电缆隧道内敷设，室外电缆可以直接埋地敷设。

（2）室内电缆的敷设

室内电缆通常采用金属托架或金属托盘明设，在有腐蚀性介质的房屋内明敷的电缆宜采用塑料护套电缆。

（3）电缆的敷设要求

室内、外电缆的敷设需满足下列要求：

1) 无铠装的电缆在室内明敷时，水平敷设的电缆离地面的距离不应小于 2.5m；垂直敷设的电缆离地面的距离不应小于 1.8m，否则应有防止机械损伤的措施，但明敷在配电室内时除外。

2) 相同电压的电缆并列明敷时，电缆间的净距不应小于 35mm，并且不应小于电缆外径，但在线槽、桥架内敷设时除外。

3) 架空明设的电缆与热力管道的净距不应小于 1m，否则应采取隔热措施。电缆与非热力管道的净距不应小于 0.5m，否则应在与管道接近的电缆段上，以及由该两端外伸不小于 0.5m 以内的电缆段上，采取防止机械损伤的措施。

4) 电缆在室内埋地敷设、穿墙或楼板时，应穿管或采取其他保护措施，其管内径应不小于电缆外径的 1.5 倍。

5) 沿同一路径敷设的室外电缆常用敷设方式及敷设数量见表 7-5。

表 7-5　沿同一路径敷设的室外电缆常用敷设方式及敷设数量

直埋敷设	≤8 根	电缆隧道敷设	>18 根
电缆沟敷设	≤18 根	排管敷设	≤12 根

低压电缆由配电室（房）引出后，一般沿电缆隧道、电缆沟、金属托架或金属托盘进

入电缆竖井，然后沿支架垂直上升敷设。因此配电室应尽量布置在电缆竖井附近，尽量减少电缆的敷设长度。

3. 绝缘导线的敷设

由于建筑物内几乎不可能使用裸导线，所以这里主要叙述有关绝缘导线的敷设。

绝缘导线的敷设方式可分为明敷和暗敷，需满足下列要求：

1）明敷时，导线直接或者在管子、线槽等保护体内，敷设于墙壁、顶棚的表面及桁架等处。不穿保护管或线槽的直接敷设采用绝缘子、瓷珠或瓷夹板及线夹子等固定。这种方式影响美观，且安全可靠性差，耐久性也差，故多用于临建、工棚等场合，在永久性建筑物内很少使用。而采用穿管和线槽明敷的布线方式则在很多场所用到，比如建筑装修、旧楼改造等。由于此时将电气管线预埋在建筑物的墙、板中已不可能，只能采用明敷方式。另外需要注意的是，在吊顶内必须采用金属管或金属线槽敷设电气线路，不允许采用塑料线槽和塑料管。

2）暗敷时，导线必须穿管保护，地面内敷设时也可穿线槽。不允许将护套绝缘电线直接埋入墙壁、顶板的抹灰层内。

管材主要有电线管、焊接钢管（又称为水煤气钢管）、薄壁扣压管、金属线槽、金属软管（又称为普利卡管或波纹管）、硬质塑料管、半硬质塑料管、塑料线槽或塑料软管等。选用何种管材穿线，除了技术上符合相关规范要求、经济上有利、施工上便利外，还要特别注意以下问题：①直埋于素混凝土内或明敷于潮湿场所的金属管布线，应采用焊接钢管；②由金属线槽引出的线路，可采用金属管、硬质或半硬质塑料管、金属软管等方式，但要注意保护电缆盒电线在引出部分不会受到损伤；③吊顶内支线末端可以采用可挠性金属软管保护，但长度有规定，动力线不大于 0.8m，照明线不大于 1.2m。对于各种弱电线路一般也应是1.2m；④室外地下埋设的线路不宜采用绝缘电线穿金属管的布线方式；⑤采用塑料管（槽）布线时，应采用难燃材料，其本体及附件都应为氧指数 30 以上的阻燃型制品；⑥暗敷于地下的管路不宜穿过设备基础，如必须穿越时应加套管保护；在穿过建筑物伸缩、沉降缝时，应结合建筑物的类型采取相应的保护措施。

3）室内金属管布线的管路较长或转弯较多时，要适当加装过（拉）线盒或加大管径。两个过（拉）线盒之间是直线时，相距 30m；有一处转弯时，不超过 20m；两处转弯时，不超过 15m；三处转弯时，不超过 8m。通常在施工中，为方便起见，只要条件允许，每一转弯都设置一个过（拉）线盒。过（拉）线盒的位置不应选在需二次装修的厅堂内，一般应放在较隐蔽但又便于维修的部位。在低处安装的过（拉）线盒位置可以按假插座处理，安装盲板，以利于美观。

4）进出灯头盒的管路不宜超过 4 个，总进出导线根数不应超过 12 根；进出开关盒的管路不宜超过 2 个，总进出导线根数不应超过 8 根。

4. 电气线路敷设的注意事项

电气线路敷设的主要注意事项如下：

1）室内线路的敷设应避免穿越潮湿房间。

2）敷设在钢筋混凝土现制楼板内的电线管最大外径不宜超过板厚的 1/3。

3）不同回路的导线除低于 50V 的线路、同一设备或同一联动设备的电力回路和无防干扰要求的控制回路、同一照明花灯的几个回路、同类照明的导线不超过 8 根的几个回路等这些特殊情况外，不应同管敷设。

4）同一回路的所有相线和中性线应同管或同槽。但同槽敷设时载流导线的根数不宜超过 30 根，总截面不应超过槽内截面的 20%。

5）强、弱电线路不宜同槽敷设。

6）弱电不同系统的线路、双电源的两个回路、应急配电与正常配电回路均不宜同槽敷设。受条件限制时，可加隔板后同槽敷设。

7）线路敷设中所有外露可导电部分均应进行接地保护。

8）消防用电的配电线路采用暗敷时，应敷设在不燃烧体结构内，且保护层厚度不宜小于 30mm。

9）若采用明敷，应采用金属管或金属线槽并刷涂防火涂料加以保护。

7.4　常用低压电器设备及配电箱

这里主要介绍负荷开关、熔断器、断路器、漏电保护装置等常见的低压配电电器和配电箱（盘、柜）。

7.4.1　低压电器

建筑供配电系统中的低压电器可分为低压配电电器和低压控制电器两大类。

1）低压配电电器。包括断路器、熔断器、负荷开关、转换开关等。主要用于低压配电线路中，对电路和设备进行保护以及通断、转换电源或负载。

2）低压控制电器。包括交流接触器、控制继电器、启动器、变阻器等。主要用于控制用电设备，使其达到预期要求的工作状态。

低压电器的额定电流应等于或大于所控制回路的预期工作电流，电器还应能承载异常情况下可能通过的电流，保护装置应在其允许的持续时间内将电路切断。

1. 负荷开关

负荷开关因为有明显可见的断路点，起隔离电源作用，可供通断电路用，亦可用于不频繁地接通和分断照明设备和小型电动机的电路，但在电路断路时，不能用来切断巨大的短路电流。负荷开关是由刀开关和熔断器串联而成。

图 7-8 所示为低压电路中常用的开启式负荷开关，由刀开关、熔体（保险丝）、接线座、胶盖和瓷质板等组合而成（又叫胶盖开关）。合闸时，胶盖可以把带电部分遮住，使手不能触及带电导体。胶盖的内表面有绝缘间隔把各相隔开。开启式负荷开关的额定电流有 15A、30A、60A 等。这种开关用于一般照明、电热等回路的控制开关或分支线路的配电开关。

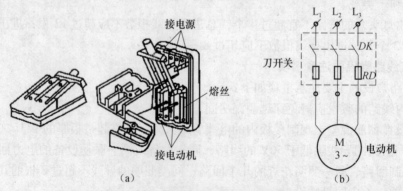

图 7-8　开启式负荷开关的外形和接线
(a) 外形图；(b) 接线图

图 7-9 所示为铁壳封闭式开关。铁壳开关是由刀开关、熔断器、钢板外壳组成的一种低压电器，它能快速地接通或分断电路。其操作机构装有机械联锁装置，以保证在箱盖打开时开关不能闭合，在开关闭合位置时箱盖不能打开，以免触电。额定电流为 60A 以下的铁壳开关，采用瓷插式熔断器做电路保护。

一般结构的刀开关通常不允许带负荷操作，但装有灭弧室的刀开关，可做不频繁带负荷操作。

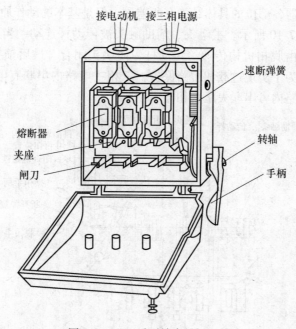

图 7-9　HH3 系列铁壳封闭开关

2. 熔断器

熔断器是一种保护电器，俗称保险丝。当电流超过规定值并经过足够时间后，使熔体熔化，把其所接入的电路断开，对电路和设备起短路和过负荷保护作用。熔断器不能在正常工作时切断和接通电路，且一般只能利用一次。熔断器按结构可分为插入式、旋塞式和管式三种。

熔断器应根据以下条件选择：①根据供电对象和线路的特性选择熔断器的类型；②根据线路负载电流选择熔断器的熔体，一般要求在正常工作、电动机启动或有尖峰电流时，熔体不应熔断；③熔断器的额定电压不应低于线路的额定电压。

3. 低压断路器（自动空气开关）

低压断路器属于一种能自动切断电路故障的控制兼保护电器。在现代的民用建筑中大量应用，其动作情况是手动合闸、自动跳闸。在电路出现故障时，自动切断故障电路，主要用于配电线路的电气设备的过载、失压和短路保护。有些低压断路器脱扣值可以现场调节，而且低压断路器动作后，只要切除或排除了故障，一般不需要更换零件，又可以再投入使用。它的分断能力较强，所以应用极为广泛，是低压电路中非常重要的一种保护电器。

（1）低压断路器的组成

低压断路器由感受元件、执行元件和传递元件三部分组成。

1）感受元件。能感受到电路中不正常的情况、操作人员的命令和其他继电保护系统的信号，通过传递元件使执行元件动作，如过电流脱扣器和失压脱扣器等。

2）执行元件。包括触头和灭弧室。触头执行接通或分断电路的任务，灭弧室是用来帮助触头执行任务的。

3）传递元件。承担力的传递、变换的零部件。它包括传动结构、自由脱扣机构、主轴、脱扣轴等。

（2）低压断路器的动作原理

不同用途的断路器各部位的具体结构有所差异，但是基本的动作原理大体相同，典型断路器的动作原理如图7-10所示。主触头、辅助触头被传动杆连动，当反时针方向推动操作手柄时，闭合力经自由脱扣机构传递给传动杆，使触头闭合。最后锁扣将自由脱扣机构锁住，保持电路接通。为了实现过载和短路保护，三相主电路内串联有电磁式过电流脱扣器，必要时在辅助触头电路内可串联失压脱扣器。

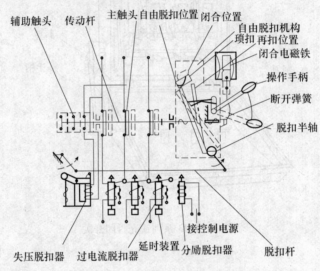

图 7-10　典型断路器动作原理图

1）过流断路。当任何一相主电路的电流超过一定数值时，过电流脱扣器产生的电磁力克服了弹簧的反作用力将衔铁向上吸引，衔铁上部的顶板推动脱扣杠，使脱扣半轴反时针方向转动，从而自由脱扣机构脱扣，在断开弹簧的作用下，触头断开而将电路分断。

电磁式过电流脱扣器上可以加装延时装置，其作用是：当电路内出现允许的过载或为了提高电网供电可靠性而需要选择断开时，要求脱扣器经一定的延时后才使断路器脱扣。通过延时装置以得到需要的延时时间。

2）失压（欠压）断路。当主电路内的电压消失或降低至一定数值以下时，失压脱扣器的电磁吸力不足以继续吸持衔铁，在弹簧力的反作用下，衔铁上部的顶板推动脱扣杠，使断路器分断电路。

3）控制断路。分励脱扣器由控制电源供电，它可以按照操作人员的命令或继电保护信号使分励脱扣器线圈通电，线圈通电后，其衔铁向上运动，推动脱扣杆，使断路器分断电路。

在要求遥控的情况下，可加装闭合电磁铁或其他动力操作结构。

4. 漏电保护器

漏电保护器又称剩余电流保护器，装有检漏元件、联动执行元件，可自动分断发生故障的线路。漏电保护器能迅速断开发生人身触电、漏电和单相接地故障的低压线路。

204

（1）漏电保护器的分类

1）漏电保护器按其动作原理可分为电压型、电流型和脉冲型。

2）漏电保护器按脱扣的形式可分为电磁式和电子式两种：①电磁式漏电保护开关主要由检测元件、灵敏继电器元件、主电路开断执行元件以及试验电路等几部分构成。②电子式漏电保护开关主要由检测元件、电子放大电路、执行元件以及试验电路等部分构成。电子式与电磁式比较，灵敏度高，制造技术简单，可制成大容量产品，但需要辅助电源，抗干扰能力不强。

3）漏电保护器按其保护功能及结构特征，可分为漏电继电器、漏电断路器。①漏电继电器由零序电流互感器和继电器组成。它仅具备判断和检测功能，由继电器触头发生信号，控制断路器分闸或控制信号元件发出声、光信号。②漏电断路器具有过载保护和漏电保护功能，它是在断路器上加装漏电保护器件而构成。漏电断路器应有足够的分断能力，可承担过载和短路保护。否则，应另行考虑短路保护措施，例如加熔断器一起配合使用。

（2）漏电保护器的设置

1）在民用建筑中下列配电线路或设备终端线路宜装设漏电保护器：①民用建筑的低压进线处应设有漏电保护器，以防因电气故障引起的火灾；②客房的照明和插座，以及住宅、办公、学校、实验室、幼儿园、敬老院、医院病房、福利院、美容院、游泳池、浴室、厨房、卧室等插座回路；③室外照明、广告照明等室外电气设施；④医疗用浴缸、按摩理疗等康复设施；⑤夜间用电设备的工作电压超过150V的配电线路；⑥装有隔离变压器的二次侧电压超过30V的配电线路；⑦TT系统供电的用电设备。

2）下列场所不应装设漏电保护电器，但可以装设漏电报警信号：①室内一般照明、应急照明、警卫照明、障碍标志灯；②通信设备、安全防范设备、消防报警设备等；③消防泵类、送风排烟风机、排污泵等；④厨房的电冰箱及消防电梯等；⑤医院手术室插座等。

5. 电表

主要指电能计量的电度表。包括静止式交流有功电度表、多费率电能表、电子式载波电度表、预付费电度表、多功能电度表等。

其主要功能是单相、三相有功电能计量，包括分时段分费率计度、IC卡预付费用电（当剩余电量达到报警值时，跳闸断电提醒用户购电）、防窃电（超负荷自动断电）等。除了计量电能，有些电表还可通过交流采样技术分别测量电网中的电流、电压、功率、功率因数、相位相序、频率等多种电参数，甚至还具有事件记录、负荷曲线记录并输出的功能。随着建筑智能化程度的不断提高，通过电表上的固定接口就可以对电表进行通信、完成编程设置和抄表，实现远程集中抄表。

7.4.2 配电箱（盘、柜）

上述低压电器均应安装在配电箱（盘、柜）内。而所有的配电箱（盘、柜）均在建筑内占据一定的空间位置，或放置在专门的电气房间中。配电箱（盘、柜）可选用成套产品，也可现场制作安装。在现代民用建筑中，一般均根据设计图纸成套订购。

1. 配电箱（盘、柜）的设置需要考虑的因素

1）经济性。应尽量位于用电负荷的中心，以缩短配电线路，减少电压损失。一般规定，单相配电箱供电半径约30m，三相配电箱供电半径为60~80m。

2）可靠性。供电总干线中的电流，一般不应大于60~100A。每个配电箱（盘、柜）的单相分支线，不应超过6~9路，每路分支线上设一个自动空气开关。每支路所接设备

（如灯具和插座等）总数不应超过 20 个，每支路的总电流不宜大于 15A。

3）技术性。在每个分配电箱的供电范围内，各项负荷的不均匀程度不应大于 30%。在总箱供电范围内，各相负荷的不均匀程度不应大于 10%。

4）维护方便。多层或高层建筑标准层中，各层配电箱的位置应在相同的平面位置处，以有利于配线和维护。应设置在操作维护方便、干燥通风、采光良好处，但又应注意不要影响建筑美观，并应和结构合理配合。

室内配电箱（盘、柜）的位置、数量主要由用户决定，即供电应尽量满足用电要求。

2. 配电箱（盘、柜）的安装

配电箱（盘、柜）的安装有明装和暗装两种。明装配电箱一般挂墙安装，明装配电柜一般落地安装；暗装配电箱（盘、柜）嵌在建筑物墙壁内安装，箱门与墙面取平，导线用暗管敷设，若不加说明，底口距地面的高度一般为 1.4m。暗装配电箱（盘、柜）的部位在建筑设计中应预留洞口，洞口尺寸应比配电箱的尺寸稍大。

7.5　变配电所

变配电所是用来安装和布置高压开关柜、变压器和低压配电柜的专用房间，担负着从电力系统受电，经变压器变压，然后向负载配电的任务。变配电所一般由高压开关室、变压器室和低压配电室三部分组成。在民用建筑中高压进线一般为 6～10kV。故民用建筑的变配电所属于 6～10kV 的变配电所。

7.5.1　变配电所的主要形式与布置

1. 变配电所的形式

根据本身结构及相互位置的不同，变配电所可分为不同的形式，如图 7-11 所示。

1）建筑物内变配电所。它位于建筑物内部，可深入负荷中心，减少配电导线、电缆，但防火要求高。高层建筑的变配电所一般位于地下室，不宜设在地下室的最底层。

2）建筑物外附式变配电所。附设在建筑物外，不占用建筑的面积，但建筑处理较复杂。

3）独立式变配电站。独立于建筑物之外，一般向分散的建筑供电及用于有爆炸和火灾危险的场所。独立变配电所最好设置成单层，当采用双层布置时，变电室应设在底层，设于二层的配电装置应有调运设

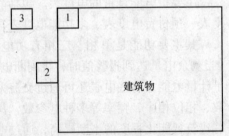

图 7-11　变配电所的形式
1—建筑内变配电所；2—建筑物外附式变电所；
3—独立式变电所

备的吊装孔或平台。各室之间及各室内均应合理布置，布置应紧凑合理，便于设备的操作、巡视、管理、维护、检修和试验，并应考虑增容的可能性。

4）箱式变配电所。箱式变配电所又称组合式变配电所，是由厂家将高压设备、变压器和低压设备按一定的接线方案成套制造，并整体设置在一起。它的优点是占地面积较小，可以深入负荷中心，安装速度快，省去了土建和设备的安装。

2. 变配电所的设置

变配电所位置的选择，应根据下列要求综合考虑确定：①接近负荷中心；②接近电源侧；③进出线方便；④运输设备方便；⑤不应设在有剧烈振动或高温的场所；⑥不宜设在多尘、雾

或有腐蚀性气体的场所，当无法远离时，不应设在污染源盛行风向的下风侧；⑦不应设在厕所、浴室或其他经常积水场所的正下方，且不宜与上述场所相贴邻；⑧不应设在有爆炸危险环境的正上方或正下方，且不宜设在有火灾危险环境的正上方或正下方，当与有爆炸或火灾危险环境的建筑物相毗连时，应符合现行国家关于爆炸和火灾危险环境电力装置设计规范的规定。

当建筑物的高度超过100m时，也可在高层区的避难层或技术层内设置变配电所。一般情况下，低压供电半径不宜超过250m。

7.5.2 高压开关室

高压开关室的结构形式，主要取决于高压开关柜的形式、尺寸和数量，同时要求充分考虑运行维护的安全和方便，留有足够的操作维护通道，但占地面积不宜过大，建筑费用不宜过高。高压开关室的耐火等级不应低于二级。

1. 平面布置

手车式高压开关柜的平面布置如图7-12所示，安装尺寸见表7-6。

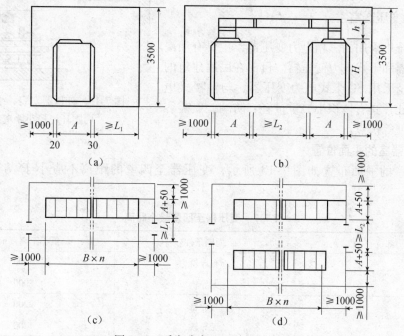

图7-12　手车式高压开关柜的布置
(a) 单列；(b) 双列；(c)、(d) 平面布置
n—列开关柜的台数

表7-6　手车式高压开关柜安装尺寸表

开关柜型号	尺寸（mm）					
	A	B	H	h	L₁	L₂
GC2-10（F）	1500	800	2200	800	单车长+1200	双车长+900
GFC-3B（F）	1200	800	2100	980	单车长+1200	双车长+900
GFC-15A（F）	1500	800、1000	2200	850	单车长+1200	双车长+900
JYN2-10	1500	840、1000、1200	2200	800	单车长+1200	双车长+900
KYN5-10	1500（1800）	840	2200	1200	单车长+1200	双车长+900
KGN-10	1600	1180	2900	650	1500	2000

2. 高压开关室对有关专业的要求

高压开关室在设置时对相关专业的主要要求如下：

1）门应为向外开的防火门，应能满足设备搬运和人员出入要求。

2）条件具备时宜设固定的自然采光窗，窗外应加钢丝网或采用夹丝玻璃，防止雨、雪和小动物进入，窗台距室外地坪宜不小于 1.8m。

3）需要设置可开启的采光窗时，应采用百叶窗内加钢丝网（网孔不大于 10mm × 10mm），防止雨、雪和小动物进入。

4）一般为水泥地面，应采用高强度等级水泥抹平压光。

5）在寒冷地区，当室内温度影响电气设备和元件正常运行时，应有供暖措施。

6）平面设计时，宜留有适当数量的开关柜的备用位置。

7）高压开关柜底应做电缆沟，尺寸根据开关柜尺寸确定。

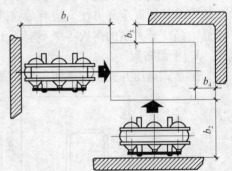

图 7-13　变压器安装、维修与周围环境最小距离

7.5.3　变压器室

供电系统中采用的三相电力变压器，主要有油浸式电力变压器和干式电力变压器。目前在民用建筑的变电所中广泛采用 SC 干式电力变压器，与油浸式电力变压器相比，具有体积小、重量轻、防潮、安装容易和运输方便等优点。

1. 变压器室的平面位置

变压器室的平面布置如图 7-13 所示，变压器至四壁的距离不应小于表 7-7 中所列尺寸。

表 7-7　变压器至四壁最小距离

部位	周围条件	最小距离（mm）
b_1	有导轨	2600
	无导轨	2000
b_2	有导轨	2200
	无导轨	1200
b_3	距墙	1100
b_4	距墙	600

2. 变压器室对有关专业的要求

变压器室在设置时对相关专业的主要要求如下：

1）变压器室的大门一般按变压器外形尺寸加 0.5m。当一扇门的宽度为 1.5m 及以上，应在大门上开一小门，小门宽 0.8m，高 1.8m。

2）屋面应有隔热层及良好的防水、排水设施，一般不设女儿墙。

3）一般不设采光窗。

4）进风窗和出风窗一般采用百叶窗，需采取措施防雨、雪和小动物进入室内。

5）地坪一般为水泥压光。

6）干式变压器的金属网状遮挡高度不低于 1.7m。

7.5.4 低压配电室

1. 低压配电室的布置

低压配电室主要用来放置低压配电柜，向用户（负载）输送、分配电能。低压配电室的布置应根据低压配电柜的形式、尺寸和数量确定。低压配电柜可单列布置或双列布置。

为了维修方便，低压配电柜离墙应不小于 1m，单列布置时操作通道不小于 1.5m；双列布置时，操作通道不应小于 2.0m。低压配电室内各种通道的最小宽度和平面布置参考尺寸如表 7-8 和图 7-14 所示。

表 7-8 低压配电室内各种通道最小宽度（净距） （mm）

布置方式	屏前操作通道	屏后操作通道	屏后维护通道
固定式屏单列布置	1500	1200	1000
固定式屏双列面对面布置	2000	1200	1000
固定式屏双列背对背布置	1500	1500	1000
单面抽屉式屏单列布置	1800		1000
单面抽屉式屏双列面对面布置	2300		1000
单面抽屉式双列背对背布置	1800		1000

注：1. 当屏后有需要操作的断路器时（如 DW45、DZ20 型等），则称为屏后操作通道。

2. 建筑物墙面有柱类局部凸起时，凸出处通道宽度可减少 0.2m。

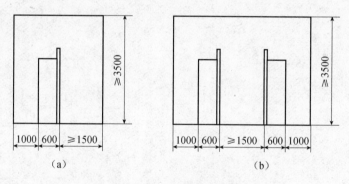

图 7-14 低压配电室布置参考尺寸

（a）单列布置；（b）双列布置

2. 低压配电室对有关专业的要求

1）低压配电室的高度应与变压器室综合考虑，以便变压器低压出线。

2）低压配电柜下应设电缆沟，沟内应水泥抹光并采取防水、排水措施，沟盖板宜采用花纹钢盖板。

3）地坪应用高强度水泥抹平压光，内墙面应抹灰并刷白。

4）一般靠自然通风。

5）可设能开启的自然采光窗，并应设置纱窗。

6）当兼作控制室或值班室时，在供暖地区应供暖。

【思考题与习题】

1. 电力系统主要由哪几部分组成？各自的主要功能是什么？

2. 简述电力负荷等级及其供电要求。

3. 低压配电系统的基本形式有哪几种？各有什么特点？

4. 变配电所的结构形式有哪几种？其选址主要考虑哪些问题？

5. 电线、电缆截面的选择方式有哪几种？零线及地线截面的选择原则是什么？

第8章 电气照明工程

学习目标和要求

　　了解照明基本知识及照明评价指标；

　　掌握常用的电光源、灯具及其特性；

　　掌握灯具的布置与安装。

学习重点和难点

　　掌握常用的电光源、灯具及其特性；

　　掌握灯具的布置与安装。

8.1 电气照明基本知识

　　建筑照明是将电能转变成光能，利用电光源提供人工照明。

8.1.1 光学基本概念

　　光是属于一定波长范围内的电磁辐射，即电磁波。波长范围在 $380 \sim 780\text{nm}(1\text{nm} = 10^{-9}\text{m})$ 的电磁波能使人眼产生光感，这部分电磁波称为可见光。波长大于 780nm 的红外线、无线电波以及波长小于 380nm 紫外线、X 射线都不能引起人眼的视觉反应。

　　而不同波长的可见光，在人眼中又产生不同的颜色感觉。光的颜色可影响人们的情趣（如喜、怒、哀、乐）、工作效率、食欲大小和精神状态，还能治疗某些疾病，这些就是光源的颜色特性。

　　常用的光学计量单位有光通量、发光强度、亮度和照度。

1. 光通量

　　光源在单位时间内向周围空间辐射的可见光的能量，称为光通量，用 Φ 表示，单位为流明（lm）。

　　在光学中规定：当发出波长为 555nm 的黄绿色的单色光源，其辐射功率为 1W 时，它发出的光通量为 683lm。并规定某一波长的光源的光通量如下

$$\Phi_\lambda = 683V(\lambda)P_\lambda \tag{8-1}$$

式中　Φ_λ——波长为 λ 的光源光通量（lm）；

　$V(\lambda)$ ——波长为 λ 的光的相对光谱频率；

　　P_λ——波长为 λ 的光源辐射功率（W）。

　　多色光光源的光通量为它所含的各单色光的光通量之和，即

$$\Phi = \Phi_{\lambda_1} + \Phi_{\lambda_2} + \cdots + \Phi_{\lambda_n} = \Sigma\left[683V(\lambda)P_\lambda\right] \tag{8-2}$$

　　常用光源的光通量见表 8-1。

表 8-1　常用光源的光通量

光源种类	光通量（lm）	光源种类	光通量（lm）	光源种类	光通量（lm）	光源种类	光通量（lm）
太阳	3.9×10^{28}	钠灯 100W	9000	荧光灯 20W	930	汞灯 400W	9200
月亮	8×10^{16}	白炽灯 100W	1038	荧光灯 40W	2200	汞灯 750W	22500
蜡烛	11.3	白炽灯 1kW	15810	荧光灯 100W	5000	荧光汞灯 400W	21000
卤钨灯 500W	9750	电石灯	11.3	汞灯 250W	4900	荧光汞灯 1000W	52500

2. 发光强度

光源在空间某一方向上的光通量的空间密度，称为光源在该方向上的发光强度。用符号 I_θ 表示，单位是坎德拉（cd）。

$$I_\theta = \frac{\mathrm{d}\Phi}{\mathrm{d}\Omega} \tag{8-3}$$

式中　Φ——光源在 Ω 立体角内所辐射出的光通量（lm），1 个立体角定义为球体表面积为 r^2 所对应的圆心角；

　　　Ω——光源发光范围的立体角（S_r）。

$$1\mathrm{cd} = 1\mathrm{lm}/S_r。$$

因为光源发出的光线是向空间各个方向辐射的，见图 8-1，因此必须用立体角度作为空间光束的量度单位计算光通量的密度。将光源四周的发光强度大小用极坐标形式表示，连接各坐标点所形成的曲线称为该光源的配光曲线。

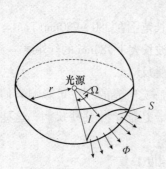

图 8-1　发光强度示意

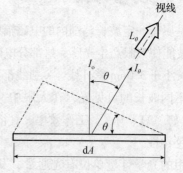

图 8-2　发光面亮度示意

3. 亮度

亮度是人眼对发光物体表面明亮感觉的程度，一般用发光体在视线方向单位投影面积上的发光强度来表示，见图 8-2，用下式表示

$$L_\theta = \frac{I_\theta}{\mathrm{d}A\cos\theta} \tag{8-4}$$

式中　L_θ——亮度，单位为坎德拉每平方米（$\mathrm{cd/m^2}$）；

　　　I_θ——发光体沿 θ 方向的发光强度（cd）；

　　$\mathrm{d}A\cos\theta$——发光体沿视线方向的投影面积（$\mathrm{m^2}$）。

亮度可作为照明设计内容和依据之一。一般白炽灯灯丝的亮度在 $(300 \sim 1400) \times 10^4 \mathrm{cd/m^2}$ 的范围内，日光灯管的亮度为 $(0.6 \sim 0.9) \times 10^4 \mathrm{cd/m^2}$。

4. 照度

照度是指单位被照射面积上所接受的光通量。即

$$E = \frac{\mathrm{d}\Phi}{\mathrm{d}A} \qquad (8-5)$$

式中　E——被照射面 $\mathrm{d}A$ 的照度，单位为勒克斯（lx），$1\mathrm{lx} = 1\mathrm{lm/m}^2$；

　　　$\mathrm{d}\Phi$——$\mathrm{d}A$ 面所接受的光通量（lm）。

被照面的照度与人眼观察物体的视觉效果有很大的关系，一般照度越大，观察物体的清晰程度越好。因此照度是照明设计的重要依据之一。照度为 1lx 仅能辨别物体的轮廓；照度为 5~10lx，看一般书籍比较困难；阅览室和办公室的照度一般要求不小于 50lx。

亮度与照度的关系近似表示为：

$$L = \frac{\rho E}{\pi} \qquad (8-6)$$

式中　ρ——被照物体的反射系数，水泥地面的反射系数为 0.3~0.4；沥青路面的反射系数
　　　　为 0.1~0.12。

8.1.2　照明质量评价

照明可分为天然采光和人工照明两大类。人类在长期的进化发展过程中，眼睛已习惯自然光，只有在良好的光照条件下，才能进行有效的视觉工作。由于天然采光受自然条件的限制，室内的光线随着室外天气的变化而变化，它不能根据人们的要求，保持随时可用、明暗可调和稳定的采光。在夜晚或天然采光不足的地方，往往需要采用人工照明或补充人工照明。人工照明主要是用电光源来实现。

良好的工作环境需要高质量的照明来保证。影响照明质量的因素很多，并且受到技术上和经济上各种条件的限制。做照明设计方案时，应从以下五个方面考虑照明质量。

1. 亮度与亮度分布

当物体发出可见光（或反光），人类才能感知物体的存在，它愈亮，看得就愈清楚。若亮度过大，人眼会感觉不舒适，超出眼睛的适应范围，则灵敏度下降，反而看不清楚。

照明环境不但应使人能清楚地观察物体，而且应给人以舒适的感觉，所以在整个视场内（房间内）各个表面应有合适的亮度分布。在视力工作比较紧张和持久的场合，更应该有一个舒适的照明环境。在视野内有合适的亮度分布是舒适视觉的必要条件，严重的亮度不均匀会造成不舒适的感觉，但是，亮度过于均匀也是不必要的，适度的亮度变化能使室内不至于单调，有活泼的气氛并能节省能源。因此亮度与亮度分布要求如下：

①在工作房间，作业近邻环境的亮度应当尽可能低于作业本身亮度，但应不低于作业亮度的 1/3。而周围视野（包括顶棚、墙、窗户等）的平均亮度应不低于作业亮度的 1/10。灯和白天的窗户亮度，则应控制在作业亮度的 40 倍以内。

②要创造一个良好的使人感到舒适的照明环境，就需要亮度分布合理和室内各个面的反射比选择适当，照度的分配也应与之相配合。国家标准中给出房间的表面反射比见表 8-2。

表 8-2　房间表面反射比

表面名称	反射比	表面名称	反射比
顶棚	0.6~0.9	地面	0.1~0.5
墙面	0.3~0.8	作业面	0.2~0.6

2. 照度的均匀度

对于单独采用一般照明的场所，表面亮度与照度是密切相关的。在视野内，照度的不均匀很容易引起视觉疲劳。由于被观察对象的分布位置千差万别，而且难以预测，因此一般希望照度均匀。尤其是个人在空间位置无法自由选择的场合，显得十分重要。如教室、礼堂、报告厅等。根据观察对象的不同，应该做到被照场所的照度均匀或比较均匀。即要求室内最大、最小照度分别与平均照度之差不大于或不小于平均照度的六分之一。要达到满意的照度给予度，灯具布置间距宜不大于所选灯具的最大允许距高比。只要实际布灯的距离小于所选灯具的距高比，照度均匀性就能满足标准的要求。

照明的均匀性应用被照场所的最低照度 E_{min} 和最高照度 E_{max} 之比或最低照度 E_{min} 和平均照度 E_{av} 之比来衡量。E_{min}/E_{max} 称为最低均匀度，E_{min}/E_{av} 称为平均均匀度。照度均匀度不应小于表8-3中所列数值。

表8-3 照度均匀度的要求

工作场合	最低均匀度 E_{min}/E_{max}	平均均匀度 E_{min}/E_{av}
精密工作	0.3	0.7
粗糙工作	0.2	0.4

3. 光源的色表与显色性

（1）色表

电光源发出的可见光的颜色称为色表，一般用色温表示，是指从外观上看到的光源的颜色。在黑体辐射中，把黑体加热到不同温度时，随着温度的增加，发射光的颜色也不相同。当某一种光源的色品（颜色性质）与某一温度下完全辐射体（黑体）的色品完全相同时，用该温度表示该光源的色温，单位为 K。

（2）显色性

电光源发出的光照射在物体上，对物体呈现颜色的真实程度称为该光源的显色性，用显色指数 R_a 表示，其大小从 0 到 100。一般情况下，光源显色指数在 80~100 之间，其显色性优良；在 60~79 之间，其显色性一般；当显色指数小于 60 时，其显色性较差。

比如，现在的路灯多采用高压钠灯做光源，因为发光效率高。但发出的光发黄，说明高压钠灯的色表不好；当我们看到它的光线照在人的脸上时，脸色发黄，这表明它的显色性能差。普通的白炽灯，从远处看偏黄色，而当观察被照射的物体时，物体的颜色与白天受日光照射差不多，这说明白炽灯的色表较差而显色性较好。在商业照明中，为呈现商品的自然色，光源的显色性选择显得相当重要。

4. 照明的稳定性

照明的稳定性直接影响人们的健康，照明不稳定将导致人们的视力降低，容易使眼睛产生疲劳。而另一方面不断变化的照明会影响人们的注意力和情绪，对营造正常的工作环境是不利的。影响照明稳定的因素是多方面的，其中电压的波动是最主要的因素。大型电动机启动，可控硅调光设备转换或电弧焊接等都能引起较激烈的电压波动，直接影响照明的稳定性。

在电光源中通常存在着光通量随交流电流变化而变化，产生有害的频闪的现象。频闪效应是指在一定频率变化的光照射下，观察到物体运动显现出不同于其实际运动的现象。尤其在人们观察运动的物体时，气体放电灯的光通量也发生周期性变化，而当物体的转动频率是灯光闪烁频率的整数倍的时候，转动的物体看上去好像不动一样，给人造成错觉，容易酿成事故。

5. 眩光

眩光是指由于视野中的亮度分布或亮度范围的不适宜，或存在极端对比，导致不舒适感觉或降低人眼观察细部或目标能力的视觉现象，它是影响照明质量的重要因素。影响眩光的因素主要有：光源的亮度、光源外观的大小和数量、光源的位置、周围环境的亮度等。

（1）限制直接眩光的方法

光源的亮度是产生眩光的主要原因之一，光源与周边的明暗对比越强烈、光源亮度越高、光源面积越大、光源距视线越近时，眩光越显著。限制眩光应主要控制光源在 γ 角为 $45°\sim90°$ 范围内的亮度，如图8-3所示的阴影部分。

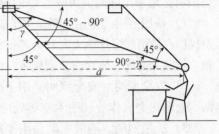

图8-3 灯具发光区

控制的方法主要有：①用透光材料减少眩光，如采用漫反射的灯具；②用灯具的保护角加以控制，采用具有保护角的灯具，灯具保护角一般应大于 $30°$。可以采用其中一种方法，也可以两种方法同时采用。

（2）限制反射眩光的方法

控制方法主要有：①为限制反射眩光，应使视觉不处在、也不接近于任何光源同眼睛形成的镜面反射角内，或是在确定照明方式或选择布置灯具方案时，力求使照明光源来自选择方向；②最好使用发光表面面积大，亮度低的灯具；③视觉作业房间内应采用无光泽的表面；④采用在视线方向反射光通小的特殊光强分布灯具，如采用配照型和广照型灯具。

8.1.3 照明方式与种类

1. 照明方式

由于建筑物的功能和要求不同，对照度和照明方式的要求也不相同。照明方式有均匀一般照明、分区一般照明、局部照明和混合照明。

1）均匀一般照明。均匀一般照明是为照亮整个场所而设置的均匀照明。一般照明由若干个灯具均匀排列而成，它可获得较均匀的水平照度。对于工作位置密度很大而对光照明方向无特殊要求或受条件限制不适宜装设局部照明的场所，可只单独装设一般照明，如办公室、体育馆和教室等。

2）分区一般照明。分区一般照明是指对某一特定区域，如工作地点，设计成不同的照度来照亮该区域的一般照明。

3）局部照明。局部照明是为特定视觉工作使用，为照亮某个局部而设置的照明。其优点是开、关方便，并能有效地突出对象。局部照明宜在下列情况下采用：①局部需要有较高的照度；②由于遮挡使一般照明照射不到的某些范围；③视觉功能降低而需要有较高的照度；④需要减少工作区的反射眩光；⑤为增强质感而加强某方向上的光照。

4）混合照明。由一般照明和局部照明组成的照明，称为混合照明。对于工作位置需要有较高照度并对照射方向有特殊要求的场合，应采用混合照明。混合照明的优点是可以在工作面（平面、垂直面或倾斜面表面）上，甚至在工作的内腔里获得较高的照度，并易于改善光色，减少照明装置功率和节约运行费用。

2. 照明种类

照明的种类按用途可分为正常照明、应急照明、值班照明、警卫照明、景观照明和障碍照明。

（1）正常照明

在正常情况下使用的室内外照明。所有居住房间和工作、运输、人行车道以及室内外庭院和场地等，都应设置正常照明。

（2）应急照明

因正常照明的电源失效而启动的照明。它包括备用照明、安全照明和疏散照明。所有应急照明必须采用能瞬时可靠点燃的照明光源，一般采用白炽灯和卤钨灯。

1）备用照明。备用照明是用于确保正常活动继续进行的照明。主要用于由于工作中断或误操作容易引起爆炸、火灾和人身伤亡或造成严重后果和经济损失的场所，例如医院的手术室和急救室、商场、体育馆、剧院等，以及变配电室、消防控制中心等，都应设置备用照明。

2）安全照明。安全照明是用于确保处于潜在危险之中的人员安全的照明。如使用圆形锯、处理热金属作业和手术室等处应装设安全照明。

3）疏散照明。疏散照明是用于确保疏散通道被有效地辨认和使用的照明。对于一旦正常照明熄灭或发生火灾，将引起混乱的人员密集的场所，如宾馆、影剧院、展览馆、大型百货商场、体育馆、高层建筑的疏散通道等，均应设置疏散照明。

（3）值班照明

非工作时间为值班所设置的照明。值班照明宜利用正常照明中能单独控制的一部分或利用应急照明的一部分或全部。

（4）警卫照明

为改善对人员、财产、建筑物、材料和设备的保卫而采用的照明。例如用于警戒以及配合闭路电视监控而配备的照明。

（5）障碍照明

在建筑物上装设的，作为障碍标志的照明，称为障碍照明。如为保障航空飞行安全，在高大建筑物和构筑物上安装的障碍标志灯。障碍标志灯的电源应按主体建筑中最高负荷等级要求供电。

（6）景观照明

用于室内外特定建筑物、景观而设置的带艺术装饰性的照明。包括装饰建筑外观照明，喷泉水下照明，用彩灯勾画建筑物的轮廓照明，给室内景观投光以及广告照明灯等。

8.2　常用电光源及灯具

8.2.1　电光源的分类及主要技术指标

电光源是一种人造光源，它是将电能转换为光能，提供光通量的一种照明设备。

1. 电光源的分类

常用的电光源按照其工作原理主要有热辐射光源和气体放电光源两类。

（1）热辐射光源

热辐射光源就是利用电流将物体加热到白炽程度所产生的可见光来照明的光源，如白炽灯、卤钨灯等。

（2）气体放电光源

气体放电光源是利用气体处于电离放电状态而产生可见光来照明的光源。这种光源具有发光效率高、使用寿命长等特点。

气体放电光源又可分为金属灯、惰性气体灯、金属卤化物灯三种。

①金属气体放电光源主要有汞灯和钠灯。

②惰性气体光源主要有氙灯、汞氙灯、霓虹灯等。

③金属卤化物灯主要有钠铊铟灯、金属卤素灯等。

2. 电光源的主要技术指标

电光源的性能与特点用技术指标反映，电光源的技术指标是选择光源的依据。电光源的主要技术指标如下。

（1）额定电压和额定电流

光源在预定要求下工作所需要的电压和电流分别叫做额定电压和额定电流，光源在额定值下工作具有最好的效果。

（2）额定功率

灯泡（管）在额定条件下所消耗的有功功率叫额定功率。全功率是给定某种气体放电灯的额定功率与镇流器功率之和。

（3）额定光通量

指电光源在额定工作状态下所发出的全部光通量。电光源在工作时所发出的光通量叫做光通量输出。它与点燃时间等因素有关，一般来说，灯点燃时间越长其光通量输出越低。

（4）发光效率

电光源所发出的光通量与消耗的功率之比叫做发光效率，即电光源消耗 1W 电功率所发出的光通量，单位是 lm/W。

（5）平均寿命

电光源的平均寿命是指该型号的电光源有效寿命的平均值。有效寿命是从开始点燃起，到其光通量降低到初始值的 70% 时的点燃时间，平均寿命一般以小时表示。

（6）光源的色温与显色指数

电光源的颜色质量常用色表和显色性表达。光色的技术指标包括色温和显色指数。

（7）频闪效应

频闪效应是指电光源采用交流电源供电时，其发出的光通量随交流电压做周期性变化，使人眼产生闪烁的感觉。气体放电灯频闪效应比较明显。频闪效应会使人对旋转的物体的运动状态发生错觉，应尽量消除。

8.2.2 常用的电光源

1. 白炽灯

白炽灯的构造如图 8-4 所示，它主要由玻璃泡管、灯丝、支架、引线和灯头组成。白炽灯的发光是由于电流通过钨丝时，灯

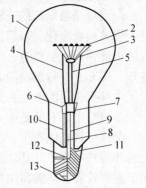

图 8-4 普通白炽灯
1—玻壳；2—灯丝；3—钼丝钩；4—内导丝；5—实芯玻梗；6—封接丝；7—排气孔；8—排气管；9—喇叭管；10—外导丝；11—焊泥；12 灯头；13—焊锡

217

丝热至白炽化而发光，当温度达到 500℃ 左右，就会出现暗红色的可见光，随着温度的增加，由红色变成橙黄色，最后发出白色光。为防止灯丝氧化，40W 以下的玻壳内抽成真空，40W 以上的玻壳内则充以惰性气体氩、氮或氩氮混合物。

考虑到白炽灯的发光效率低、不节能，大功率的白炽灯已很少使用，将逐步用节能灯代替。白炽灯一般用于要求瞬间启动、连续调光、改善显色性的特殊场合，或对电磁干扰有严格要求的场合。平均寿命不长，一般只有 1000h。

表 8-4 给出了部分普通白炽灯泡的有关资料。

表 8-4　普通白炽灯泡型号及参数

灯泡型号	额定电压（V）	额定功率（W）	最大功率（W）	光通量（lm）		主要尺寸			灯头型号
				额定值	极限值	最大直径（D）	全长（L）	光中心高度（H）	
PZ220-15		15	16.1	110	91				
PZ220-25		25	26.5	220	183				
PZ220-40		40	42.1	350	291	61	107±3		E27/27-1 或 2C22/25-2
PQ220-40		40	42.1	350	291				
PQ220-60		60	62.9	630	523				
PQ220-75	220	75	78.5	850	706	66	120±4	85±4	
PQ220-100		100	104.5	1250	1038				
PQ220-150		150	156.5	2090	1777	81	170±5	130±5	E27/27-1 E27/35-2 或 2C22/25-2
PQ220-200		200	208.5	2920	2482				
PQ220-300		300	312.5	4610	3919	111.5	235±6	180±6	E40/45-1
PQ220-500		500	520.5	8300	7055				
PQ220-1000		1000	1040.5	18600	15810	131.5	275±9	210±8	

2. 卤钨灯

卤钨灯是白炽灯的一种。普通白炽灯在使用过程中，从灯丝蒸发出来的钨沉积在灯泡内壁上使玻璃壳黑化，玻璃黑化后使透光性能降低，造成发光效率降低。在灯泡内充惰性气体对防止玻壳黑化虽然有一定作用，但效果仍不令人满意。卤钨灯是除了在灯泡内充入惰性气体外，还充有少量的卤族元素（氟、氯、碘），利用卤钨的再生循环作用，一方面对防止玻壳黑化具有较高的效能；另一方面可提高发光效率。

卤钨灯中，有的是充入卤素碘，叫做碘钨灯。此外还有溴钨灯、氟钨灯等。

卤钨灯具有体积小、功率大、发光效率高、能瞬时点燃、可调光、无频闪效应、光通稳定和寿命长等优点。其缺点是对电压波动比较敏感；灯管表面温度很高（600℃ 左右）。适用于面积较大、空间高的场所，其色温特别适用于电视传播摄像照明。

3. 荧光灯

荧光灯属于放电光源，它是靠汞蒸气放电时发出紫外线激发管内壁的荧光粉而发光的。

（1）荧光灯的构造

常见的普通荧光灯是圆形截面的直长玻璃管子。在管子两端各放一个电极。在交流电源作用下，灯管两端的电极交替起阴极和阳极的作用，一般将两个电极统称阴极。阴极用钨丝绕成螺旋状形态，上面涂有耐热氧化物三元碳酸盐的电子粉，氧化物阴极有很好的热电子发射性能。在阴极上还有两根镍丝，它的作用是吸收一部分电子，以减轻电子对氧化物电极的轰击。管壁涂有荧光质。采用不同的荧光质，可以制造不同色彩的荧光灯。把几种荧光质混合使用，可以得到其他的光色。管内被抽出空气后，充入少量的惰性气体，例如氢、氩、氖等。惰性气体的主要作用是减少阴极的蒸发和帮助灯管启动。

（2）荧光灯的工作原理

荧光灯需要镇流器和启动器才能工作，它的接线如图8-5所示。当合上电源开关时，线路电压加在启动器的两个电极上。启动器电极很小，在线路电压的作用下产生辉光放电。辉光放电使启动器电极受到离子的轰击而发热，U形双金属电极膨胀而张开，与杆形固定电极接触，从而接通电路。电路刚接通时，电流的通路是镇流器、灯丝和启动器的电极。电流的大小取决于镇流器的阻抗，一般比荧光灯正常工作的工作电流大，称为启动电流。灯丝在启动电流下加热，温度迅速升高，可高达 $800 \sim 1000℃$，同时产生大量的电子发射。启动器电极接通后，辉光放电消失，电极很快冷却，U形双金属电极由于冷却而恢复原状，与杆状固定电极分开。这样当启动器突然切断灯丝的加热回路时，镇流器产生一个高于线路电压的脉冲，因灯管电极已发射大量的电子，又受到电压脉冲的作用，所以灯管迅速被击穿而形成放电。由于镇流器的限流作用，使电流稳定在某一数值上。灯管稳定工作后，电流的通路是镇流器和灯管。在镇流器上产生较大的电压降，灯管两端的电压小于线路电压，这个电压不足以使启动器产生辉光放电，所以荧光灯正常工作中启动器不再闭合。

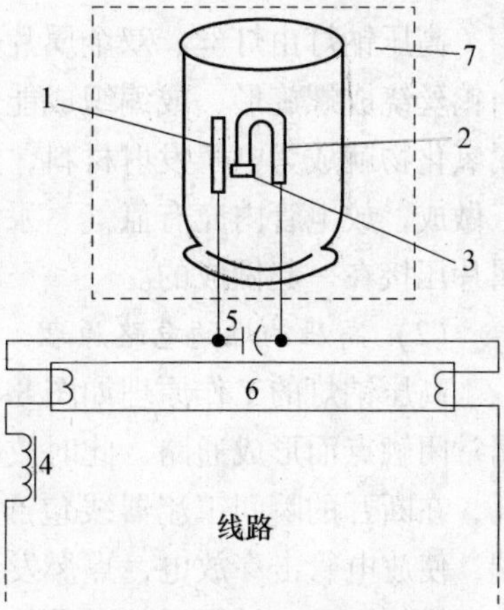

在建立了稳定的放电之后，汞原子在放电的等离子区中受到高动能的电子碰撞而激发产生紫外线辐射，紫外线照射到荧光质上产生可见光辐射。但是在此过程中，所消耗的电能只有一部分（约占21%）转变为可见光，大部分转变为热。

荧光灯的光通量输出衰减到额定输出的70%时，所点燃的整个时间作为荧光灯的寿命。

荧光灯具有发光效率高、显色性好、平均寿命长、光通量均匀、亮度低等特点。另外环境温度对荧光灯的启动影响很大。温度过低，启动困难；温度过高也不利于启动。较适宜于启动的温度是 $18 \sim 25℃$。表8-5列出常见荧光灯的具体参数。

图 8-5　荧光灯原理接线图
1—固定电极；2—双金属电极；3—可动电极；
4—镇流器；5—电容器；6—荧光灯管；
7—辉光启动器

表 8-5　直管形荧光灯型号及参数

序号	型号	灯管参数											灯头型号
		额定功率（W）	电源电压（V）	工作电压（V）	工作电流（mA）	启动电压（V）	启动电流（mA）	光通量（lm）	平均寿命（h）	主要尺寸（mm）			
										直径	灯管长	全长	
1	YZ15	15	220	52	320	190	440	580	3000	38	436	451	2RC-35
2	YZ20	20	220	60	350	190	460	970	3000	38	589	604	2RC-35
3	YZ30	30	220	95	350	190	560	1550	3000	38	894	909	2RC-35
4	YZ40	40	220	108	410	190	650	2400	3000	38	1200	1215	2RC-35
5	YZ100	100	220	87	1500	190	1800	5500	2000	38	1200	1215	2RC-35

4. 荧光高压汞灯

荧光高压汞灯又叫高压水银灯，它是靠高压汞气放电而发光。这里所说的"高压"是指工作状态下灯管内的气体压力为1~5atm，以区别于一般低压荧光灯（普通荧光灯只有6~10mmHg的压力）。

高压汞灯具有发光效率高、平均寿命长、亮度较高、显色性差等特点。但启动时间较长，不宜做室内照明光源，一般用于广场、道路、施工场所等大面积场所的照明。分为外镇式和自镇式两种类型。

5. 高压钠灯

（1）高压钠灯的构造

高压钠灯由灯丝、双金属片热继电器、放电管、玻璃外壳等组成，如图8-6所示。灯丝由钨丝绕成螺旋形，或编织成能储存有一定数量碱金属氧化物的形状。当灯丝发热时，碱金属氧化物就成为电子发射材料，放电管是用与钠不起作用的耐高温半透明氧化铝或全透明刚玉做成，放电管内充有氙气、汞滴和钠。双金属片热继电器是用两种不同的热膨胀系数的金属片压接在一起做成的。

（2）高压钠灯的电路原理

高压钠灯的工作原理如图8-7所示。当灯接入电源后，电流经过镇流器、热电阻、双金属常闭触点而形成通路，此时放电管内无电流。热电阻发热达到一定温度后，使双金属片断开，在断开的瞬间镇流器线包产生很高的自感电势，它和电源电压合在一起加在放电管两端，使放电管击穿放电，点燃发光。放电管点燃发光时产生的热量，使双金属片保持断开状态。另外，由于钠原子的激发能级远低于汞和氙原子，当钠开始放电后，汞和氙气激发的机会较少，所以该灯主要是钠放电发光，故称钠灯。

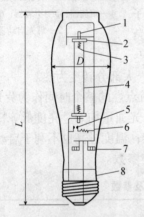

图8-6 高压钠灯结构示意图
1—铌排气管；2—铌帽；3—钨丝电极；4—放电管；
5—双金属片；6—电阻丝；7—钡钛消气剂；8—灯帽

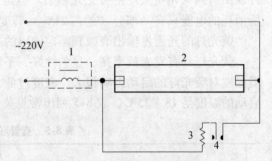

图8-7 高压钠灯电路原理图
1—镇流器；2—放电管；3—热电阻；4—热继电器

高压钠灯具有发光效率高、平均寿命长、亮度高、显色性差、启动时间较长等特点。其光色以黄、红光线为主，透雾性强，能在-40~100℃的环境下工作，耐振性强，适合在道路、机场、广场等场所使用。

6. 金属卤化物灯

金属卤化物灯又名金属卤素灯，它也是一种气体放电灯。这种灯的优点是：发光体小，光色和日光相似，显色性好，光效也较高，达70lm/W左右，是很有发展前途的光源。

220

根据灯管内充填的金属卤化物不同，主要有纳铊铟灯、镝灯等。照明高压金属卤素灯，都需与相应的触发器和限流器配套使用。

8.2.3 电光源的选择

电光源的主要性能指标是光效、寿命、显色性，次要指标如启动、再启动性能、光效性的稳定性、功率因数、所需附件和价格等。光源的选择应根据使用场所、对照明的要求和工作环境而定。气体放电光源比热辐射光源光效高、寿命长、光色种类多，在工厂照明中应用非常广泛。白炽灯结构简单、使用方便、价格便宜、显色性好，仍被广泛采用。常用照明电光源的主要特性比较见表 8-6，各种光源的适用场所及举例见表 8-7。

表 8-6　常用照明电光源的主要特征比较

光源名称	白炽灯	卤钨灯	荧光灯	荧光高压汞灯	高压钠灯		金属卤化物灯
					普通型	显色改进型	
功率范围（W）	15～1000	10～2000	6～125	50～1000	35～1000	150～400	150～3500
光效（lm/W）	7～19	15～25	27～75	32～53	65～130	87～95	55～110
平均寿命/h	1000	1000～3500	3000～7000	3500～6000	16000～24000	12000	500～10000
一般显色系数	99～100		65～80	30～40	21	60	60～85
色温（K）	2400～2900	2700～3050	3000～6500	5500	2100	2300	4300～7000
启动稳定时间	瞬时		1～4s	4～8min	5～6min		4～10min
再启动时间	瞬时		1～4s	5～10min	1～3min		10～15min
功率因数	1		0.27～0.6	0.44～0.67	0.5		0.5～0.95
频闪效应	不明显			明显			
表面亮度	大		小		较大		大
电源电压变化对光通量的影响	大		较大		大		较大
温度变化对光通量的影响	小		大		较小		
耐振性能	较差	差	较好	好	较好		好
所需附件	无		镇流器启辉器		镇流器		镇流器触发器

表 8-7　各种电光源的适用场所及举例

光源名称	适用场所	举例
白炽灯	①识别颜色要求较高或艺术需要的场所 ②需要迅速点燃或频繁开关 ③需要调光的场所 ④需要避免电磁波干扰的场所 ⑤照度要求不高、层高较低的车间、仓库	①印染、印刷、美术馆、艺术照相、餐厅、装饰照明灯 ②住宅走廊、楼梯间、台灯、局部照明、应急照明 ③剧场、影院、舞台、宾馆等 ④屏蔽室 ⑤小型动力站房、小型厂房、仓库等
卤钨灯	要求显色性较好、照度较高，且无振动的场所；需要调光的场所	如体育馆、大会堂、宴会厅、剧场、彩色电视演播室等[1]

光源名称	适用场所	举例
荧光灯	①要求高照明或进行长时间紧张视力工作的场所 ②需要正确识别色彩的场所 ③悬挂高度较低（如4m以下）的场所 ④无自然采光或自然采光不足，而人们需要较长时间停留的场所	①设计室、阅览室、办公室、教室、医院、商场、主控室等 ②理化计量室、化学分析室，实验室、精密加工车间等 ③住宅、旅馆、饭店等 ④无窗厂房、恒温车间等
荧光高压汞灯	①照度要求高，但对光色无特殊要求的场所 ②有振动的场所 ③悬挂高度在4m及以上的场所	大、中型厂房，仓库，动力站房，露天堆场，厂区道路，城市一般道路等
高压钠灯	①照度要求高，但对光色无特殊要求的场所，与荧光高压汞灯或金属卤化物等组成混光照明 ②有振动的场所 ③多烟尘的场所	大、中型厂房，铸造、冶金车间，露天堆场，厂区或城市主要街道，广场港口，车站等
金属卤化物灯	要求照度高，对光色有一定要求的场所	体育场、体育馆、工厂高大厂房、广场、车站码头等

（1）小功率卤钨灯国外一部分取代白炽灯，可用于白炽灯适用场所。

8.2.4 新光源

实施节能、绿色照明工程，除了要改进传统人造光源的发光效率及其他性能外，还要不断地开发、研究新的人造光源，满足社会与人类发展的需要。

1. 荧光灯的改进与替代

由于荧光灯比白炽灯光效高，使用场合比较多，因而是改进的重点。改进的方法主要有：①以紧凑型荧光灯（包括"H"形，"U"形，"D"形，环形等）为主，替代白炽灯，适用于家庭住宅、旅馆、餐厅、门厅、走廊等场所；②采用灯光效高、寿命长，显色性好的 T8 细管径直管型荧光管代替 T12 管，有条件时，可以采用 T5 细管径直管型荧光管。T12、T8、T5 部分参数比较见表8-8。

表8-8 T12、T8、T5 部分参数

管型	功率（W）	管径（mm）	管长（mm）	光通量（lm）	光效（lm/W）
T12	40	38	1200	2200	55
T8	36	26	1200	2520	70
T5	16	16	1149	2660	90

T5 高效节能荧光灯是国际公认的第三代荧光灯，具有节能高效、寿命长、光衰减小、无频闪、无噪声、显色性好等特点，是办公楼、商场、学校、工厂等大面积室内照明的首选产品。

2. 高频无极灯

高频无极灯是基于荧光灯气体放电和高频电磁感应两个人们所熟知的原理相结合的一种新型电光源。

（1）高频无极灯的工作原理

由于它没有常规电光源所必需的灯丝或电极，故名无极灯。通常低压气体放电高频无极灯所使用的工作频率为2.5～3.0MHz，比普通白炽灯和日常使用的电感式日光灯、金卤灯、高压钠灯等灯的工作频率（50Hz）高出5～6万倍，比普通节能灯或电子镇流器的工作频率（30－60kHz）高出约250倍。

图8-8是低压气体高频无极灯的工作原理示意图。

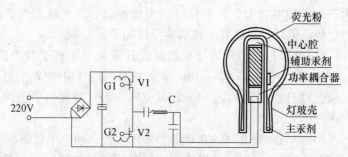

图8-8　低压气体高频无极灯工作原理示意图

（2）高频无极灯的特点和技术优势

高频无极灯作为电光源的换代产品已被越来越多的人们所认可，并已在许多领域得到应用。它的主要特点如下：

1）寿命长。高频无极灯没有电极，是靠电磁感应原理与荧光放电原理相结合而发光，所以它不存在限制寿命的关键组件。使用寿命仅取决于电子元器件的质量等级、电路设计和泡体的制造工艺，一般使用寿命可达5～10万小时。

2）节能。与白炽灯相比，节能达75W左右，85W的高频无极灯的光通量与450W白炽灯光通量大致相当。

3）环保。它使用了固体汞剂，即使打破也不会对环境造成污染，有99%以上的可回收率，是真正的环保绿色光源。

4）无频闪。由于它的工作频率高，所以视为"完全没有频闪效应"，不会造成眼睛疲劳，可保护眼睛健康。显色指数大于80，光色柔和，呈现被照物体的自然色泽。

5）色温可选。2700～6500K由客户根据需要选择，而且可制成彩色灯泡，用于园林装饰。

6）可见光比例高。在发出的光线中，可见光比例达80%以上，视觉效果好。

7）不需预热。可立即启动和再启动，多次开关不会有普通带电极放电灯中的光衰退现象。

8）光通量输出稳定。在电源电压大范围变动（160～265V）下能恒压供电。

9）功率因数高。电流谐波低，输入端的净化电路和防辐射处理使电磁兼容性符合检测标准。

10）安装适应性强。可在任意方位上安装，不受限制。

由于高频无极灯有上述独特的优点，它的综合性能是任何一种电光源所不能相比的。可广泛应用于工业、商业、公共场所、公共设施照明，尤其是用于照明范围大、照明时间长、更换灯泡困难、维护成本高的场所。如高空、广场、街道、桥梁、隧道、港口、码头、机场、车站、高速公路、名胜古迹、城市光彩工程、运动场等室外照明；厂房、生产流水线、大型超市、商场、学校教室、体育馆（场）、博物馆、图书馆、礼堂、大厅、展览馆、地铁站等室内照明。

3. LED 照明光源

LED（Light Emitting Diode）又称发光二极管，发光二极管是一种固态的半导体器件，利用其 P－N 结构，当电流流过时，电子与空穴复合，以光子的形式放出能量而产生光。所产生光的波长决定光的颜色。

LED 光源作为一种新型电光源，具有良好的发展前景，在光线特性、高效节能、环保等方面具有绝对的优势，但其价格昂贵。其基本特征如下：

1）发光效率高。LED 经过几十年的技术改良，其发光效率有了较大的提升。白炽灯、卤钨灯光效为 12～24lm/W，荧光灯 50～70lm/W，钠灯 90～140lm/W，大部分的耗电变成热量损耗。LED 光效经改良后将达到达 50～200lm/W，而且其光的单色性好、光谱窄，无需过滤可直接发出有色可见光。

2）耗电量少。LED 单管功率 0.03～0.06W，采用直流驱动，单管驱动电压 1.5～3.5V，电流 15～18mA，反应速度快，可以高频操作。同样照明效果的情况下，耗电量是白炽灯泡的 1/8，荧光灯管的 1/2。

3）使用寿命长。LED 灯体积小、重量轻，环氧树脂封装，可承受高强度机械冲击和振动，不易破碎，平均寿命达 10 万小时，LED 灯具使用寿命可达 5～10 年，可以大大降低灯具的维护费用，避免经常更换光源。

4）安全可靠性强。发热量低，无热辐射，冷光源，可以安全触摸；能精确控制光型及发光角度，光色柔和，无眩光；不含汞、钠元素等可能危害健康的物质。内置微处理系统可以控制发光强度，调整发光方式，实现光与艺术结合。

5）有利于环保。LED 为全固体发光体，耐振、耐冲击，不易破碎，废弃物可回收，没有污染。光源体积小，可以随意组合，易开发成轻便薄短小型照明产品，也便于安装和维护。

由于成本较高，LED 的适用范围尚局限在家电、汽车、室内外显示屏等处。另外在城市灯光环境中也得到了广泛的应用，主要用于数码幻彩、护栏照明、地埋灯、广场照明、庭院照明、投光照明、水下照明等。

8.2.5 照明灯具及特性

灯具是能透光、分配和改变光源光分布的器具，以达到合理利用和避免眩光的目的，包括除光源外所有用于固定和保护光源所需的全部零部件，以及与电源连接所必需的线路附件。

在照明器材中，灯具是除光源外的第二要素，而且是容易为人们不重视的因素。节能照明一是要研制高效优质系列完善的灯具，二是要正确合理选用灯具。

提高灯具效率，一方面是要有科学的设计构思和先进的设计手段，运用计算机辅助设计（CAD）来计算灯具的反射面和其他部分，另一方面要从反射罩材料、漫射罩和保护罩的材料等方面加以优化。

1. 灯具的种类

灯具通常以灯具的光通量在空间上、下两半球分配的比例，灯具的结构特点，灯具的用途和灯具的固定方式进行分类。

（1）按光通量在空间上、下两半球的分配比例分类

可分为直射型灯具、半直射型灯具、漫射型灯具、半间接型灯具及间接型灯具，见表 8-9。

表 8-9　灯具光通量分布类型图

类型		直射型	半直射型	漫射型	半间接型	间接型
光通量分布特性（占照明器总光通量）	上半球	0%～10%	10%～40%	40%～60%	60%～90%	90%～100%
	下半球	100%～90%	90%～60%	60%～40%	40%～10%	10%～0%
特　点		光线集中，工作面上可获得充分照度	光线能集中在工作面上，空间也能得到适当的照度	空间各个方向光强基本一致，可达到无眩光	增加了反射光的作用，使光线比较均匀柔和	扩散性好，光线柔和均匀，避免可眩光，但光的利用率低
示意图						

1）直射型灯具。由反光性能良好的不透明材料制成，如搪瓷、铝和镀锌镜面等。这类灯具又可按配光曲线的形态分为广照型、均匀配光型、配照型、深照型和特深照型等五种。直射型灯具效率高，但灯的上部几乎没有光线，顶棚很暗，与明亮灯光容易形成对比眩光。由于它的光线集中，方向性强，产生的阴影也较重。

2）半直射型灯具。这种灯具常用半透明材料制成下面开口的式样，如玻璃菱形罩等。它能将较多的光线照射在工作面上，又可使空间环境得到适当的亮度，改善房间内的亮度比。

3）漫射型灯具。典型的乳白玻璃球型灯属于漫射型灯具的一种，它采用漫射透光材料制成封闭式的灯罩，具有造型美观，光线均匀柔和的特点。但是光的损失较多，光效较低。

4）半间接型灯具。这类灯具上半部用透明材料、下半部用漫射透光材料制成。由于上半球光通量的增加，增强了室内反射光的效果，使光线更加均匀柔和；在使用过程中，上部很容易积灰尘，影响灯具的效率。

5）间接型灯具。这类灯具全部光线都由上半球发射出去，经顶棚反射到室内。因此能很大限度地减弱阴影和眩光，光线均匀柔和。但由于光损失较大不甚经济，这种灯具适用于剧场、美术馆和医院的一般照明。

（2）按灯具结构分类

1）开启式灯具。光源与外界环境直接相通。

2）保护式灯具，具有闭合的透光罩，但内外仍能自由通气，如半圆罩顶棚灯和乳白玻璃球形灯等。

3）密封式灯具。透光罩将灯具内外隔绝，如防水防尘灯具。

4）防爆式灯具。在任何条件下，不会因灯具引起爆炸的危险。

（3）按灯具用途分类

1）功能为主的灯具。指那些为了符合高效率和低眩光的要求而采用的灯具，如商店用荧光灯、路灯、室外用投光灯和陈列用聚光灯等。

2）装饰为主的灯具。装饰用灯具一般由装饰性零部件围绕光源组合而成，其形式从简单的普通吊灯到豪华的大型枝形吊灯。

（4）按固定方式分类

按灯具的固定方式可分为吸顶灯、镶嵌灯、吊灯、壁灯、台灯、立灯和轨道灯等。

1）吸顶灯。直接固定于顶棚上的灯具称为吸顶灯。吸顶灯的形式相当多，有各种带罩或不带罩的吸顶灯。以白炽灯作为光源的吸顶灯大多采用乳白玻璃罩、彩色玻璃罩和有机玻璃罩，形状有方形、圆形和长方形等；以荧光灯作为光源的吸顶灯，大多采用有晶体花纹的有机玻璃罩和乳白玻璃罩，外形多为长方形。吸顶灯多用于整体照明，办公室、会议室、走廊等处都经常使用。

2）镶嵌灯。镶嵌灯嵌入顶棚中。灯具本身有聚光型和散光型等种，其最大特点是使顶棚简洁大方，而且可以减少较低顶棚产生的压抑感，没有眩光。

3）吊灯。吊灯是利用导线或钢管（链）将灯具从顶棚上吊下来。大部分吊灯都带有灯罩。灯罩常用金属、玻璃和塑料制作而成。吊灯一般用于整体照明，门厅、餐厅、会议厅等都可采用。因为其造型、大小、质地、色彩等对室内气氛会有影响，作为灯饰，在选用时一定要使它与室内环境条件相适应。

4）壁灯。壁灯装设在墙壁上，在大多数情况下它与其他灯具配合使用。除有实用价值外，也有很强的装饰性。壁灯的光线比较柔和，造型精巧别致，常用于大门、门厅、卧室、浴室、走廊等。

5）台灯。台灯主要用于局部照明。书桌上、床头柜上和茶几上都可用台灯。它不仅是照明器，又是很好的装饰品，对室内环境起美化作用。

6）立灯。立灯又称落地灯，也是一种局部照明灯具。它常摆设在茶几附近，作为待客、休息和阅览区域照明，立灯的灯罩与台灯的灯罩相似。立灯和台灯的最大特点是便于移动和具有明显的装饰作用，使室内陈设别具一格、房间增色。

7）轨道灯。轨道灯由轨道和灯具组成。灯具沿轨道移动，灯具本身也可改变投射的角度，是一种局部照明用的灯具。主要用于通过集中投光以增强某些特别需要强调物体的场合。例如用于商店、展览馆、起居室时，用它来重点照射商品、展品和工艺品等，以引人注目。

2. 灯具的选择

灯具类型的选择与使用环境、配光特性有关。在选用灯具时，一般要考虑以下几个因素：

1）光源。选用的灯具必须与光源的种类和功率完全相适用。

2）环境条件。灯具要适应环境条件的要求（如防潮、防爆场所），以保证安全耐用和有较高的照明效率。

3）光分布。要按照对光分布的要求来选择灯具，以达到合理利用光通量和减少电能消耗的目的。

4）限制眩光。由于眩光作用与灯具的光强、亮度有关，当悬挂高度一定时，则可根据限制眩光的要求选用合适的灯具形式。

在满足眩光限制和配光要求条件下，应选用效率高的灯具，荧光灯灯具的效率不应低于表 8-10 的规定；高强度气体放电灯灯具的效率不应低于表 8-11 的规定。

表 8-10　荧光灯灯具的效率

灯具出光口形式	开敞式	保护罩（玻璃或塑料）		格栅
		透明	磨砂、棱镜	
灯具效率	75%	65%	55%	60%

表 8-11　高强度气体放电灯灯具的效率

灯具出光口形式	开敞式	格栅或透光罩
灯具效率	75%	60%

5）经济性。按照经济原则选择灯具，主要考虑照明装置的基建费用和年运行维修费用。

6）艺术效果。因为灯具还具有装饰空间和美化环境的作用，所以应注意在可能条件下的美观，强调照明的艺术效果。

8.3　照度及灯具的布置

主要介绍为满足规定的照度值，如何进行照明灯具的合理布置。

8.3.1　照度的计算

照度的计算即按照已规定的照度值及其他已知条件来计算灯具光源的功率以及灯具的盏数。

照度计算的方法通常有利用系数法、单位容量法和逐点计算法三种。均匀布置灯具的照明设计中，一般采用利用系数法计算，然后用逐点计算法校核。

任何一种计算方法，都只能做到基本准确，会有一定的误差。对照度要求高的场合，有必要用测量仪器实地测量，检验照明设计是否合理，然后根据实地测量结果修改照明设计，以达到符合建筑功能要求的照明标准。

1. 照度标准

为了使建筑照明设计符合建筑功能，有利于生产、工作、学习、生活和身心健康，做到技术先进、经济合理、使用安全、维护管理方便，推动实施绿色照明，国家对各类建筑确定了照明标准，具体部分数值摘录见表 8-12～表 8-17。

表 8-12　图书馆建筑照明标准值

房间或场所	参考平面及其高度	照度标准值（lx）	UGR	R_a
一般阅览室	0.75m 水平面	300	19	80
国家、省市及其他重要图书馆的阅览室	0.75m 水平面	500	19	80
老年阅览室	0.75m 水平面	500	19	80
珍善本、舆图阅览室	0.75m 水平面	500	19	80
陈列室、目录厅（室）、出纳厅	0.75m 水平面	300	19	80
书库	0.25m 垂直面	50	—	80
工作间	0.75m 水平面	300	19	80

表 8-13　办公建筑照明标准值

房间或场所	参考平面及其高度	照度标准值（lx）	UGR	R_a
普通办公室	0.75m 水平面	300	19	80
高档办公室	0.75m 水平面	500	19	80

房间或场所	参考平面及其高度	照度标准值（lx）	UGR	R_a
会议室	0.75m 水平面	300	19	80
接待室、前台	0.75m 水平面	300	—	80
营业厅	0.75m 水平面	300	22	80
设计室	实际工作面	500	19	80
文件整理、复印、发行室	0.75m 水平面	300	—	80
资料、档案室	0.75m 水平面	200	—	80

表 8-14　商业建筑照明标准值

房间或场所	参考平面及其高度	照度标准值（lx）	UGR	R_a
一般商店营业厅	0.75m 水平面	300	22	80
高档商店营业厅	0.75m 水平面	500	22	80
一般超市营业厅	0.75m 水平面	300	22	80
高档超市营业厅	0.75m 水平面	500	22	80
收款台	台面	500	—	80

表 8-15　居住建筑照明标准值

房间或场所		参考平面及其高度	照度标准值（lx）	R_a
起居室	一般活动	0.75m 水平面	100	80
	书写、阅读		300 *	
卧 室	一般活动	0.75m 水平面	75	80
	床头、阅读		150 *	
餐厅		0.75m 餐桌面	150	80
厨房	一般活动	0.75m 水平面	100	80
	操作台	台面	150 *	
卫生间		0.75m 水平面	100	80

注：＊宜用混合照明

表 8-16　影剧院建筑和照明标准值

房间或场所		参考平面及其高度	照度标准值（lx）	UGR	R_a
门厅		地面	200	—	80
观众厅	影院	0.75m 水平面	100	22	80
	剧场	0.75m 水平面	200	22	80
观众休息厅	影院	地面	150	22	80
	剧场	地面	200	22	80
排演厅		地面	300	22	80
化妆室	一般活动区	0.75m 水平面	150	22	80
	化妆台	1.1m 高处垂直面	500	—	

表 8-17　旅馆建筑照明标准值

房间或场所		参考平面及其高度	照度标准值（lx）	UGR	R_a
客房	一般活动区	0.75m 水平面	75	—	80
	床头	0.75m 水平面	150	—	80
	写字台	台　　面	300	—	80
	卫生间	0.75m 水平面	150	—	80
中餐厅		0.75m 水平面	200	22	80
西餐厅、酒吧间、咖啡厅		0.75m 水平面	100	—	80
多功能厅		0.75m 水平面	300	22	80
门厅、总服务台		地　　面	300	—	80
休息厅		地　　面	200	22	80
客房层走廊		地　　面	50	—	80
厨房		台　　面	200	—	80
洗衣房		0.75m 水平面	200	—	80

2. 利用系数计算法

利用系数法也称光通量计算法，是通过计算出投向工作面的总光通量（包括直射光通量和反射光通量）与工作面的面积之比——平均照度的计算方法，适用于一般照明的照度计算。

（1）利用系数

照明光源的利用系数是表征照明光源的光通量有效利用程度的一个参数，用投射到工作面上的光通量（包括直射光通和多方反射到工作面上的光通）与全部光源发出的光通量之比来表示。利用系数是灯具的光强分布、灯具效率、房间形态、室内表面反射比的函数。一般来说：

①灯具的光效越高，光通越集中，利用系数也越高。

②与灯具悬挂高度有关，悬挂越高，发射光通越多，利用系数也越高。

③与房间的面积及形状有关，房间的面积越大，越接近正方形，则由于直射光通越多，因而利用系数也越高。

④与墙壁、顶棚及地板的颜色和清洁程度有关，颜色越浅，表面越洁净，反射的光通量越多，因而利用系数也越高。

（2）平均照度的计算

当已知利用系数 u 和灯具的数量 N，每盏灯的光通量 Φ，房间面积 S，便可由以下公式计算被照面上的平均照度。平均照度计算适用于房间长度小于宽度的 4 倍，均匀布置以及使用对称或近似对称光强分布灯具，计算公式如下：

$$E_{av} = \frac{uN\Phi K}{S} \tag{8-7}$$

式中 K 是维护系数，见表 8-18。

表 8-18　维护系数

环境污染特征		房间或场所	灯具最少擦拭次数（次/a）	维护系数值
室内	清洁	卧室、办公室、餐厅、阅览室、教室、病房、客房、仪器仪表装配间、电子元器件装配间、检验室等	2	0.80
	污染	商店营业厅、候车室、影剧院、机械加工车间、机械装配车间、体育馆等	2	0.70
	污染严重	厨房、锻工车间、铸工车间、水泥车间	3	0.60
室外		雨篷、站台	2	0.65

当已知 u、N、S 和 E 求 Φ 时，则 $\Phi = \dfrac{SE_{av}}{KuN}$　　　　　　　　　　　　　　　(8-8)

（3）计算步骤

1）首先将所选的灯具布置好，并确定合适的计算高度。

2）根据灯具的计算高度 h 及房间尺寸 A，B 确定室形指数 i。

$$i = \frac{AB}{h(A+B)} = \frac{S}{A+B}　　　　　　　　　　　(8-9)$$

3）根据所选用灯具的型号和墙壁、顶棚与地面的反射系数（见表 8-2）以及室形指数 i，从各种照明装置利用系数表中查出相应的光通量利用系数。

4）确定 K 值。

5）根据规定的平均照度，按公式（8-8）计算每个灯具所必须的光通量。

6）根据计算的光通量选择每个灯具光源的功率。

3. 单位容量法

单位容量法只适应于方案或初步设计时的计算，同类型的房间内表面的反射特性接近在同一照度标准下，它们每平方米所需的照明安装容量是一定的，计算公式为：

$$W = \frac{P}{S}　　　　　　　　　　　　　(8-10)$$

式中　W——单位容量（W/m²）；

　　　P——灯泡总安装功率（包括镇流器功率消耗，W）；

　　　S——房间的面积（m²）。

根据房间的面积 S、灯具的安装高度 h（灯到工作平面的高度）和平均照度标准 E 最低照度值，查所采用灯具的单位容量，得到单位面积的安装功率值 W，再根据式（8-10）计算房间全部灯泡（管）的总安装功率 P。用总安装功率除以每盏灯具的灯泡总功率（包括镇流器消耗功率）就可以得到房间内需要安装的灯具数量。

在实际运用单位容量法时，可按照建筑使用场所、根据房间的高度及照度、光源显色性的要求，选择合适的灯具及光源，按照明设计标准，取稍小于相应照明功率密度值，再乘以总面积即可求出总的照明安装功率。

8.3.2　灯具的布置

灯具的布置主要就是确定灯在室内的空间位置。灯具的布置对照明质量有重要影响。光的投射方向、工作面的照度、照明均匀性、直射眩光、视野内其他表面的亮度分布以及工作面上的阴影等，都与照明灯具的布置有直接关系。灯具的布置合理与否影响到照明装置的安装功率和照明设施的耗费，影响照明装置的维修和安全。

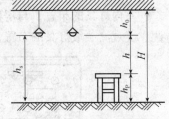
图 8-9　灯具高度布置示意图

1. 灯具的悬挂高度

灯具的悬挂高度指光源至地面的垂直距离，而计算高度则为光源至工作面的垂直距离，即等于灯具离地悬挂高度减去工作面的高度（通常取 0.75m），如图 8-9 所示，图中 H 为房间高度；h_0 为照明器的垂度；h 为计算高度；h_p 为工作面高度；h_s 为悬挂高度。垂度 h_0 一般为 0.3～1.5m，通常取 0.7m；吸顶灯的垂度为零。垂度过大，既浪费材料又容易使灯具摆动，影响照明质量。

灯具的最低悬挂高度是为了限制直接眩光，且注意防止碰撞和触电危险。室内一般照明用的灯具距地面的最低悬挂高度，应不低于表 8-19 规定的数值。当环境条件限制而不能满足规定数值时，一般不低于 2m。

表 8-19　照明灯具距地面最低悬挂高度的规定

光源种类	灯具形式	光源功率（W）	最低悬挂高度（m）
白炽灯	有反射罩	≤60	2.0
		100～150	2.5
		200～300	3.5
		≥500	4.0
	有乳白玻璃漫射罩	≤100	2.0
		150～200	2.5
		300～500	3.0
卤钨灯	有反射罩	≤500	6.0
		1000～2000	7.0
荧光灯	无反射罩	≤40	2.0
		>40	3.0
	有反射罩	≥40	2.0
荧光高压汞灯	有反射罩	≤125	3.5
		250	5.0
		≥400	6.0
高压汞灯	无反射罩	≤125	4.0
		250	5.5
		≥400	6.5
高压钠灯	陶瓷反射罩	250	6.0
	铝抛光反射罩	400	7.0
金属卤化物灯	陶瓷反射罩	400	6.0
	铝抛光反射罩	1000	4.0

注：1. 表中规定的灯具最低悬挂高度在下列情况下可降低 0.5m，但不应低于 2.0m：
　　　1）一般照明的照度低于 30lx 时；
　　　2）房间长度超过灯具悬挂高度的 2 倍；
　　　3）人员短暂停留的房间。
　　2. 当有紫外线防护措施时，悬挂高度可适当降低。

231

2. 室内灯具的布置方案

室内灯具的布置，与房间的结构及照明的要求有关，既要实用、经济，又要尽可能协调、美观。一般灯具的布置，通常有均匀布置和选择性布置两种形式，见图8-10。

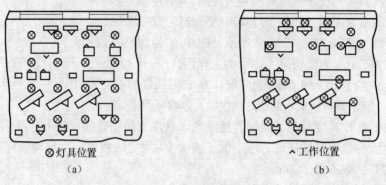

图8-10 一般照明灯具的布置

(a) 均匀布置；(b) 选择性布置

均匀布置是使灯具之间的距离及行间距离均保持一定。选择性布置则是按照最有利的光通量方向及清除工作表面上的阴影等条件来确定每一个灯的位置。

(1) 均匀布置

均匀布置方式适用于要求照度均匀的场合，灯具均匀布置时，一般采用正方形、矩形、菱形等形式，如图8-11所示，其等效间距 L 的值计算如下：

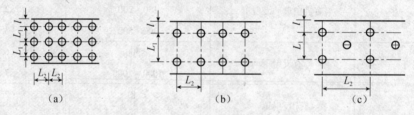

图8-11 水平均匀布置的三种方案

(a) 正方形；(b) 矩形；(c) 菱形

正方形布置时：$L = L_1 = L_2$

矩形布置时：$L = \sqrt{L_1 L_2}$

菱形布置时：$L = \sqrt{L_1^2 + L_2^2}$

(2) 选择性布置

选择性布置是指根据工作面的安排、设备的布置来确定。这种布灯适用于分区、分段一般照明，它的优点在于能够选择最有利光的照射方向和保证照度要求，可避免工作面上的阴影，在办公、商业、车间等工作场所内，设施布置不均匀的情况下，采用这种有选择的布灯方式可以减少一定数量的灯具，有利于节约投资与能源。

(3) 灯具合理布置的方法——距高比法

1) 距高比的要求。布置是否合理，主要取决于灯具的间距 L 和计算高度 h（灯具至工作面的距离）的比值是否恰当；L/h 值小，照明的均匀度好，但投资大；L/h 值过大，则不能保证得到规定的均匀度。因此，灯间距离 L 实际上可以由最有利的 L/h 值来决定。根据研究，各种灯具最有利的相对距离 L/h 列表于8-20。这些相对距离值保证了为减少电能消耗

232

而应具有的照明均匀度。

表 8-20　灯具间最有利的相对距离 L/h

灯具型式	相对距离 L/h		宜采用单行布置的房间高度
	多行布置	单行布置	
乳白玻璃圆球灯、散照型防水防尘灯、顶棚灯	2.3 ~ 3.2	1.9 ~ 2.5	1.3H
无漫透射罩的配照型灯	1.8 ~ 2.5	1.8 ~ 2.0	1.2H
搪瓷深照型灯	1.6 ~ 1.8	1.5 ~ 1.8	1.0H
镜面深照型灯	1.2 ~ 1.4	1.2 ~ 1.4	0.75H
有反射罩的荧光灯	1.4 ~ 1.5	—	—
有反射罩的荧光灯，带栅格	1.2 ~ 1.4	—	—

注：第一个数字是最有利值，第二个数字是允许值。

对非对称配光的灯具，如荧光灯，有横向的（$B-B$）和纵向的（$A-A$）两个方向上的最大允许距离比，见表 8-21。

表 8-21　荧光灯的最大允许距离比值 L/h

名称		型号	灯具效率（%）	最大允许距离比 L/h		光通量 F(lm)
				$A-A$	$B-B$	
筒式荧光灯（W）	1 × 40	YG1-1	81	1.62	1.22	2400
	1 × 40	YG2-1	88	1.46	1.28	2400
	2 × 40	YG2-2	97	1.33	1.28	2 × 2400
密闭型荧光灯 1 × 40W		YG4-1	84	1.52	1.27	2400
密闭型荧光灯 2 × 40W		YG4-2	80	1.41	1.26	2 × 2400
吸顶式荧光灯 2 × 40W		YG6-2	86	1.48	1.22	2 × 2400
吸顶式荧光灯 3 × 40W		YG6-3	86	1.5	1.26	3 × 2400
嵌入式格栅荧光灯（塑料格栅）3 × 40W		YG15-3	45	1.07	1.05	3 × 2400
嵌入式格栅荧光灯（铝格栅）2 × 40W		YG15-2	63	1.25	1.20	2 × 2400

2）其他要求。在布置一般照明灯具时，还需要确定灯具距墙壁的距离 l，当工作面靠近墙壁时，可采用 $l = (0.25 ~ 0.3)L$；若靠近墙壁处为通道或无工作面时，则 $l = (0.4 ~ 0.5)L$。

在进行均匀布灯时，还要考虑顶棚上安装的吊风扇、空调送风口、扬声器、火灾探测器等其他建筑设备，原则上以照明布置为基础，协调其他安装工程，统一考虑，统一布置，达到既满足功能要求，顶棚又整齐划一、美观。

8.4　照明灯具、开关及插座安装

8.4.1　照明灯具的安装

1. 安装前的准备

（1）灯具进场验收

1）检验灯具的出厂合格证是否齐全。

2）对灯具的外观进行检查：灯具配件要齐全完好，无机械损伤、变形、油漆剥落、灯罩破裂等现象。

3）对灯具的绝缘电阻、内部接线等进行现场抽检，灯具的绝缘电阻值不小于2MΩ，内部接线为铜芯绝缘电线，线芯截面积不小于0.5mm^2，橡胶或聚氯乙烯绝缘层的厚度不小于0.6mm。

（2）现场准备

1）安装灯具的预埋螺栓、吊杆和吊顶上嵌入式灯具所需专用骨架等已完工。安装灯具预埋在混凝土中的挂钩应与主筋焊接；如无条件焊接时，须将挂钩末段弯曲后与主筋绑扎，固定牢固，预埋长度距平顶为80～90mm。

2）影响灯具安装的模板、脚手架拆除。顶棚和墙面喷浆、油漆或壁纸等及地面清理工作基本完成，以防止灯具受到污染。

3）导线绝缘测试合格。高空安装的灯具地面通、断电试验合格。

2. 灯具的安装方法

（1）吸顶灯的安装

普通吸顶灯安装时，首先在顶棚上安装木砖，将灯具的灯架与木砖固定，安装灯具，如图8-12所示。

（2）吊灯安装

吊灯安装分为吊线式、吊链式和吊管式三种形式：

1）吊线式灯具安装。首先将电源线套上保护用塑料软管从木台线孔穿出，然后将木台固定。将吊线盒安装在木台上，从吊线盒的接线螺栓上引出软线，软线的另一端接到灯座上。软线吊灯仅限于质量为1kg以下灯具安装，超过者应该采用吊链式或吊管式安装，参见图8-13。

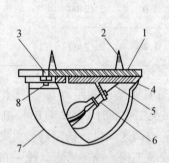

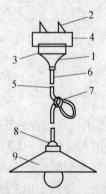

图8-12　吸顶式灯具安装示意图
1—圆木；2—固定圆木用螺丝；3—固定灯架木螺栓；
4—灯架；5—灯头引线；6—管接式瓷质螺口灯座；
7—玻璃灯罩；8—固定灯罩木螺栓

图8-13　固定吊线式灯具安装示意图
1、3—胶质或瓷质吊盒；2—固定圆木的木螺栓；
4—圆木；5、6、7—电缆；8—悬挂式胶质灯座；9—灯罩

2）吊链式灯具安装。根据灯具的安装高度确定吊链长度，将吊链挂在灯箱的挂钩上，并将导线依次编叉在吊链内，引入灯箱。灯线不应该承受拉力。

3）吊管式灯具安装。根据灯具的安装高度确定吊杆长度。将导线穿在吊管内。采用钢管作为吊管时，钢管内径不应小于10mm，以利于穿线。钢管壁厚不应小于1.5mm。

（3）壁灯安装

壁灯一般安装在墙上或柱子上，在土建施工过程中预埋电气配管和接线盒，等墙、柱饰

面做好后用膨胀螺栓将灯具固定，如图 8-14 所示。

(4) 嵌入式灯具安装

顶棚内安装灯具专用支架，根据灯具的位置和大小在顶棚上开孔，安装灯具。灯线应留有余量，固定灯罩的边框边缘应紧贴在顶棚面上。矩形灯具的边缘应与顶棚的装修线平行，参见图 8-15。

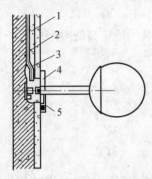
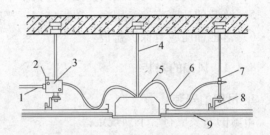

图 8-14　壁灯安装示意图
1—电线管；2—地线夹；3—接地线；
4—灯具底座；5—接线盒

图 8-15　嵌入式灯具安装示意图
1—电线管；2—接地线；3—接线盒；4—吊杆；
5—软管接头；6—金属短管；7—管卡；8—吊卡；9—吊顶

8.4.2　照明开关的安装

照明开关的种类很多，按适用方式分拉线式和跷板式等；按安装方式分明装和暗装；按外壳防护式分普通式、防水防尘式、防爆式等；按控制数量分单联、双联、三联等；按控制方式分单控、双控、三控。

开关安装有如下几条规定：

1) 出于安全的考虑，要求照明开关必须安装在相线上，严禁安装在零线上。照明开关安装位置要求便于操作，一般应布置在门旁开门一侧，距门框边缘 0.15 ~ 0.2m，距地面高度 1.3m。

2) 接线开关距地面的高度一般为 2 ~ 3m；距门口为 150 ~ 200mm；且拉线的出口应向下。

3) 扳把开关距地面的高度为 1.4m，距门口为 150 ~ 200mm；开关不得置于单扇门后。

4) 暗装开关的面板应端正、严密并与墙面平。

5) 开关位置应与灯位相对应，同一室内开关方向应一致。

6) 成排安装的开关高度应一致，高低差不大于 2mm，拉线开关相邻间距一般不小于 20mm。

7) 多尘潮湿场所和户外应选用防水瓷制拉线开关或加装保护箱。

8) 在易燃、易爆和特别潮湿的场所，开关应分别采用防爆型、密闭型，或安装在其他处所控制。

9) 民用住宅严禁装设床头开关。

10) 明线敷设的开关应安装在不少于 15mm 厚的木台上。

8.4.3　插座的安装

插座主要用来插接移动电气设备和家用电气设备。按相数分单相插座、三相插座；按安装方式分明装和暗装；按防护方式分普通式、防水防尘式、防爆式等。

插座的安装位置以用电安全使用为原则，应符合下列规定：

1）一般室内插座安装高度不应低于0.3m，空调插座距地面2m以上。

2）潮湿场所采用密封型并带保护地线触头的插座，安装高度不低于1.5m；在特别潮湿和有易燃、易爆气体及粉尘的场所不应装设插座。

3）托儿所、幼儿园及小学等儿童活动场所安装高度不小于1.8m。

4）同一室内安装的插座高低差不应大于5mm；成排安装的插座高低差不应大于2mm。

5）暗装的插座应有专用盒，盖板应端正严密并与墙面平。

6）落地插座应有保护盖板。

8.4.4 风扇的安装

1. 吊扇的安装

吊扇的安装应符合下列规定：

1）吊扇挂钩安装牢固，吊扇挂钩的直径不小于吊扇挂销直径，有防振橡胶垫：挂销的防松零件齐全、可靠。

2）吊扇扇叶距地高度不小于2.5m。

3）同一室内并列安装的吊扇开关高度一致，且控制有序不错位。

4）吊扇组装不改变扇叶角度，扇叶固定螺栓防松零件齐全。

5）吊杆间、吊杆与电机间螺纹连接，啮合长度不小于20mm，紧固。

6）吊扇接线正确，当运转时扇叶无明显颤动和异常声响。

2. 壁扇的安装

壁扇的安装应符合下列规定：

1）壁扇下侧边缘距地面高度不小于1.8m。

2）壁扇底座采用尼龙塞或膨胀螺栓固定，尼龙塞或膨胀螺栓的数量不少于2个，且直径不小于8mm，固定牢固可靠。

3）壁扇防护罩扣紧，固定可靠，当运转时扇叶和防护罩无明显颤动和异常声响。

【思考题与习题】

1. 什么叫光通量、发光强度、照度和亮度？单位各是什么？简述亮度与照度的差异。

2. 照明质量主要是根据哪几项指标来评估？

3. 试述限制眩光的主要措施。

4. 电光源有哪些主要技术指标？

5. 试简述照度计算的两种方法。

第9章　建筑弱电系统

学习目标和要求

　　了解建筑弱电系统涵盖的内容；

　　了解智能化建筑的组成、功能及综合布线系统的设计；

　　掌握电话通信系统、建筑广播系统、有线电视系统、火灾自动报警与消防联动系统的基本组成。

学习重点和难点

　　掌握电话通信系统、建筑广播系统、有线电视系统、火灾自动报警与消防联动系统的基本组成。

9.1　建筑弱电系统概述

　　在日常生活中，人们根据安全电压的习惯，通常将建筑电气分成强电和弱电两大类。强电部分包括：供电、配电、照明、自动控制与调节，建筑与建筑物防雷保护；弱电部分包括：通信、有线电视、有线广播和扩声系统；呼叫信号、公共显示及时钟系统；计算机管理系统；火灾自动报警及消防联动控制系统；保安系统等。弱电主要涉及日益增长的信息交流和人身、财产安全的需要。

9.1.1　电话通信系统

　　电话原来只是一种传递人类语言信息的工具。近年来随着数据通信技术的发展而出现的数字程控电话，它的功能已不仅局限于语言信息的传递。现代化的通信技术包括语言、文字、图像、数据等多种信息的传递。借助数字通信网络，可实现计算机联网直接利用远方的计算机中心进行运算。将数据库、计算机和数字通信网络相结合就可进行联机情报检索，因此数字程控电话系统正在成为人类信息社会的枢纽。

　　现代建筑物，特别是办公楼和商业性建筑物，更是信息社会的一个集中点。所以，通信技术对于现代建筑是一项重要的技术装备。

　　1. 电话系统的设备组成

　　电话系统的设备主要包括话机、交换机（含配套辅助设备）及各种线路设备和线材。

　　1）话机。模拟制电话网络配用拨盘式和按键式脉冲话机；采用程控交换机时，宜配用双音多频按钮式话机。

　　2）交换机。不同用户之间的通话，是通过交换机来完成的。交换机有人工和自动交换机之分，自动交换机又有步进制交换机、纵横制交换机、电子交换机和程控交换机等类型。

　　3）线路设备和线材。当建筑物内不设交换机，电话用户直接拨自市内电话网络时，就应设交接箱以承接电话局的干线电缆并分配至建筑物内部的电话分线盒，电话分线盒再分别反馈给各电话出线座。线材有市内电话电缆、通信及广播线、配线电话电缆、电话机软线等，要按照用途和使用场所选用相应的线材。

2. 电话交换站站址选择和布置

电话交换站的位置应结合各专业的要求，由建筑专业设计人员选定。电话交换站的布置原则有以下几条：

1）民用建筑物内的电话交换站宜设在四层以下、首层以上的房间，房间宜朝南并有窗。

2）电话站不宜设在易积水的房间（浴室、卫生间、开水房）附近。

3）不宜设在变压器室、配电室的楼上、楼下或隔壁。

4）不宜设在空调及通风机房等振动场所的附近。

3. 室内电话线路敷设

室内电话线路的敷设如图9-1所示。对于大型或高层民用建筑应设置弱电专用竖井，竖井的位置应便于进出线。

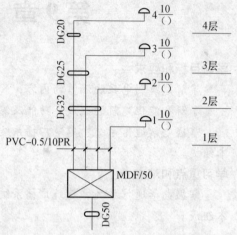

图9-1 室内电话线路敷设示意图

由电话交换站或交接箱出来的分支电缆通常采用穿管暗敷或线槽敷设至竖井，分支电缆在竖井内应穿钢管或线槽敷设。每层的分线盒安装在竖井内，一般为挂墙明敷。从分线盒引至用户电话出线座的线路可采用穿管暗敷，也可以沿墙或踢脚线用卡钉明敷。

9.1.2 建筑广播系统

在大型建筑物内部，为满足紧急通知（如指挥疏散等）、统一报告（如广播新闻、工作安排）和播放音乐等需要而设置的广播系统称为建筑广播系统。

1. 系统的组成

广播系统一般由播音室、广播信号线路和放音设备三部分组成。

1）播音室一般配备有收音、拾音、录音、扩音和功率放大机等设备。

2）广播信号线路在建筑物中可明敷或暗敷。

3）放音设备可以安装在走道、餐厅等公共场所，在宾馆客房内多装设在多功能床头柜内。

2. 系统的类型

1）集中播放、分路广播系统。使用一台扩音机，可单讯道分多路同时广播相同的内容，如图9-2所示。

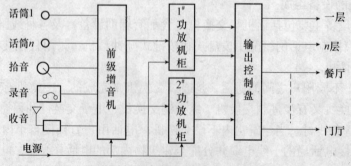

图9-2 集中播放、分路广播系统

238

2）利用 CATV 系统传输的高频调制式广播系统。本系统首先在 CATV 系统的前端室，将音频信号调制成射频信号，经同轴电缆送至用户功能床控制柜，经解调器解调后被收音机接收后播放，如图 9-3 所示。这种系统技术先进、传输线路少、施工方便；但技术复杂、维护困难、音质较差，而且仍不能解决公共场所广播和紧急广播等问题（仍需音频传输系统）。

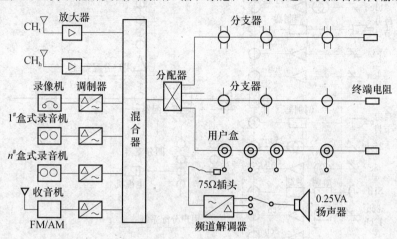

图 9-3　CATV 高频调制式广播系统

3）多讯多路集散控制广播系统。本系统是应用集散控制理论的先进广播系统，它可以在 12 个区域同时播放 12 种不同的内容，系统的框图如图 9-4 所示。本系统可广泛应用于大型宾馆、学校、机场、车站、体育馆、俱乐部等公共建筑中，若用于宾馆内，可同时在客房、餐厅、门厅、走廊播放不同的音乐。

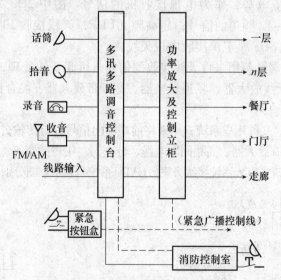

图 9-4　多讯多路集散控制广播系统

9.1.3　共用电视天线和有线电视

1. 共用电视天线系统（简称 CATV 系统）

CATV 系统是为了提高建筑物内各用户的收视效果，避免在楼顶形成"天线森林"而影响建筑美观，所采用的一种供各用户共同使用的天线系统。CATV 系统由信号源设备、前端设备和传输分配系统三部分组成，如图9-5所示。

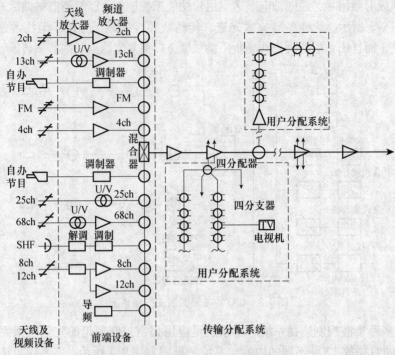

图9-5　共用电视天线系统的组成图

1）信号源设备。信号源包括接收天线和录像机等自办节目制作设备。接收天线将空中电磁波转换成高频感应电势，作为电视接收机的信号。图中2ch、4ch、8ch代表甚高频（VHF）天线，接收1～12频道的信号；超高频（UHF）天线接收13～68频道的信号；FM是调频广播接收天线；SHF是卫星接收电视天线。

2）前端设备。前端设备用来将天线接收的信号进行必要的处理，然后送入传输分配系统。前端设备一般由天线放大器、频道转换器、宽频带放大器、混合器、分配器、直流稳压电源等组成。

3）传输分配系统。又称用户系统，用来将前端输出信号进行传输分配，并以足够强的信号送到每个用户，其组成有放大器、高频同轴电缆、分支器、用户插座等。图9-6所示为一般小型的CATV系统。高层建筑CATV系统接线方案、CATV系统明装示意图分别如图9-7、图9-8所示。

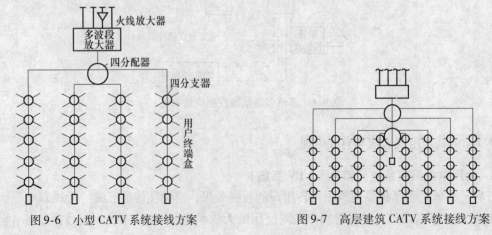

图9-6　小型CATV系统接线方案　　　　图9-7　高层建筑CATV系统接线方案

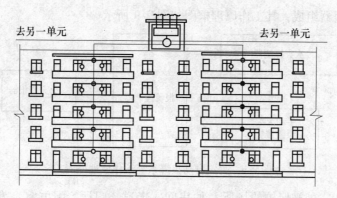

图 9-8　CATV 系统明装图

2. 有线电视

上述介绍的 CATV 系统，其功能仅限于把天线接收到的电视信号经传输电缆分配给电视接收机，本质上只起了一个"转播台"的作用。而且随着城市高层建筑日益增多，电视信号在传播过程中难免受到阻挡而影响收视质量。

近年来随着电缆电视技术的发展，由开始的以共用一组接收天线的 CATV 系统，拓展为以闭路形式或以有线传输方式传送各种电视信号，尤其是扩展到卫星直播电视节目的接收、微波中继、录像和摄像、自办节目等。将 CATV 系统应用于整个城镇，使大型的 CATV 的系统成为"有线电视台"已是广播电视事业发展的必然趋势。

有线电视系统，是由各地的广播事业厅直接管辖的有线电视台，它具有下列优点：

①有线电视可以向每个用户提供 20 套以上的节目。而采用无线电空间播送，在城市最多只能安排 5~6 套节目。

②有线电视系统通常采用中心前端，通过总干线或支干线与若干个本地前端连接，再分别经几条支线传送至各个用户分配系统。中心前端的功能是下传卫星节目、微波节目、自办节目及 U/V 转换节目。本地前端的功能仅为转播本地的电视节目。而且系统可扩展多种功能，如天气预报、市场信息、防盗报警等，实现双向传输。

③可靠性好，一旦中心前端或干线故障，用户仍可收看本地节目，避免停播。

④收视质量高，由于有线电视系统是城镇统一的 CATV 网，其接收天线可以装在城镇内接收条件最为理想的位置，从而可保证用户接收到高质量的图像。

⑤有线电视由专门机构统一负责建设、管理、维修和经营。既保证了用户的权益，而且还可以减轻国家对广播电视事业投资的负担。

⑥美化市容，利于安全。采用有线电视系统从根本上解决了在建筑物楼顶安装天线的问题，从而使建筑物的外观和市容得到美化，此外，由于装了天线而引起的防雷问题也得到了妥善的解决。

9.1.4　火灾自动报警与消防联动系统

在建筑物中装设火灾自动报警系统，能在火患开始但还未成灾之前发出报警，以便及时采取扑救措施，这对于消除火灾或减少火灾的损失，是一种极为重要的方法和十分有效的措施。

1. 火灾自动报警系统的组成与基本工作原理

火灾自动报警系统主要由触发装置（火灾探测器和手动火灾报警按钮）、火灾自动报警控制器、火灾警报器组成，其工作原理框图如图9-9所示。

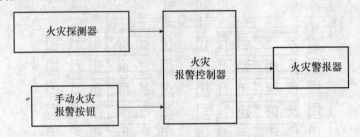

图9-9　火灾自动报警系统工作原理框图

当建筑物内任一处被保护的场所（如房间、走道、门厅、配电室）发生火灾，火灾探测器便把从现场检测到的信息（火灾初起时产生的烟、光、热）转变为电信号传送至控制器。控制器将此信号与现场正常状态信号比较后，若确认是火灾，则输出信号至火灾警报装置发出声光报警并显示火灾现场的地址。

1）触发装置。为了提高可靠性，火灾自动报警系统设置有自动和手动触发装置。自动触发装置是指火灾探测器，手动触发装置为手动报警按钮。

2）火灾自动报警控制器。控制器一般分为区域报警控制器和集中报警控制器。①区域报警控制器接收触发装置发来的信号，然后以声、光及数字形式显示出火灾发生的区域或房间的号码。区域报警控制器还设有控制各消防设备的输出电接点，可以与消防设备联动以达到报警和灭火功能。②集中报警控制器与区域报警控制器的原理基本相同，它能接收区域报警器发来的火灾信号，用声、光及数字形式显示火灾发生的区域或楼层。一台集中报警控制器可监控若干台区域报警控制器。

2. 火灾自动报警与消防联动系统的基本形式

在实际工程应用中，主要采用区域报警系统、集中报警系统与控制中心报警系统和消防联动系统4种火灾自动报警系统。

（1）区域报警系统

区域报警系统由火灾探测器、手动火灾报警按钮、区域火灾报警控制器、火灾警报装置组成，如图9-10所示。

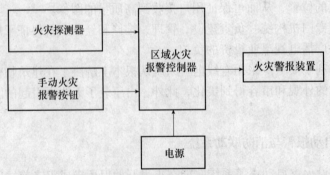

图9-10　区域报警系统

区域报警系统用于对建筑物内某一个局部范围或设施进行报警，例如图书室、档案室、电子计算机房等。区域报警控制器应装设在有人值班的房间或场所内。

242

（2）集中报警系统

集中报警系统由火灾探测器、手动火灾报警按钮、区域火灾报警控制器、集中火灾报警控制器、火灾警报装置和显示装置等组成，如图9-11所示。

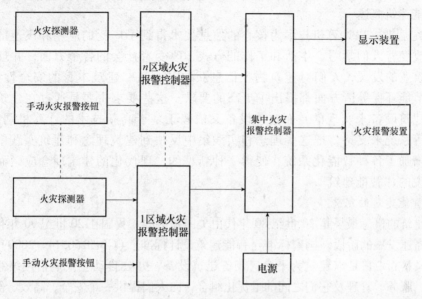

图9-11　集中报警系统

集中报警系统应用在保护对象规模较大的场合，或对整个建筑物进行火灾自动报警。集中报警控制器应装设在消防值班室内，使其投入运行时有专人管理和维护。

（3）控制中心报警系统

控制中心报警系统由火灾探测器、手动火灾报警按钮、区域火灾报警控制器、集中火灾报警控制器、消防控制设备、火灾警报装置、显示装置、联动控制装置、火灾事故广播、火警电话等组成。

控制中心报警系统适用于规模大、需要集中管理的大型或高层建筑物内。

（4）消防联动系统

现代建筑物除要求装设有火灾自动报警系统外，还要求有从报警到灭火的完整系统。为此应设置消防联动系统对消防水泵、送排风机、排烟风机、防烟风机、防火卷帘、防火阀、电梯等进行控制。联动系统主要有区域-集中报警、纵向联动控制系统等多种类型。

3. 消防值班室与消防控制室

1）建筑物仅设有火灾报警系统而无消防联动控制功能时，可设消防值班室，值班室宜设在首层主要出入口附近，并可与经常有人值班的部门合并设置。

2）设有火灾自动报警和消防联动控制设施的建筑物，应设消防控制室。消防控制室应设在首层，距通往室外的出入口不得超过20m。

9.2　建筑智能化与综合布线

现代建筑中，要实现智能建筑的各种功能，即实现一栋建筑内的各个系统内部、各个系统之间大量信息的传输和交换，必须在建筑内安排布置大量的电气设备控制网络和通信网络。而布置这些网络不能采用传统的布线方式，必须按自动化的要求，一体化地综合考虑，才能经济有效地发挥各个系统的功能。目前办公大楼的标准化综合布线已经非常普遍。

9.2.1 建筑物的智能化

1. 智能建筑概述

20世纪后期，以计算机技术为核心的信息技术得到了广泛的应用和飞速的发展，它从根本上改变着人们学习、生活和工作的方式，改变着社会的各个方面，并理所当然地影响到建筑业的发展，人们对建筑物在信息获取与交流、建筑本身的安全性、舒适性、便利性和节能环保等诸方面都提出了更高的要求。这些要求主要是通过在建筑物内采用各种新型建筑设备来实现的，而这些设备又依赖于基于高新技术的计算机网络、通信、自动控制等系统来支持。把这些理念和实践集中反映到建筑理念和建筑实践中去，即在建筑物中增加了各种智能化系统，使得一种新型的、现代化的建筑理念应运而生，这就是我们常说的"智能建筑"。

（1）智能建筑的定义

智能建筑的概念最早是20世纪80年代由美国提出的。我国在20世纪90年代起步并进入了目前高速发展的阶段。国家标准《智能建筑设计标准》（GB/T 50314—2000）中对智能建筑的定义是："它是以建筑为平台，兼备建筑设备、办公自动化及通信网络系统，集结构、系统、服务、管理及它们之间的最优化组合，向人们提供一个安全、高效、舒适、便利的建筑环境的建筑"。

（2）智能建筑的范畴

智能建筑按目前的定义和概念大致包括以下一些系统：计算机网络系统、通信系统、有线电视系统、安全防范监控系统、门禁系统、楼宇设备自控系统、电能监测及控制系统、照明控制系统、车库（停车场）管理系统、办公自动化系统、火灾自动报警与联动控制系统等。

智能建筑主要指通常所说的3A系统，即建筑物的BAS（楼宇自动化系统）、CAS（通信自动化系统）和OAS（办公自动化系统），结构示意图可用图9-12表示。由图9-12可知，智能建筑结构是由智能建筑环境内的系统集成中心（SIC）利用综合布线连接并控制"3A"系统组成的。

建筑环境是智能建筑赖以生存的基础。离开了建筑这个平台，就无从谈起智能建筑，因此它必须满足智能建筑一些特殊功能的要求。如楼层高度，智能办公楼适宜的层高在3.8～4.2m之间。

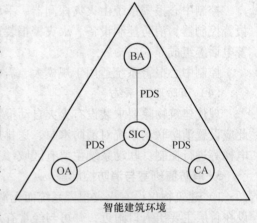

图9-12 智能建筑结构

可通过合理的设计及采用先进的设备与施工技术，努力减小吊顶及结构高度。在经济条件许可的情况下，适当增加净高，一方面可提供室内空间的舒适性，同时为今后的发展留有一定余地。

2. 智能建筑的组成与功能

在智能建筑环境内体现智能功能的主要有SIC、PDS和3A系统等5个部分。其系统组成和功能如图9-13所示。

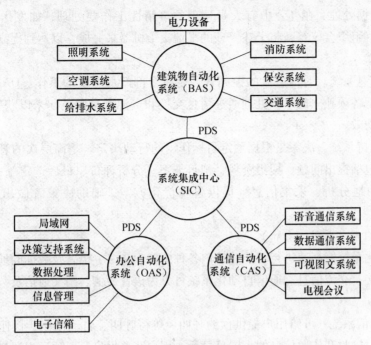

图 9-13　智能建筑的系统功能

（1）系统集成中心（SIC）

系统集成中心应具有对各个智能化系统信息汇集和对各个信息综合管理的功能，并要达到以下三方面的具体要求。

1）接口界面要标准化、规范化，以实现各个系统之间的信息交换及通信。

2）实现对建筑物各个子系统的综合管理。

3）实现对建筑物内的信息进行实时处理，并且具有很强的信息处理能力及信息通信能力。

（2）综合布线（PDS）

综合布线是采用高质量的标准线缆及相关连接硬件，在建筑物内组成标准、灵活、开放的信息传输通道。它是建筑智能化必备的基础设施。它采用积木式结构、模块化设计、统一的技术标准，能满足智能建筑信息传输的要求。

（3）办公自动化系统（OAS）

办公自动化系统是把计算机技术、通信技术、系统科学及行为科学，应用于传统的数据处理技术所难以处理的、数量庞大且结构不明确的业务上。可见，它是利用先进的科学技术，不断使人的部分办公业务活动物化于人以外的各种设备中，并由这些设备与办公人员构成服务于某种目标的人机信息处理系统。其目的是尽可能利用先进的信息处理设备，提高人的工作质量，实现辅助决策，求得更好的效果，以实现办公自动化目标。即在办公室工作中，以微机为中心，采用传真机、复印机、打印机、电子邮件等一系列现代办公及通信设施，全面而又广泛地收集、整理、加工、使用信息，为科学管理和科学决策提供服务。

办公自动化系统是一种用高新技术来支撑的、辅助办公的先进手段，从它的业务性质来看主要有以下任务：

1）电子数据处理。在办公中有大量繁琐的事情性工作要处理，如发送通知、打印文件、汇总表格、组织会议等，将上述繁琐的事情交给机器来完成，以达到提高工作效率、节省人力的目的。

2）管理信息系统。对信息流的控制管理是每个部门最本质的工作。OA 是管理信息的最佳手段，它把各项独立的事务处理通过信息交换和资源共享联系起来以获得准确、快捷、及时、优质的功效。

3）决策支持系统。决策是根据预定目标作出的行动决定，是高层次的管理工作。决策支持系统过程包括提出问题、搜集资料、拟订方案、分析评价、最后选定等一系列的活动。OA 系统能自动地分析、采集信息，提供各种优化方案，辅助决策者做出正确、迅速的决定。

（4）通信自动化系统（CAS）

通信自动化系统能高速进行智能建筑内各种图像、文字、语音及数据的通信。它同时与外部公用网连接，交流信息。通信自动化系统可分为语音通信、图文通信及数据通信等三个子系统。

1）语音通信系统。可给用户提供预约呼叫、等待呼叫、自动重拨、快速拨号、转移呼叫、直接拨入、接收和传递信息的小屏幕显示、用户账单报告、屋顶远程端口卫星通信、语音邮件等上百种不同特色的通信服务。

2）图文通信系统。在当今智能化建筑中，可实现传真通信、可视数据检索等图像通信、文字邮件、电视会议通信业务等。

3）数据通信系统。可供用户建立计算机网络，以连接办公区的计算机和其他外部设备来完成电子数据交换业务。多功能自动交换系统还可使不同用户的计算机之间相互进行通信。

通信传输线路既可以是有线线路，也可以是无线线路。在无线传输线路中，除微波、红外线外，还可以利用通信卫星。

随着计算机化的程控用户交换机的广泛使用，通信不仅要自动化，而且要逐步向数字化、综合化、宽带化、个人化方向发展。其核心是数字化，其根本前提是要构成网络。

（5）楼宇自动化系统（BAS）

楼宇自动化系统是以中央计算机为核心，对建筑物内的设备运行状况进行实时控制和管理，从而建立一个具有温度、湿度、照度稳定和空气清新的环境。BAS 涉及数字量控制技术、模拟量控制技术、数/模转换技术、通信技术、远控技术。

按设备的功能、作用及管理模式，该系统可分为以下几个子系统：①火灾报警与消防联动控制系统；②空调及通风监控系统；③供配电及备用应急电站的监控系统；④照明监控系统；⑤保安监控系统；⑥给排水监控系统；⑦交通监控系统。

BAS 性能的好坏是衡量高层建筑现代化管理水平的重要标志之一。国外重要的高层建筑物都采用了 BAS，而国内在这方面也开始起步。

BAS 主要任务是采用电脑对整个建筑内多而分散的建筑设备实行测量、监视和自动控制。BAS 的中央处理机通过通信网络对电力、照明、空调、给排水、电梯、自动扶梯、防火等数量众多的设备，通过各子系统实施测量、监视和自动控制。各子系统之间可互通信息，也可以独立工作，实现最优化的管理。

3. 智能建筑的特点

智能建筑与传统建筑相比，具有以下几点优势：

1）系统高度集成。这也是智能建筑与传统建筑之间最大的区别。所谓系统集成，就是将智能建筑中分散的设备和相对独立的各子系统，通过计算机网络综合为一个相互关联、统一协调的系统，实现信息、资源、任务的共享和重组。智能建筑的功能必须依赖这种高度集成化才能得以实现。

2）节能。建筑物内最大的能耗在于空调和照明，约占总能耗的八成。采用智能控制系统，在满足环境要求的前提下，可充分利用室外大气的冷（热）源和自然光，并分时段来调节室内温度和照度，以最大限度地减少能耗。

3）节省运行维护及管理费用。智能建筑的设备依赖计算机系统实现智能化的运行和管理，可以根据设备的运行状态及时进行维护和检修；系统的操作和管理也相对集中，可以使人员安排更为合理，降低人工费用的支出。

4）营造安全、舒适和高效便捷的环境。智能建筑采用了多项安防措施，包括对火灾的自动监测、报警和自动灭火措施，对各种灾害和突发事件的反应能力也随着智能建筑内各种配套设施的建立而加快，使得建筑物及人身、财产的安全性得以大大提高。智能建筑的相关系统为稳、准、快地满足各种不同温、湿度和空气质量等环境因素提供了条件，还提供了背景音乐、场景照明等，可大大改善环境质量，为使用者创造舒适的生活环境。智能建筑还通过其各种现代化的通信手段，实现电视、电话、局域网、因特网以及基于网络的各种办公自动化系统，为使用者提供了高效便捷的工作学习环境。

4. 建筑智能化的核心技术

智能建筑相比于传统建筑而言，主要是在建筑中广泛采用了"3C"高新技术。"3C"即现代计算机技术、现代通信技术和现代控制技术。而现代通信技术是基于计算机技术而发展起来的数字化通信技术。现代控制技术也是在计算机技术的基础上发展起来的信息传感技术和人工智能技术。所以，以计算机技术为基础的测控技术是智能建筑的核心技术。

9.2.2 综合布线系统

智能建筑内各个系统都要进行信息传输，传统模式的信息传输是使用各自系统的线缆或其他媒介进行的。因为各个系统的要求是不同的，所采用的传输介质也不相同。然而，由于计算机技术的发展，使所有这些信息都具有了相同的物理特性而具备了综合布线的可能性。

1. 综合布线系统的基本概念

由于各个系统的信息具有相同特性，即采用了数字化的传输方式，加之系统之间存在密切的联系，有许多可共享的资源，这就使得将一座建筑内或建筑物之间的语音、数字、视频、监控等多种信息，综合在一套布线系统之中进行传输和交换成为可能。这个统一的布线系统可以把建筑物乃至建筑群内的所有语音处理设备、数字处理设备、视频设备以及计算机控制、管理设备集成在一个系统中。统一设计、统一使用、统一管理，这样不但可以减少安装空间，增加使用的灵活性，还可以大大降低维护及运行成本，减少故障率，提高可靠性。

因此，从理论上讲，智能建筑内所有的弱电信号及系统都可以利用综合布线系统进行传输，统一管理。但实际上，考虑到技术的复杂性、成本及技术成熟程度等因素，尤其是我国管理体制上存在的问题，综合布线目前多只是将通信（语音）及网络（数字）综合在一起。电视、安防、消防、楼控等仍各自分别单独布线，自成系统。

2. 综合布线系统的组成

综合布线系统由 6 个子系统组成，一般采用星形结构，如图 9-14 所示。

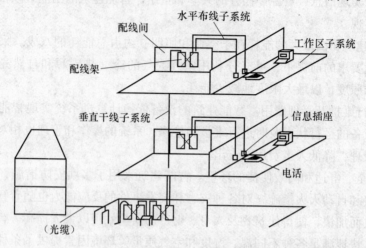

图 9-14　综合布线系统组成示意图

1）工作区子系统。其功能是实现系统终端设备与信息插座之间的连接，由终端设备及其连接到信息插座之间的部件组成，包括信息插座、插座盒、插座面板、信息插头、连接软线、适配器等，如图 9-15 所示。在终端设备与信息插座连接时，可能有终端设备与信息插座的规格和类型不配套的情况，这时需要采用相应的适配器进行转换。

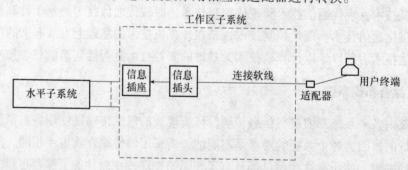

图 9-15　工作区子系统的示意图

2）水平（布线）子系统。其功能是实现管理区子系统与用户工作区信息插座之间的连接，如图 9-16 所示，水平子系统是同一楼层信息传输的通道。水平子系统的连接线缆在建筑的同一楼层内水平布线，设备主要是连接线缆和接线盒。线缆的一端接在工作区的信息插座上，另一端接在楼层管理区配线间的配线架（FD）的接线端口上，再由管理区子系统与垂直干线子系统连接。

3）管理区子系统。其功能是实现垂直干线子系统与水平子系统的连接转换，如图 9-17 所示。管理区一般位于每层楼的楼层配线间内，是连接转换设备的区域，连接转换也称为配

248

线。管理区子系统是连接垂直干线子系统和水平子系统的纽带，管理区的设备有电缆配线架和电缆跳线、光缆配线设备和光缆跳线等。配线设备的两端是接线端口，一端与垂直干线子系统电缆连接，另一端与水平子系统的电缆连接，配线设备两端之间则通过跳线连接。在工作区终端设备的位置或局域网结构发生变化时，可在管理区内改变跳线连接关系，即可改变干线子系统和工作区插座之间的连接关系，无需重新布线。

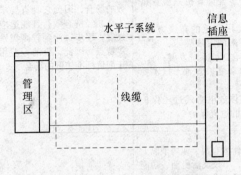

图 9-16 水平子系统的示意图   图 9-17 管理区子系统的示意图

4）垂直干线子系统。其功能是实现楼层管理区和设备间之间的连接，如图 9-18 所示。垂直干线子系统的设备主要是大对数的双绞电缆或光缆，可以实现高速和大容量的信息传输。干线电缆一端与设备间的配线架（BD）接线端口连接，另一端与各楼层配线架（FD）接线端口连接。

5）设备间子系统。其功能是实现公共设备，如计算机主机、数字程控交换机、各种控制系统、网络互联设备与建筑内的布线系统的干线主配线架之间的连接。如图 9-19 所示。设备间主要用于放置建筑内布线系统的进线设备的线缆、连接器、主配线架、相关支持硬件及防雷保护装置等。

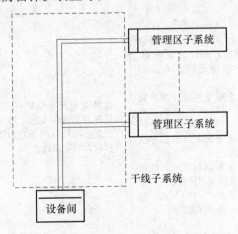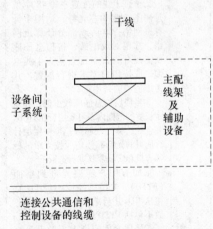

图 9-18 垂直干线子系统的示意图   图 9-19 设备间子系统的示意图

6）建筑群子系统。是指由建筑群配线架到各建筑物配线架之间的主干布线系统，其功能是实现建筑楼群间的通信网络连接。建筑群主干布线宜采用光缆。

3. 综合布线设计等级

建筑与建筑群的工程设计，应当根据实际需要，选择适当配置的综合布线系统。通常综合布线系统设计等级可分为三类，见表 9-1。

表 9-1 综合布线系统设计等级

序号	类型级别	设备配置要求	特点	适用场合
(1)	最低配置	①每个工作区有一个信息插座； ②每个信息插座的配线电缆为1条4对对绞电缆； ③干线电缆的配置，对计算机网络宜按24个信息插座配2对对绞线，或每一个集线器（HUB）或集线器群（HUB群）配4对对绞线；对电话至少每个信息插座配1对对绞线	①能支持话音、数据和高速数据系统的应用； ②工程造价较低，采用铜芯导线电缆组网； ③能支持多种计算机系统数据的传输； ④目前使用广泛的布线方案，且可适应将来的发展要求，逐步向高级的综合布线系统发展； ⑤便于日常维护管理，技术要求不高； ⑥采用气体放电管式过压保护和能够自复的过流保护	这种类型适用于目前大多数的场合，因为它具有要求不高，经济有效，且能适应发展，逐步过渡到较高级别等特点。因此，目前一般用于配置标准较低的场合
(2)	基本配置	①每个工作区有2个或2个以上信息插座； ②每个信息插座的配线电缆为1条4对对绞电缆； ③干线电缆的配置，对计算机网络宜按24个信息插座配2对对绞线，或每一个HUB或HU群配4对对绞线；对电话至少每个信息插座配1对对绞线	①每个工作区有两个或两个以上的信息插座，不仅灵活机动、功能齐全，还能适应未来发展趋势； ②任何一个信息插座，都可提供话音和数据系统等多种服务； ③采用铜芯导线电缆组网； ④可统一色标，按需要利用端子板进行管理，维护简单方便； ⑤能适用多种产品的要求，具有适应性强，经济有效的特点； ⑥采用气体放电管式过压保护和能够自复的过流保护	这种类型能支持话音和数据系统使用，具有增强功能，且具有适应今后发展的余地，适应于中等配置标准的场合
(3)	综合配置	①以基本配置的信息插座2作为基础配置； ②垂直干线的配置：每48个信息插座宜配2芯光纤，适用于计算机网络；电话或部分计算机网络，选用对绞电缆，按信息插座所需线对的25%配置垂直干线电缆，或按用户要求进行配置，并考虑适当的备用量； ③当楼层信息插座较少时，在规定长度的范围内，可几层合用HUB，并合并计算光纤芯数，每一楼层计算所得的光纤芯数还应按光缆的标称容量和实际需要进行选取； ④如有用户需要光纤到桌面（FTTD），光缆可经或不经FD直接从BD引至桌面，上述光纤芯数不包括FTTD的应用在内； ⑤楼层之间原则上不敷设垂直干线电缆，但在每层的FD可适当预留一些接插件，需要时可临时布放合适的缆线	①每个工作区有两个或两个以上的信息插座，不仅灵活机动、功能齐全，还能适应未来发展趋势； ②任何一个信息插座，都可提供话音和高速数据系统等多种服务； ③采用以光缆为主与铜芯导线电缆混合组网； ④利用端子板进行管理，使用统一色标，维护简单方便； ⑤能适用多种产品的要求，具有适应性强、经济有效的特点	这种类型具有功能齐全，满足各方面通信要求，适用于配置标准较高的场合，如规模较大的智能建筑等

注：配线设备交接硬件的选用，宜符合下列规定：

1）用于电话的配线设备宜选用IDC卡接式模块；

2）用于计算机网络的配线设备宜选用RJ45或IDC插接式模块。

4. 综合布线系统的设计

综合布线系统的设计旨在将智能建筑中所有弱电系统的传输音频、数据、图像、视频的布线全部纳入统一的布线系统中。

（1）综合布线系统的设计内容

综合布线系统工程的各个布线子系统设计是设计工作的核心，直接影响用户的使用效果。按我国现行通信行业标准，布线子系统分为建筑群主干布线子系统、建筑物主干布线子系统和配线（水平布线）子系统三部分，它们都需设计，均属于工程范围。需要进行设计的布线子系统主要内容有以下几项：

1）配线子系统的配线设备（FD）、通信引出端（TO）的位置、数量及规格。

2）配线子系统各个段落的通信线路的传输媒质、线对容量、缆线结构和具体长度及连接方式等。

3）建筑群主干布线子系统和建筑物主干布线子系统的主干布线的路由、位置和相应的建筑设施（如交接间、暗敷管路等）建设方案。

4）各个主干布线子系统的主干布线的传输媒质、规格容量、缆线结构和具体长度及连接方式等。

5）建筑群主干布线子系统和建筑物主干布线子系统各种配线架（包括 CD、BD 等）的装设位置、规格容量、设备型号和连接方式等。

6）建筑群主干布线子系统的主干布线在室外采用的敷设方式，线路引入建筑物后，采取的防雷、接地和防火的保护设备及相应的技术措施。

（2）工作区设计

在综合布线中，一个独立的、需要设置终端设备的区域称为一个工作区。工作区由配线（水平）布线系统的信息插座延伸到工作站终端设备处的连接电缆及适配器组成，包括装配软线、连接器和连接所需的扩展软线。工作区的终端设备可以是电话、数据终端、计算机，也可以是检测仪表、测量传感器等。它相当于电话系统中连接电话机的用户线及电话机部分。

工作区布线一般为非永久性的布线方式，所以它不包括在综合布线系统的工程之内。但应对它的情况有所了解，这样有利于搞好工程设计。有关的设计规范中，对工作区的设计也提出了以下几点要求：

1）应确定系统的规模，既应该首先确定布线系统中信息插座的数量，除满足目前需要外，同时还应该为将来扩充留出一定的富裕量。一般来说，一个工作区的服务面积可按 $5 \sim 10 \text{m}^2$ 计算，每个工作区可以设置一部电话或一台计算机终端，或者既有电话又有计算机终端，也可根据用户提出的要求并结合系统的设计等级进行设置。

2）信息插座必须具有开放性。具体说来，工作区子系统的信息插座应该达到如下要求：①工作区的任何一个插座都应该支持电话机、数据终端、计算机、电视机、传真机以及监视器等终端设备的设置和安装。②信息插座目前一般选用国际标准 RJ45 插座。

（3）配线子系统设计

配线子系统又称水平子系统，是综合布线结构的一部分，它由工作区的信息插座、信息插座至楼层配线设备（FD）的配线电缆或光缆、楼层配线设备和跳线等组成，具有面广、点多、线长的特点。因为配线子系统与工作区直接相连，与建筑的布线设计相关，因而它的设置成功与否与综合布线系统的设计成功与否有极大的关系。

1) 配线子系统的设计重点。①传输介质的选定；②根据工作区子系统中 I/O 端口的设置（包括类型、数量、位置）及楼层设备间位置正确计算出每条路由的长度；③确定安装敷设的方式。

2) 配线子系统的线缆的设置与选择。配线子系统的配线电缆或光缆长度不应超过 90m，在能保证链路性能时，水平光缆距离可适当延长。信息插座应采用 8 位模块式通用插座或光缆插座，1 条 4 对对绞电缆应全部固定终结在 1 个信息插座上（不允许将 1 条 4 对对绞电缆终结在 2 个或更多的信息插座上）。

选择配线子系统的线缆，要根据建筑物信息的类型、容量、带宽和传输速率来确定。线缆具体选择可参照以下几点进行：①10Mbps 或 10Mbps 以下低速数据和话音传输，可采用 3 类双绞电缆；②10Mbps 以上高速数据传输，可采用 5 类或更高类别的双绞电缆；③高速率或特殊要求的场合可以采用光纤；④综合布线系统设计中，所选的配线电缆、连接硬件、跳线、连接线及信息插座等类别必须一致。

3) 配线架的设计。配线架是设备间、配线间中多种配线器件的总称，其作用包括三个方面：实现水平/干线连接；主干线系统互相连接；入楼设备的连接。

配线架是终结垂直主干线缆和水平线缆的器件，并通过布线系统接插件接续。水平线缆、干线线缆进入管理区后，无论非屏蔽双绞电缆、屏蔽双绞电缆或者光缆等均需要配线设备加以固定。

对配线架的设计主要内容包括配线架种类的选择和容量的确定两个方面：

①配线架种类的选择。根据所选择的水平线缆的种类，决定是选择双绞线配线架、同轴电缆配线架还是光纤配线架。从用户的日常管理维护出发，决定是选择卡接式配线架、快接式配线架还是模块化配线架。现在工程上多采用模块化配线架。

②配线架容量的确定。配线架的容量是由水平线缆和主干线缆的数量决定的。配线架中与水平线缆相连的部分称做配线架水平端，而与垂直主干线缆相连的部分称作配线架垂直端。在设计时一般把配线架水平端、垂直端分开考虑，分别加以计算。配线架水平端容量计算时，每个非屏蔽双绞线信息点即对应一根非屏蔽双绞线，每根 4 对的双绞线就要求配线架上增加 4 对的连接容量（或模块化配线架的一个标准接口）；对于光缆而言，每一芯光纤要求光缆配线架上增加一个接线位置即一个接线口。其他线缆依次类推。

（4）干线子系统设计

干线子系统由设备间的建筑物配线设备（BD）、跳线以及设备间至各楼层交接间的干线电缆组成。干线是建筑物内综合布线的主馈线缆，是楼层之间垂直线缆的统称。

与干线子系统有关的两个重要参数是介质的选择和干缆对数的确定。介质的选择包括铜缆和光缆的选择，这主要是根据系统所处环境的限制和用户对系统等级的考虑而定的；干线对数的确定则主要根据水平配线对数的大小以及业务和系统的情况来定。

1) 确定主干线缆的类型。针对语音传输（电话信息点）一般采用 3 类大对数双绞电缆（25 对、50 对等），针对数据和图像传输采用多模光纤或 5 类及以上大对数双绞电缆，由于主干线是多路复用的，所需线对并不是特别多，也可以考虑采用多根 4 对 5 类及以上双绞电缆代替大对数双绞电缆。由于主干子系统的价格较高且发展较快，所以主干线缆通常应敷设在开放的竖井和过线槽中，必要时可予以更换和补充。因此在设计时，对主干子系统一般以满足近期需要为主，根据实际情况总体规划，分期分步实施。

2) 确定楼层干线容量。在确定每层楼的干线类型和数量时，都要根据水平配线子系统所有的各个语音、数据、图像等信息插座的需求与数量进行推算。

干线容量的确定一般按以下原则进行计算。①语音干线：每个电话信息插座至少配 1 对对绞线，或按信息插座所需线对的 25% 配置。②计算机网络干线：电缆干线宜按 24 个信息插座配 2 对对绞线，或每一个集线器（HUB）或集线器群（HUB 群）配 4 对对绞线；光缆干线宜按每 48 个信息插座配 2 芯光纤。③当楼层信息插座较少时，在规定长度范围内，可几层合用 HUB，并合并计算光纤芯数，每一楼层计算所得的光纤芯数应按光缆的标称容量和实际需要进行选取。④如有用户光纤到桌面（FTTD）的，光缆可经或不经 FD 直接从 BD 引至桌面，垂直干线光缆芯数应不包括 FTTD 的应用在内。⑤主干系统应留有足够的裕量。

3）配线架垂直端设计。主干部分的设计与水平部分的设计十分接近，主要区别是主干线缆的容量比较大，数量相对较少。这部分的设计除了各楼层接线间和卫星接线间的主干部分配线架外，还应该包括总配线架主干部分的设计，而设计同样包括两方面的内容，即配线架的种类和容量。

（5）设备间设计

设备间是在每一幢大楼的适当地点设置电信设备和计算机网络设备，以及建筑物配线设备，是进行网络管理的场所。对于综合布线工程设计而言，设备间设计的主要任务是安装建筑物配线设备（BD）。

具体来说，设备间至少应具有如下三个功能：①提供网络管理的场所；②提供设备进线的场所；③提供管理人员值班的场所。

设备间设计应考虑设备间的位置、大小。在高层建筑物内，设备间宜设置在第二、三层。

（6）管理设计

管理设计是针对设备间、交接间和工作区的配线设备、缆线、信息插座等设施，按一定的模式进行标识和记录的规定。设计内容包括：管理方式、标记、色标、交叉连接等。这些内容的实施，将给今后的系统维护、管理带来很大的方便，有利于提高管理水平和工作效率。

在每个交接区实现线路管理的方式是在各色标区域之间按应用的要求，采用跳线连接。色标是用来区分配线设备的性质；标记一般应标记建筑物名称、位置、区号、起始点、功能等信息，以便维护人员在现场一目了然地加以识别。

（7）建筑群子系统的设计

建设规模较大或性质重要的机构（如一个企业或一所学校），一般都有几座相邻建筑物或不相邻建筑物园区。连接各建筑物之间的综合布线缆线、建筑群配线设备（CD）和跳线等共同组成了建筑群子系统。

建筑群子系统的设计内容是：①连接不同楼宇之间的设备间（子系统）；②实现大面积地区建筑物之间的通信连接，并对电信公用网形成唯一的出、入端口。

【思考题与习题】

1. 电话站的位置设置应作何种考虑？一般情况下，应设在多、高层建筑的几层？
2. CATV 系统由哪几部分组成？
3. 火灾自动报警系统有哪些基本形式？
4. "3A" 建筑的含义是什么？
5. 什么是综合布线系统？它包含哪几个子系统？

参考文献

[1] 万建武. 建筑设备工程（2 版）. 北京：中国建筑工业出版社，2007.

[2] 王继明，卜城，屠峥嵘，杨旭东，谢庚. 建筑设备（2 版）. 北京：中国建筑工业出版社，2007.

[3] 张玉萍. 建筑设备工程（2 版）. 北京：中国建材工业出版社，2011.

[4] 郭卫琳，黄弈沄，张宇等. 建筑设备. 北京：机械工业出版社，2010.

[5] 张效伟，邵景玲. AutoCAD2012 绘制建筑图（含上机指导）. 北京：中国建材工业出版社，2012.

[6] 张效伟，李海宁，邵景玲. 建筑制图与阴影透视（含习题集）. 北京：中国建材工业出版社，2010.